"十三五"国家重点出版物出版规划项目

国家出版基金项目
NATIONAL PUBLICATION FOUNDATION

湖北省学术著作出版专项资金
Hubei Special Funds for Academic Publications

中国化马克思主义研究丛书

中国化马克思主义生态理论研究

余永跃　高家军　刘兰炜　著

WUHAN UNIVERSITY PRESS
武汉大学出版社

图书在版编目(CIP)数据

中国化马克思主义生态理论研究/余永跃,高家军,刘兰炜著.—武汉:武汉大学出版社,2023.3
中国化马克思主义研究丛书
"十三五"国家重点出版物出版规划项目 国家出版基金项目 湖北省学术著作出版专项资金资助项目
ISBN 978-7-307-23679-0

Ⅰ.中… Ⅱ.①余… ②高… ③刘… Ⅲ.马克思主义—生态学—研究—中国 Ⅳ.X24

中国国家版本馆 CIP 数据核字(2023)第 054290 号

责任编辑:程牧原 责任校对:汪欣怡 版式设计:韩闻锦

出版发行:武汉大学出版社 (430072 武昌 珞珈山)
(电子邮箱:cbs22@whu.edu.cn 网址:www.wdp.com.cn)
印刷:湖北金港彩印有限公司
开本:720×1000 1/16 印张:22.5 字数:338 千字 插页:3
版次:2023 年 3 月第 1 版 2023 年 3 月第 1 次印刷
ISBN 978-7-307-23679-0 定价:80.00 元

目 录

第一章

导 论

一、研究的背景与意义

（一）研究背景

人类自诞生以来，就与自然界不断进行互动，从自然界获取生产资料与生活资料，以满足自身生存发展需要。人与自然的关系作为人类社会核心关系之一，在不同的历史时期有不同的表现：在原始文明时期，人类对自然的认识有限，对无法理解的自然现象，就以想象、虚构等方式创造出神话或图腾，以表达对自然界的敬畏与崇拜，人与自然处于原始和谐状态；当历史演进到农业文明时期，人类对自然现象、自然规律有了一定的认识和把握，对自然的改造和利用产生质的飞越，但从整体来看仍是"靠天吃饭"，依赖自然与顺应自然是人类社会的理想选择；而从农业文明转变到工业文明的过程中，西方社会历经文艺复兴、宗教改革和启蒙运动，逐渐形成了人类中心主义价值观，即认为自然界存在的意义就是满足人的需求，人类可以根据自我需求对自然资源自由获取，自然界沦为满足人类需求的简单客体，征服自然、改造自然成为人类社会的主题。工业革命以来，科学技术不断进步，社会生产力突飞猛进，西方国家率先进入工业社会，在资本利润的强烈诱导和人类中心主义价值观的影响下，西方国家疯狂掠夺自然资源，导致生态问题日益成为威胁人类生存和发展的重大现实问题。比如，1873 年 12 月，英国伦敦发生由煤烟引起的大气污染事件，造成数百人死亡；又如，19 世纪末，美国匹兹堡因饮用水污染而成为世界大城市中伤寒、痢疾、霍乱死亡率最高的城市之一。进入 20 世纪之后，随着科学技术的进一步发展，人类开始全方位开发和改造自然界，"人是自然界的最高立法者"的意识不断加强，人与自然之间形成主宰与被主宰、掠夺与被掠夺的关系。其结果是，生态问题在全球范围内不断蔓延。

在马克思、恩格斯所生活的时代，资本主义刚刚进入快速发展时期，人与自然的矛盾冲突还未完全显现。他们作为伟大的哲学家、思想家，已经意识到资本主义的生态困境并对此进行了理论的思考与实践的探索。在人与自然的关系上，马克思、恩格斯承认自然界的优先地位，承认人来自自然界，是自然的一部分，又主张人在人与自然的关系中的"能动"作用，对自然界进行有目的性的改造；马克思、恩格斯对资本主义社会城市生态环境恶化、土壤肥力下降、森林资源退化等生态问题进行批判，并认为这是资本主义制度固有属性所带来的，是"资本"逻辑带来的生产异化与自然异化的必然结果；资本主义制度本质上是反生态的，因而马克思、恩格斯主张对资本主义制度进行彻底的变革，建立共产主义社会，实现人与自然关系的和谐及人的自由而全面的发展。马克思、恩格斯对资本主义生态问题的分析是深刻而彻底的，是我们社会主义国家和中国共产党认识、解决生态问题的科学理论指导。

党和国家领导人历来高度重视生态问题。新中国成立初期，针对荒山荒地问题、淮河水患问题、水土流失问题以及经济建设过程中的铺张浪费问题等，在马克思主义生态理论的指导下，毛泽东领导中国人民进行了植树造林、兴修水利、水土保持、勤俭节约、反对浪费等生态实践，逐渐形成了对人与自然的关系、经济发展与环境保护的关系的初步认知，对马克思主义生态理论与中国具体国情的结合进行了初步探索。1978年12月，党的十一届三中全会做出把党和国家的工作重心转移到经济建设上来，实行改革开放的战略决策。这一变革使中国经济走上快速发展之路，但实践中的急功近利使得注重经济效益而忽视环境保护的现象频出，随着经济的发展，环境出现逐步恶化的趋势。邓小平对经济发展与环境保护的关系进一步探索，指出要妥善处理人口、自然资源与经济发展的关系，并充分发挥科学技术、政治制度与法律制度在环境保护中的重要作用，推进了马克思主义生态理论的中国化进程。江泽民面对生态新情况、新问题，对中国特色社会主义生态的理论和实践进行了新的探索，一方面，提出实施可持续发展、西部大开发等战略，强调经济发展要注重发展质量与社会效益，不能一边保护环境，一边破坏环境；另一方面，注重制度在环境保护中的重要作用，对领导干部生态政绩考核制度进行有益探索。进入 21 世纪，针对可持续发展战略在实践中遭遇的困境以及日益严重的环境问题，胡锦涛创造性地提出全面建设小康社会、科学发展观和生态文明理念，进一步实现了马克思主义生态理论的中国化。党的十八大以来，以习近平同志为核心的党中央对生态文明建设高度重视，将生态文明建设纳入中国特色社会主义事业"五位一体"总体布局，重视生态文明制度建设，坚持走绿色发展道路，实现社会生产方式与生活方式的变革。生态文明建设顺应社会历史发展的潮流，符合我国广大人民群众的根本利益。中国共产党的生态实践促进了马克思主义生态理论的中国化，使中国化马克思主义生态理论不断丰富和发展，为正确处理人与自然、经济发展与环境保护的关系，积极化解日益严重的生态危机，实现经济社会可持续发展和中华民族伟大复兴提供了科学实践基础和理论支撑。

中国坚持马克思主义生态理论的科学指导，通过内在经济发展方式转变与产业结构调整解决生态问题。与此不同的是，全球范围内尤其是西方资本主义国家历史上坚持经济优先发展思路，走先污染、后保护的"黑色发展"道路，后迫于国内环境保护压力，开始治理环境污染并借全球化之势将污染产业转移至发展中国家，将本国经济发展建立在他国环境污染的基础上。反映在理论上，西方生态理论、思潮与观点为西方发达国家剥削、压迫发展中国家提供话语权支持，推行"生态帝国主义"，要求发展中国家承担更多的生态责任，为西方发达国家发展"保驾护航"。当前，世界各国不同的生态观点、理论与思潮百家争鸣，各种学说、派别相互交锋，中国要在世界生态治理中占有一席之地，在全球生态问题的解决中发挥更大作用，就必须加强对中国化马克思主义生态理论的研究，增强理论的科学性与系统性，增强中国化马克思主义生态理论的世界影响力。然而，我国对于中国化马克思主义生态理论的研究刚刚起步，在研究范围、研究深度与研究成果上还无法与其他领域研究相比。因此，本书对中国共产党在长期生态实践中所取得的一系列中国化马克思主义生态理论成果进行分析，尤其对其思想来源、实践基础、发展进程、主要内容、当代价值进行系统深入研究，以期呈现中国化马克思主义生态理论研究的理论化与系统化，以利进一步推动新时代中国生态文明建设。

(二)研究意义

1. 理论意义

马克思主义生态理论是当今社会处理人与自然关系最科学的世界观与方法论。而同时需要注意的是，马克思主义生态理论只有实现与各国具体国情的结合，才能真正发挥指导作用。中国化马克思主义生态理论的形成过程是马克思主义生态理论中国化的集中体现，也是中国共产党生成自己的生态理论的过程。中国共产党是中国特色社会主义事业的领导核心，必然是生态文明建设事业的领导核心。在处理生态问题时，中国共产党自觉运用马克思主义立场、观点、方法，用马克思主义生态理论指导实践，并在实践中不断丰富和发展马克思主义生态理论，对中国化马克思主义生态理论的形成作出了重要贡献。中国共产党的历代领导者针对他们所处的时代背景，把马克思主义生态理论与中国的具体生态实践结合起来，形成独具中国特色的生态理论，实现了马克思主义生态理论的丰富与发展。分别以毛泽东、邓小平、江泽民等为核心的党中央领导集体主要在实践中运用马克思主义生态理论创造性解决中国的具体生态问题，经过几十年的艰辛探索，到党的十六大，中国共产党开始总结自身在处理生态问题时的经验教训，有效借鉴西方生态理论，积极探索马克思主义生态理论创新，形成了科学发展观与生态文明理念等。党的十八大之后，以习近平同志为核心的党中央在已有的丰富实践和理论成果的基础上，结合新时代生态文明实践的新要求，创新性地形成了系统而全面的中国化马克思主义生态理论，是马克思主义生态理论中国化的最新成果。

对中国化马克思主义生态理论进行研究，一方面，有助于不断丰富和发展马克思主义生态理论研究。对中国化马克思主义生态理论的思想来源、实践基础进行分析，巩固马克思主义生态理论基础，为马克思主义生态理论的创造性发展提供理论支撑。中国化马克思主义生态理论是在马克思主义生态理论的指导下逐渐形成的，是对马克思主义生态理论在中国具体实践的经验总结，是马克思主义生态理论的重要组成部分，对其进行系统研究，不仅可以深化我们对中国生态实践的科学认知，也能深入推动马克思主义生态理论的研究进程。对中国化马克思主义生态理论进行研究，另一方面，有助于丰富和完善中国特色社会主义理论体系研究。中国化马克思主义生态理论是中国共产党领导中国人民进行社会主义建设过程中尤其是生态文明建设过程中逐渐形成的，它来源于并贯穿建设过程的方方面面，既与经济、政治密切联系，也受文化、社会的广泛影响，是中国特色社会主义理论体系的重要组成部分。对中国化马克思主义生态理论尤其是新时代以来形成的生态理论进行研究，将有助于促进中国特色社会主义理论体系研究的丰富和完善，为新时代中国特色社会主义事业建设尤其是生态文明建设提供理论支撑。

2. 现实意义

当前，我国生态形势依然不容乐观。一方面，我国持续推进生态文明建设，但生态退化仍相当严重。"酸雨区面积占陆域国土面积 5%，水土流失面积占国土面积 27.8%，荒漠化、沙化土地分别占国土面积 26.8% 与 17.6%，低等地占耕地总面积的比例达到 21.95%。"①另一方面，我国资源还十分匮乏，重要能源资源对外依存度较高。例如，关系到国计民生的水资源和能源资源极其短缺，根据《2021 年中国水资源公报》数据，2021 年全国人均综合用水量为 419 立方米②，人均水资源量 2098.5 立方米③，31 个省份中，约一半省份的水资源储量处在用

---

① 中华人民共和国生态环境部. 2022 年中国生态环境状况公报[R]. 2023：16，51，38.
② 中华人民共和国水利部. 2021 年中国水资源公报[R]. 2022：23.
③ 国家统计局. 2022 年中国统计年鉴[M]. 中国统计出版社，2022.

水紧张线之下；作为重要战略资源的石油、天然气，对外依存度分别高达 70%、40%①。根据世界钢铁协会数据显示，2021 年中国钢铁消耗量占全球总消耗量的 51.9%；根据中国水泥协会数据显示，2021 年中国水泥生产占世界的 57%，共生产水泥 23.63 亿吨，消费水泥 23.8 亿吨，消费量占全球一半以上；同时，根据英国石油公司(BP)发布的 2022 年《BP 世界能源统计年鉴》数据显示，2021 年中国能源消费量居全球首位，占全球总消费量的 26.5%。更令人担忧的是，目前对资源的大量消耗可能会造成更严重的污染。在未来较长一段时间内，工业化、现代化和城市化进程还会加快，我国仍需大力发展生产力以巩固脱贫攻坚成果，并在国际上取得更好的生存环境和发展空间。在发展水平相对不平衡不充分、人口规模巨大、资源保障能力较弱、环境污染依然严重、生态系统依然脆弱以及科技基础相对薄弱等不利情况下，我国生态环境压力会较长时间存在，形势依然严峻。不加强生态文明建设，不仅经济不能健康持续发展，而且会影响到人民的福祉、民族的未来和子孙后代的利益。

要实现人与自然的和谐共生，必须充分认识我国严峻的生态形势，正确认识资源开发与环境承载力之间的关系，从粗放发展走向可持续发展，走向科学发展，走向绿色发展。而这一切都离不开科学的生态理论指导，尤其是马克思主义生态理论及中国化马克思主义生态理论的指导。这就要求我们在实践中恰当处理好生态文明建设与经济建设、政治建设、文化建设、社会建设的关系，既保持经济的健康稳定发展，又不为一时经济利益而忽视长远发展利益。然而现实情况是，部分地区仍然存在一味向自然索取，以 GDP 论"英雄"，重视经济利益而忽视生态效益、追求短期利益而忽视长远利益的现象。为了避免社会发展走向危险的边缘，这些现象需要得到及时的转变。对马克思主义生态理论及中国化马克思主义生态理论进行研究，有利于引导社会树立尊重自然、顺应自然、保护自然的生态理念，有利于促进生产方式与生活方式的变革，有利于推动摒弃过去高能

---

① 王轶辰. 全球能源安全的"断裂"与"缝合"[N]. 经济日报，2023-03-23.

耗、高污染、高排放的粗放型经济增长方式，走创新、协调、绿色、开放、共享的新发展道路，有丰富的现实意义。

二、研究的国内外现状

（一）国外研究动态

理论的产生与社会现实密切相关，是对现实问题的回应。20 世纪 30 年代以来，西方社会发生了一系列震惊世界的环境污染事件，例如比利时马斯河谷烟雾事件、英国伦敦烟雾事件、美国洛杉矶光化学烟雾事件等，这使得西方学者开始从不同的角度思考西方资本主义发展方式，反思人对自然界的征服与掠夺。以蕾切尔·卡逊 1962 年出版的《寂静的春天》为开端，西方现代社会涌现了许许多多关于环境保护的观点、理论与思潮，有主张摒弃现代化进程中的不合理因素，对现代化进行生态重构的，[①] 有主张构建生态经济学，从经济发展角度来实现社会可持续发展的，[②] 也有从生态伦理角度对资本主义和现代社会进行反思重构的，[③] 理论之多在此不一一分析。鉴于本书的研究对象是中国共产党在马克思主义生态理论指导下面对和解决中国现实生态问题时所形成的中国化马克思主义生态理论，在此只对与之相关性较高且具有一定代表性的学者、流派的研究进行梳理。

20 世纪中叶，资本主义社会生态危机不断加剧，西方学者试图用环境伦理思想与治理理论应对危机，但并无显著效果。在此背景下，部分西方学者将目光投向马克思主义理论，从马克思、恩格斯对资本主义社会的批判中去挖掘应对西方生态危机的理论。资产阶级利用科学技术追求"利润"，使自然界屈服并服务

[①]　黄英娜，叶平. 20 世纪末西方生态现代化思想述评[J]. 国外社会科学，2001(4).
[②]　孙若梅. 生态经济学研究中理论和前沿进展的几点评述[J]. 生态经济，2018(5).
[③]　王波，禹湘. 西方生态伦理理论：辨析及启示[J]. 教学与研究，2019(9).

于"资本增殖"，破坏生态环境，危害人类社会健康发展。西方马克思主义学者霍克海默与阿道尔诺继承和发展了马克思关于科学技术与生产力的观点，在《启蒙辩证法》中表示出了对科学技术发展的担忧。书中指出，科学技术的进步虽然将人从自然界中分离出来，加强了人对自然的控制，但也使科学技术对人的异化加剧。之后，马尔库塞在《单向度的人》中提出科学技术是造成资本主义"单向度"的重要原因，但他对科学技术发展呈乐观态度，认为自动化技术的发展可消除人的异化状态，实现人的自由解放。①

在霍克海默、阿道尔诺、马尔库塞等探索的基础上，部分西方学者开始挖掘马克思主义中的生态思想，并运用马克思主义的方法论去分析资本主义生态危机，由此产生了既相互联系又各具特色的三种学术流派——生态学马克思主义、生态社会主义以及马克思的生态学。一是以莱斯和阿格尔为代表的生态学马克思主义。他们肯定马克思对资本主义社会经济危机的分析，但是在对导致资本主义最终灭亡的原因进行分析时与马克思出现了分歧，认为人类社会与自然界的矛盾是资本主义社会的主要矛盾，资本主义生态危机是导致资本主义灭亡的根本原因。与马克思认为劳动异化与自然异化导致资本主义生态危机不同，生态学马克思主义认为"异化消费"是资本主义生态危机产生的直接原因，资本主义社会为满足"虚假"的异化消费而不断扩大再生产，加强对自然资源的掠夺，威胁了人类的生存。对于如何消除异化消费，生态学马克思主义吸收借鉴马克思自我实现的劳动、有益的消费等概念建立了自己的需求理论和稳态经济理论，意图控制生产与消费的过度扩张。二是以高兹、佩珀为代表的生态社会主义。在人与自然的关系上，生态社会主义批判资本主义人类中心主义与绿党提出的生态中心主义观点，吸收马克思关于人与自然辩证关系的论述，认为人与自然的关系应该是人类中心主义与人道主义的结合；在经济领域，生态社会主义主张计划与市场相结合、集中与分散相结合的"混合"经济；在政治领域，生态社会主义与社会民主

---

① ［德］赫伯特·马尔库塞. 单向度的人［M］. 张峰，吕世平，译. 重庆：重庆出版社，1988：122-143.

主义更相近，强调基层民主、民主自治、权力分散等，对于生态社会主义的实现，主张采取非暴力的方式进行争取。进入 20 世纪 90 年代后，生态社会主义理论发生了一次明显的转向。在经济领域，提出"需求的极限"口号，认为人类必须控制社会生产的规模与方式，实现生产的生态化；在政治领域，从否定使用暴力转变为在特定条件下可以采用马克思所主张的暴力革命。三是以福斯特为代表的马克思的生态学。与生态学马克思主义、生态社会主义不同，在论述资本主义生态问题时，福斯特深入马克思浩瀚的著作中去寻找并发现马克思作为生态学家的真实面目。福斯特通过深入研究《1844 年经济学哲学手稿》，对马克思关于人与自然关系的理论进行深入分析，认为马克思人与自然关系理论完全可以对现代西方生态学所倡导的人与自然和谐进行解释。福斯特发现，马克思用"物质变换断裂"来解释资本主义社会与自然界的紧张关系，资本主义社会大生产使生产资料与生活资料向城市聚集，但产生的富含营养成分的"排泄物"却无法回归自然界，留在城市的排泄物最终成为城市污染物的来源。福斯特还指出，马克思高度重视科学技术对于生产力发展以及冲破资本主义生产关系的作用，科学技术的发展可以为共产主义社会的实现奠定基础，而共产主义社会是人与自然关系、人与社会关系和谐的理想社会。无论是生态学马克思主义，还是生态社会主义、马克思的生态学，都是在资本主义生态危机加剧的背景之下试图解决资本主义生态危机的理论建构与实践尝试，其对于马克思生态思想的挖掘为我国学者研究马克思主义生态理论提供了启示，对我国建设社会主义生态文明具有重要借鉴意义。但这三种学术流派对资本主义社会的批判并不彻底，甚至主张生态危机已取代经济危机成为资本主义社会的主要矛盾，其根本立场仍是维护和发展资本主义制度，提出的变革资本主义制度的主张也具有明显的乌托邦色彩。

此外，自中国开始大力推进生态文明建设以来，西方学者也开始关注中国的生态文明建设及其指导思想。一方面，党的十八大以来中国生态文明建设取得了举世瞩目的成绩，海外诸多学者充分肯定这一成就，并试图探究其原因。美国学者罗伊·莫里森指出，中国的生态文明建设之所以能够取得如此成就，在于生态文明与中国传统文化中追求人与自然和谐的哲学思想高度契合。俄罗斯学者塔夫罗夫斯基指出，中国正在转变发展理念，从重视经济发展速度转向重视发展质量，他特别指出习近平总书记对于中国生态文明建设起到了重要推动作用，其提出的"绿水青山就是金山银山"对于中国生态文明建设具有重要指导作用。另一方面，还有学者对中国生态文明建设未来发展方向进行研究。马修·卡恩、伯特·恩塞林和乔普·柯彭扬等学者指出，随着中国公众生态环境保护意识提高，政府必须在信息发布、决策制定等方面加强公众参与，发挥公众在生态文明建设进程中的作用。伊丽莎白·伊科诺米、柯珍雅等学者则关注生态文明建设过程中政府官员的激励问题，指出应建立合理的激励制度，使其正确处理经济发展与生态文明建设的关系。安东尼·吉登斯在《气候变化的政治》一书中指出，中国未来必须与其他国家加强在生态保护、能源节约等方面的合作。这些学者对于中国生态文明建设成就的客观描述值得肯定，所提出的建设性意见也值得吸收采纳。但是，在西方学术界有一种倾向值得留意，即西方社会在与中国的生态博弈中可能采取了新的策略——他们高度赞扬中国的生态治理能力与取得的成就，其目的是希望中国在全球生态治理中承担更多责任与义务，以此来维护本国的发展利益或限制中国的发展。因此，对于西方学者对中国生态文明建设的批评与肯定，我们都要分析其背后所隐含的意义，认清其本质，不被表象所遮蔽。

(二)国内研究动态

中国的生态实践起步较早，并取得了丰富的成果，而学界对中国化马克思主义生态理论研究则起步较晚，主要兴起于党的十七大提出"生态文明"之后，内容主要聚焦于对马克思、恩格斯生态思想的挖掘与对中国共产党生态思想的研究。

1. 对马克思、恩格斯生态思想的研究

首先是对马克思、恩格斯生态思想的形成背景与理论来源的研究。国内学界

的普遍认识是，虽然马克思、恩格斯从未在其著作中使用"生态文明"或"生态学"概念，但在其著作中蕴含着丰富的生态思想。在马克思所处时代，生态危机虽然并没有完全爆发，但是资本主义社会发生的变革已对生态环境造成了重大影响。陈墀成、蔡虎堂认为，马克思目睹了资本主义社会城市环境污染、土壤肥力枯竭和森林资源退化等生态问题，基于对工人阶级生活环境和工作环境恶化的同情，开始揭露资本主义社会人与自然关系恶化的现实，逐渐形成了马克思的生态思想。① 方世南通过研究《马克思恩格斯文集》，对资本主义社会生态问题进行了概括：空气污染，工人居住、工作环境恶化，土壤肥力下降，水土流失、土地荒漠化，水污染等。他指出，马克思的生态文明思想是在深刻反映资本主义掠夺式的生产方式导致的一系列社会问题和生态问题的基础上形成和发展起来的。② 刘希刚、徐民华也指出，马克思的思想具有深刻的现实基础，而马克思生态思想的现实基础就是当时资本主义社会日益显现的生态问题，对资本主义社会生态的批判构成了马克思思考人类未来生态文明转向的历史逻辑起点。③ 马克思、恩格斯生态思想的形成是他们不断探索的理论成果，同时也离不开对资本主义生态思想的吸收借鉴。张首先、张俊指出，马克思、恩格斯是在批判吸收达尔文、李比希、摩尔根、马尔萨斯、黑格尔、费尔巴哈等人思想的基础上，结合对资本主义政治、社会制度的批判建构自己的生态思想的。④ 邵光学、王锡森认为，马克思、恩格斯生态思想的理论渊源，不仅包括对黑格尔和费尔巴哈自然观的批判和继承，还包括对人类自然观历史演进的考察，对近代自然科学成果的借鉴等。⑤ 马克思、恩格斯生态思想的形成不是源于凭空思辨或假设推理，而是以辩证唯物

---

① 陈墀成，蔡虎堂. 马克思恩格斯生态哲学思想及其当代价值[M]. 北京：中国社会科学出版社，2014：36-41.

② 方世南. 马克思恩格斯的生态文明思想——基于《马克思恩格斯文集》的研究[M]. 北京：人民出版社，2017：91-108.

③ 刘希刚，徐民华. 马克思主义生态文明思想及其历史发展研究[M]. 北京：人民出版社，2017：23.

④ 张首先，张俊. 继承、批判与超越：马克思恩格斯生态文明思想的理论基础[J]. 理论导刊，2011(8).

⑤ 邵光学，王锡森. 马克思恩格斯生态思想形成的理论渊源及当代价值[J]. 经济学家，2018(2).

主义的批判眼光审视和扬弃之前的诸多哲学家关于人与自然辩证关系的理论，以人与自然的客观存在为基点，以人与自然的辩证关系为框架，以人与自然的和谐发展为中轴加以构建的。

其次是对马克思、恩格斯生态思想主要内容的研究。马克思、恩格斯生态思想并没有被他们自己系统地论述过，而是隐含在对资本主义政治、经济、社会问题的研究之中，这导致不同学者对马克思、恩格斯生态思想核心内容的理解差异较大。黄志斌、任雪萍指出，马克思、恩格斯的生态思想包括"自然之先在性"与"人之自然存在物"的唯物思想；以整体性视野，关怀"自然界内在价值"的辩证思维；破除"资本霸权逻辑"，促成人与自然和谐共生的历史唯物思想。① 王学俭、宫长瑞指出，人与自然的相互关系是马克思、恩格斯生态思想的核心，正是在对资本主义社会人与自然关系的分析基础上，马克思、恩格斯找到了资本主义生态危机的制度根源及解决途径。② 程昆指出，马克思、恩格斯的生态思想主要包括以下内容，即人与自然存在辩证统一关系，科学技术是协调人与自然关系的工具，变革社会制度是解决生态危机的根本出路等。项久雨、徐春艳指出，从自然观到人化自然观，这是马克思主义生态思想的基础；从自然生态观到社会生态观，这是马克思主义生态思想的重点；从生态批判到资本主义批判，这是马克思主义生态思想的核心。③ 不同学者研究马克思、恩格斯的浩瀚著作，对马克思、恩格斯的生态思想做出了不同向度的解释，但也对其主要内容达成了一定的共识，那就是对人与自然辩证关系的论述、生态危机的制度根源性论述以及破解生态困局的路径论述等，这也要求我国学者要在这些共性研究的基础上进一步拓展深化，不断挖掘马克思、恩格斯的生态思想。

最后是对马克思、恩格斯生态思想价值的研究。我国学者研究马克思、恩格斯生态思想的目的，是夯实中国化马克思主义生态理论的理论基础，进而指导我

① 黄志斌，任雪萍.马克思恩格斯生态思想及当代价值[J].马克思主义研究，2008(7).
② 王学俭，宫长瑞.马克思恩格斯生态思想及其中国化实践路径[J].上海行政学院学报，2010(5).
③ 项久雨，徐春艳.马克思主义生态思想的逻辑性及其当代价值[J].学习与实践，2013(7).

国生态文明建设。因此，对马克思、恩格斯生态思想价值的研究成为马克思、恩格斯生态思想研究的热点。张存刚、陈增贤指出，马克思主义生态思想可以指导我们走出"人类中心主义"，树立平等、和谐、共存的新型自然观；可以指导我们摒弃传统发展模式，大力发展循环经济；可以充分发挥社会主义制度的优越性，使人类摆脱生态危机走向生态文明。① 余维祥将马克思主义生态思想归结为人与自然的相互依赖和辩证统一理论、人与自然的物质变换理论、资本主义生态危机本质理论三部分，并指出其意义所在。马克思主义人与自然的相互依赖和辩证统一理论，提示人们要尊重自然；人与自然的物质变换理论，昭示人们要顺应自然；资本主义生态危机本质理论，警示人们要保护自然。② 陈金清指出，马克思主义关于人与自然的深邃的生态思想，对于我们加快推进生态文明建设具有重要的指导意义。马克思主义生态思想为当代中国生态文明建设确立了基本价值原则；为中国特色社会主义生态文明建设提供了理论指导；为对人民群众进行生态文明教育，培育其生态文明意识及提升其环境伦理素质提供了正确的思想指引和丰富的文化资源；为彻底解决生态问题，实现人与自然的和解指明了方向。③ 方熹、汤书波指出，马克思主义生态思想为我们认识自然和人以及社会的发展提供了全面整体的视角，并提供了一条认识问题、解决问题的基本线索，从根本上为人类的发展指明了前进的正确方向。④

2. 对中国化马克思主义生态理论的研究

中国化马克思主义生态理论是中国共产党在马克思、恩格斯生态理论的指导下领导中国人民进行生态实践的过程中形成的，中国共产党的生态理论是中国化马克思主义生态理论的核心内容。因此，研究中国化马克思主义生态理论，必须

---

① 张存刚，陈增贤. 马克思主义生态思想及其当代价值——基于马克思主义经典文本的解读[J]. 当代经济研究，2010(10).
② 余维祥. 马克思主义生态思想的当代价值[J]. 学术论坛，2015(6).
③ 陈金清. 马克思关于人与自然关系生态思想的当代价值[J]. 马克思主义研究，2015(11).
④ 方熹，汤书波. 马克思生态思想的伦理精义及现代价值[J]. 伦理学研究，2018(6).

重点研究中国共产党及其主要领导人的生态思想。

首先，研究中国化马克思主义生态理论的形成背景。欧健认为，社会主义新中国面对"一穷二白"的社会现实，采取了传统的现代化发展模式，在破解生产力发展问题的同时也使中国陷入环境困境，这是马克思主义生态思想中国化的重要动力。他还指出，中国传统文化中的生态思想为中国化马克思主义生态理论的形成奠定了坚实的文化基础。① 陶廷昌、王浩斌指出，改革开放进程中"粗放型"的经济发展模式以及对 GDP 的片面追求导致的空气污染、土壤荒漠化、生物多样性锐减等生态问题，是马克思、恩格斯生态思想中国化的实践基础。② 张云霞指出，马克思主义不是死的教条，而是行动的指南，是根据不同时代条件下人们的不同需要，既指导、推进、服务于实践，又反思、批判、提升实践的伟大思想武器。③ 值得注意的是，在中国化马克思主义生态理论发展过程中，还存在着理论与现实脱节的问题，在现实中我国不断对人与自然的关系进行调整，满足人民对美好生态环境的需要，但是在理论层面却没有对这些变化给予必要的定位，这种理论与现实的矛盾迫使我们必须不断推进马克思主义生态理论与中国现实的结合，实现马克思主义生态理论的中国化。

其次，研究中国化马克思主义生态理论的思想来源。中国化马克思主义生态理论是在吸收借鉴前人生态理论，解决中国现实生态环境问题的基础上逐渐形成的。目前，学术界关于中国化马克思主义生态理论的思想来源已基本达成共识，主要包括马克思主义生态思想、中国传统文化生态思想以及当代西方资本主义生态理论。龙睿赟指出，中国化马克思主义生态理论是马克思、恩格斯生态思想与中国生态实践相结合的产物，同时生态马克思主义、生态社会主义等西方生态理

---

① 欧健. 马克思恩格斯生态思想中国化的文本解读及其当代价值[J]. 中共福建省委党校学报, 2015(3).

② 陶廷昌, 王浩斌. 论新时代马克思恩格斯生态思想中国化的实践逻辑[J]. 中共福建省委党校学报, 2019(5).

③ 张云霞. 新时期中国化马克思主义的生态论趋向[J]. 河南师范大学学报(哲学社会科学版), 2009(6).

论为中国化马克思主义的形成提供了理论借鉴，中国传统文化中的生态智慧为中国化生态理论的形成提供了适合的文化土壤。① 张明指出，马克思、恩格斯生态思想为中国化马克思主义生态理论的形成做了理论上的准备，是中国化马克思主义生态理论形成的源头，而中国化马克思主义生态理论则是在马克思、恩格斯生态理论与中国传统生态智慧融合、适应中国土壤之后生长出的具有中国特色的生态理论。② 王连芳则侧重于探讨生态后现代主义、可持续发展理论等西方主流生态理论与生态文明建设思想的渊源关系。③

最后，研究中国化马克思主义生态理论的主要内容。中国共产党是中国生态实践的领导核心，党的历任主要领导人都对中国生态问题进行了深入思考，形成了丰富的具有中国特色的生态理论。因此，学术界对中国化马克思主义生态理论内容的研究也主要集中于对中国共产党历任领导人生态思想的概括与总结。毛泽东虽没有提出生态文明的概念与理论，但他在处理人与自然关系、国家管理与建设、国际政治关系的过程中生成了丰富的生态思想。王秀春、张本效将毛泽东植树造林思想、治理水旱灾思想、整治卫生环境思想、提倡勤俭节约思想以及充分、合理利用自然资源及能源思想概括为毛泽东生态思想的中心内容。④ 在邓小平所处时期，经济发展与环境保护的矛盾更加突出，他对于经济发展、环境保护的认识也更为深刻。方浩范指出，邓小平生态思想的显著特征就是兼顾经济发展与环境保护，在经济发展的过程中处理好自然资源与人口问题。⑤ 黄小梅将邓小平生态思想总结为遵循农业生产规律、通过科技创新和体制创新发展农业的生态农业思想，工农融合、循环发展、质量第一的生态工业思想，注重艰苦创业、提倡使用新能源和可再生能源、以市场机制促节约的生态消费思想，加强人口立

---

① 龙睿赟. 中国特色社会主义生态文明思想研究[M]. 北京：中国社会科学出版社，2017：1.
② 张明. 论马克思主义生态思想中国化的发展意蕴[J]. 长春市委党校学报，2012(3).
③ 王连芳. 绿色发展——与时俱进的中国特色社会主义发展路径[J]. 东莞理工学院学报，2016(6).
④ 王秀春，张本效. 建国后毛泽东生态思想的实践探索与当代价值[J]. 理论导刊，2013(12).
⑤ 方浩范. 中国共产党领导人对生态文明建设理论的贡献[J]. 延边大学学报(社会科学版)，2013(5).

法、环保立法、国际合作的生态法治思想等。① 江泽民生态思想的形成具有深刻的时代背景：一是全球生态环境恶化，可持续发展成为各国共同的战略选择；二是解决中国经济发展过程中的生态问题已经刻不容缓。周彦霞、秦书生通过对江泽民思想的研究，将江泽民生态思想概括为树立全民节约资源与保护环境意识，正确处理经济发展与环境保护的关系，重视科学技术在改善生态环境中的作用，将环境保护纳入法制化、制度化轨道，加强国际合作，解决生态环境问题等。② 汪晓莺指出，胡锦涛更加重视环境保护工作，在实践探索中逐渐形成了具有显著中国特色的生态理念，即倡导环境忧患意识，突出环境保护的重要性；实施科学发展战略，做好人口、资源、环境工作；提出建设生态文明，促进人与自然的和谐；创新环境保护路径，建设"两型"社会等。③ 秦书生指出，胡锦涛生态理念是一个完整的理念体系，包括三个层面：一是观念层面，强调加强生态文明宣传教育，增强全民节约意识、环保意识和生态意识；二是经济层面，强调转变粗放型经济增长方式，倡导绿色发展、循环发展、低碳发展；三是制度层面，强调加强生态文明制度建设。④

党的十八大提出"美丽中国"构想，并将生态文明建设纳入"五位一体"总体布局，标志着中国化马克思主义生态理论开始走向成熟。这一时期，学界对习近平生态文明思想进行了多维度研究。对于习近平生态文明思想的主要内容，学界已基本达成共识，不同学者的论述由于侧重点和角度不同而略有差异。宋献中、胡珺认为，习近平生态文明思想是以马克思主义生态文明观为理论指导，汲取中国传统文化精髓，融合新时代中国特色社会主义时代特征的最新成果，从生态文化重塑、生态责任分配以及生态制度建设三重维度重筑了中国生态文明理论，形成以"生态民生论"为终极价值取向，以"生态价值论"为核心和根本，以"生态文

---

① 黄小梅. 邓小平生态思想探析[J]. 党史研究与教学，2013(3).
② 周彦霞，秦书生. 江泽民生态思想探析[J]. 学术论坛，2012(9).
③ 汪晓莺. 胡锦涛环境保护思想论要[J]. 扬州大学学报(人文社会科学版)，2009(6).
④ 秦书生. 论胡锦涛生态文明建设思想[J]. 求实，2013(9).

明兴衰论"为总体原则，以"生态红线论"为基本要求，以"生态系统工程论"为基本方法，以"生态环境生产力论"为方向指引，以"生态法制论"为制度保障，以"生态全球论"为国际治理观的新时代中国特色社会主义生态文明体系，为新时代中国在新的历史起点上实现新的奋斗目标提供了科学指南和基本准则。① 王磊认为，习近平生态文明建设思想主要包含五重向度内容，即"推进人与自然和谐共生"的一贯主题，"改善人民生存环境和生活水平"的价值归旨，"实现发展和生态环境保护协同推进"的现实目标，"各族人民广泛参与、积极行动"的主体践履，"用严格的法律制度保护生态环境"的关键路径。② 李全喜则从习近平生态文明建设思想的问题指向、核心基点、实践指向等方面展开论述。③

(三) 研究述评

自党的十七大提出"建设生态文明"的重大时代课题以来，我国学者对马克思、恩格斯的生态思想进行了较为系统的挖掘，对中国共产党人的生态理论——中国化马克思主义生态理论进行了较为系统的梳理，取得了可喜的研究成果。随着中国生态文明实践的加速推进，中国化马克思主义生态理论研究的紧迫感也在加剧。理论上还有许多重要问题亟待研究，以弥补理论发展的不足。为此需要对已有研究做出评析，以便把握当下需要着力研究的问题。

首先，对马克思主义生态理论的研究还需继续加强。对马克思主义生态思想与理论的挖掘与研究，可以说西方马克思主义研究者走在前列，也形成了较为丰厚的成果。然而，这些研究的目的是为西方社会存在合理性进行辩护，其研究过程所选取的材料与分析视角是为他们的目的服务的。我们可以学习借鉴他们的研究方法和思路，但这些成果并不能直接指导我国的生态文明建设。因此，我们的

---

① 宋献中，胡珺. 理论创新与实践引领：习近平生态文明思想研究[J]. 暨南学报(哲学社会科学版)，2018(1).
② 王磊. 特性提炼：习近平生态文明建设思想的理论特色论略[J]. 理论导刊，2017(11).
③ 李全喜. 习近平生态文明建设思想的内涵体系、理论创新与现实践履[J]. 河海大学学报(哲学社会科学版)，2015(3).

中心工作仍是对马克思、恩格斯的著作进行研究，挖掘其中蕴含的丰富的生态思想，并进行系统性的概括。尤其是在挖掘马克思、恩格斯某一具体生态思想时，要认真体会其中所蕴含的抽象内在根据、价值追求与方法论，明晰马克思、恩格斯生态理论为何能被称为科学的生态理论。

其次，对中国化马克思主义生态理论的研究还需不断创新。我国学界对中国化马克思主义生态理论的研究，虽然对每一历史时期主要领导人的生态思想进行了科学系统的概括，但是也存在一个普遍而重要的问题，就是研究资料相对缺乏，研究对象和范围相对狭窄，导致研究成果难以有新的进展。这一困境可能导致中国化马克思主义生态理论研究相对滞后，从而在现实中使新时代生态文明建设实践受到影响。因而，在开展研究时有必要让视野更加开阔，不仅研究党的主要领导人的生态思想，而且可以将整个核心领导集体、著名专家学者的思想纳入我们研究的范围。这样既可以拓展研究的素材，丰富和完善已有的对中国共产党主要领导人生态思想的研究，也可以发现以往被忽视的思想，丰富中国化马克思主义生态理论研究。

最后，要加强中国化马克思主义生态理论的实证研究。理论研究的目的在于丰富和完善理论，进而指导实践。但是，目前对中国化马克思主义生态理论的研究主要集中在理论来源、主要内容以及时代价值的梳理等方面，实证研究方面较为薄弱。因此，有必要通过有效的实证研究方法，对中国化马克思主义生态理论指导下构建的生态文明政策、法律、制度的实施效果加强检验，用实际数据和结果来证明这一理论的科学性、前瞻性和有效性，真正让广大民众认可并支持中国化马克思主义生态理论。

三、研究的创新之处

本书研究的创新之处，首先，是对中国化马克思主义生态理论的思想来源进行了新的系统梳理。本书认为，中国化马克思主义生态理论的思想来源主要包括马克思主义生态理论、中国传统文化的生态思想以及当代资本主义生态理论。马克思主义对人与自然关系的科学论证、对资本主义生态危机社会根源的分析、对生态危机根本解决的制度设计，是中国化马克思主义生态理论的科学指导；中国传统文化具有丰富的生态思想，传统文化对自然价值的珍视、整体性的思维方式以及知足的辩证观念为中国化马克思主义生态理论提供了源头活水，使中国化马克思主义生态理论具有鲜明的中国特色；中国化马克思主义生态理论的形成也离不开对当代西方资本主义生态理论的借鉴，尤其是可持续发展理论、西方马克思主义生态学理论等拓展了我们的理论视野和研究方法，促进中国化马克思主义生态理论不断丰富和发展。

其次，对中国化马克思主义生态理论的实践探索历程进行了新的系统整理。理论来源于实践，中国化马克思主义生态理论的形成离不开中国共产党人的艰辛实践。中国共产党历代领导集体针对不同历史时期人民的现实需求，对人与自然的关系、生态环境保护与经济发展的关系进行了不懈的探索，形成了既具有时代性特征又具有普遍指导意义的生态理论。比如中华人民共和国成立初期，生态环境保护实践存在波浪式上升发展的特点，随着生态意识的变化而波动，总体上还处于启蒙阶段。改革开放以后，我国实施保护环境的基本国策，生态环境保护实践不断体系化、制度化，并提出了科学发展观和生态文明理念。进入新时代，在对党的生态文明建设实践历程进行全面总结的基础上，污染防治攻坚战、绿色发展新道路、生态文明制度体系构建等重要工作得到了系统部署，为新时代生态文明建设奠定了坚实的基础。

最后，在中国化马克思主义生态理论的逻辑研究方面有新的表述。对于中国化马克思主义生态理论的逻辑研究着重于历史逻辑与理论逻辑。从历史逻辑来看，需要对中国化马克思主义生态理论的发展动力进行新的梳理，马克思主义与时俱进的理论品质、中国社会生态实践的需要、中国共产党"以人民为中心"的价值追求构成了中国化马克思主义生态理论不断向前推进的动力，推动中国化马克思主义生态理论实现了从无到有、从萌芽到全面发展的历史进程。从理论逻辑来看，需要对中国化马克思主义生态理论的各个组成部分进行科学的理论定位，并厘清其与马克思主义理论的继承与发展关系，明确中国化马克思主义生态理论与马克思主义中国化理论、中国特色社会主义理论体系整体与部分的辩证关系。

第二章

中国化马克思主义生态理论的思想来源

党的十八大报告将生态文明建设置于关乎民生福祉、民族未来发展的突出地位，可以说生态文明建设将是我国当前和未来时期内一项非常重要的工作。我国生态文明建设的当务之急就是使全体社会成员牢固树立科学的社会主义生态文明理念，用中国化马克思主义生态理论指导、规范人们的行为，协调人与自然之间的关系，以期引领实现人与自然和谐共生、共存、共荣和中华民族的永续发展。

中国化马克思主义生态理论来源于三个方面：一是对马克思主义生态理论的继承发展；二是对中国传统生态思想精华的合理吸收；三是对当代资本主义生态理论的批判借鉴。这三者都是人类共同的文明成果，一起构成了中国化马克思主义生态理论的三大来源与基础。中国化马克思主义生态理论是对这三大人类优秀文化成果的再集成与再创新，从马克思主义生态理论、中国传统生态思想、当代西方生态理论的视角对中国化马克思主义生态理论进行理论基石、文化根源和学习资源的三维解读，对顺利推进我国生态文明建设具有重要理论价值和现实指导意义。

一、继承发展马克思主义生态理论

马克思、恩格斯毕生都在关注人类的前途和命运，虽然在他们生活的时代并没有提出"生态"这一词语，但在我们今天看来，马克思、恩格斯著作中蕴含着十分丰富的生态思想，这是我们今天进行社会主义生态文明建设的重要指导方法和理论基础。马克思、恩格斯的生态思想在中国生态文明建设的实践中已经得到检验，并且还在不断丰富和发展。

(一) 人与自然的相互关系

人与自然的关系问题是生态哲学的核心问题，它是探究人们怎么看待自然的价值以及怎么处理人与自然关系的问题。由于时代的原因和历史的局限，马克思、恩格斯并没有直接提出"生态"一词，但是他们根据辩证唯物主义和历史唯物主义，在他们生活的年代预言了社会的变革以及人与自然关系的变化，并指出人与自然的关系如果得不到恰当处理，会给人类社会带来严重的后果。因此，人与自然的关系问题也是马克思主义生态理论的核心问题。在马克思、恩格斯看来，人与自然是一个密不可分的有机统一整体，人应该与自然统一和谐地相处。概括起来，马克思、恩格斯关于人与自然关系的论述包括以下几个方面的要点：

第一，人是自然界的一部分。马克思、恩格斯通过对人类发展历史、演化历史的梳理，对人类自身的进化发展做了比较客观的分析，提出人是自然界进化发展的产物，人起源于自然界，是自然界不可分割的一部分；并且，人类依赖自然而存在和发展，可以说没有自然就没有人类。

马克思认为："人直接地是自然存在物。人作为自然存在物，而且作为有生命的自然存在物，一方面具有自然力、生命力，是能动的自然存在物；这些力量作为天赋和才能、作为欲望存在于人身上；另一方面，人作为自然的、肉体的、感性的、对象性的存在物，和动物一样，是受动的、受制约的和受限制的存在物，就是说，他的欲望的对象是作为不依赖于他的对象而存在于他之外的。"①"我们连同我们的肉、血和头脑都是属于自然界和存在于自然界之中的。"②正是在这一论证的基础上，马克思主义才把人类的历史称为"人的真正的自然史"③。

所以，人在本质上是大自然的一部分，因为"自然界，就它自身不是人的身体而言，是人的无机的身体。人靠自然界生活。这就是说，自然界是人为了不致死亡而必须与之处于持续不断的交互作用过程的、人的身体"④。

恩格斯也说："我们必须时时记住：我们统治自然界，决不象征服者统治异民族一样，决不象站在自然界以外的人一样。"⑤人类本身就是自然界长期演化、

---

① 马克思恩格斯全集(第3卷)[M]. 北京：人民出版社，2002：324.
② 马克思恩格斯全集(第26卷)[M]. 北京：人民出版社，2014：769.
③ 马克思恩格斯全集(第3卷)[M]. 北京：人民出版社，2002：326.
④ 马克思恩格斯全集(第3卷)[M]. 北京：人民出版社，2002：272.
⑤ 马克思恩格斯全集(第20卷)[M]. 北京：人民出版社，1971：519.

进化的产物，大自然是人类的生命之源，它为人类的生存和发展提供必需之物，人类在任何时候的任何一项活动都不可能离开自然，破坏自然就等同于破坏人类自身生存和发展环境。

马克思、恩格斯通过人类具体的历史来阐释人与自然的关系问题，为后人正确看待人与自然界之间的关系提供了科学的世界观、历史观和方法论。

第二，人与自然界是相互依存、相互联系、相互制约的辩证统一关系。马克思主义认为，人与自然是不可分离的，没有孤立存在于自然界之外的人，同样也不存在与人没有关系的自然界，人与自然之间是辩证统一的关系。一方面，人依赖于自然界又反作用于自然。"人靠自然界生活。这就是说，自然界是人为了不致死亡而必须与之处于持续不断的交互作用过程的、人的身体。"①与此同时，人类在活动过程中也往往会改变自然界的原貌，为自然界刻上自己的印记，即所谓的"人再生产整个自然界"②。另一方面，人类的活动也经常受到自然条件和自然规律的制约。自然界能够为人类的社会生产活动提供各种原料，没有自然界，没有感性的外部世界，没有劳动加工的对象，劳动就不能存在，人们就什么也不能创造。③ 在与自然界打交道的过程中，如果人类不尊重自然规律，就会受到自然规律的惩罚。

第三，人与自然的统一关系应该是相互依存的、和谐的统一。既然人是自然界的一部分，那么人与自然界就不是你死我活的敌对关系，而是辩证的、和谐的、统一的关系，这也是人与自然关系的特殊性。人与自然你中有我、我中有你，二者之间矛盾的解决需要靠人类"合理地调节他们和自然之间的物质交换"④。人与自然之间矛盾的解决不是一方消灭另一方，而是二者之间的协同发展、辩证统一以达到和谐。从这个意义上来理解马克思主义，不仅要求人们明确认识到人和自然的统一，更重要的是要认识和把握这种统一的本质，即"社会是

①　马克思恩格斯全集(第 3 卷)[M]. 北京：人民出版社，2002：272.
②　马克思恩格斯全集(第 3 卷)[M]. 北京：人民出版社，2002：274.
③　马克思恩格斯全集(第 3 卷)[M]. 北京：人民出版社，2002：269.
④　马克思恩格斯全集(第 46 卷)[M]. 北京：人民出版社，2003：928.

人同自然界的完成了的本质的统一，是自然界的真正复活，是人的实现了的自然主义和自然界的实现了的人道主义"①。

第四，人与自然的关系、人与人的社会关系是辩证统一的。马克思、恩格斯站在唯物的、辩证的立场上把人与自然的关系放到人与人的社会关系中去考察，实现了人、自然和社会的辩证的真正的统一。马克思、恩格斯坚信，如果没有人与人之间社会联系的多样性和复杂性，就不会产生各种实践活动，从而也就不会发生自然界的异化。

一方面，人为了改造自然而形成的一定社会关系的和谐与否，决定了人与自然关系的和谐程度。人是社会动物，为了从自然界获取人类生存所必需的东西，必须发挥主观能动性结成一定的社会关系，增强自己改造自然、利用自然的技能，而这种社会关系必将对自然界产生一定的影响。比如，今天的资本主义社会大工业生产推动了生产力的发展，人类改造自然的能力大大加强，但也带来劳动和人的异化，可能使人成为只注重眼前物质利益以及感官享受，却忽视社会发展长远利益的可悲生物。恩格斯对资本主义社会的弊病进行了有力的批驳，指出了资本主义工业生产对自然和人的破坏与伤害。

另一方面，人与自然的关系是人与人社会关系的反映。在资本主义社会中，资产阶级为实现利益最大化不惜压榨工人、破坏自然资源，一切以满足资本家利益为前提的这种异化劳动关系，反映到人与自然的关系上，就表现为生态环境的日益恶化。

概括来说，人与自然关系的辩证统一，一方面是自然对人的本原性和人对自然的依赖性，即人和其他动植物一样是属于自然、决定于自然、受自然规律制约的受动的自然存在物；而更为重要的另一方面是，人是有意识、有意志的自然存在物也决定了人具有改变外部世界的能力，是一种能动的自然存在物。

由此可见，马克思主义关于人与自然之间相互关系的论述不仅为人们正确把

---

① 马克思恩格斯全集(第3卷)[M]. 北京：人民出版社，2002：301.

握人与自然的关系指明了方向，也为中国化马克思主义生态理论和实践提供了最根本的理论基础，成为今天社会主义国家维护生态平衡、构建生态文明新时代的根本指导思想。

（二）生态危机的社会根源

从马克思主义生态理论来看，生态危机产生的原因虽错综复杂，却并非不解之谜。马克思、恩格斯通过艰辛的实践探索和理论分析指出，生态危机的深层次社会根源其实就在于生产资料私有制条件下个别利益与社会公共利益的分裂，说到底，资本主义生产方式是当代生态危机产生的根本原因。相对于自然生态系统的复杂性，人类的认知能力还相当有限，但这不等于说人类对自身行为的环境后果一无所知。20 世纪中叶，人们开始对社会发展困境以及不断发生的环境公害事件进行反思，这反映出处理好经济社会发展与生态环境保护之间关系的重要性已经被普遍认识。但是，全球生态危机的威胁并没有因此消除，反而呈现出进一步加速恶化的趋势。比如 DDT 等化学有害农药在许多国家被禁止使用之后，化学农药、杀虫剂的生产与销售不仅没减少，反而成倍地增加；有些企业不加处理地向外排放有毒有害的废水、废气、固体废弃物；日本渔民不顾国际社会反对，大肆捕杀濒临灭绝的鲸鱼等，显然不是对自身行为的环境后果无知；美国政府拒绝签署《京都议定书》，在历届联合国气候大会上讨价还价等，也并非由于对气候变化、温室效应有可能导致全球性生态灾难的后果无知。剖析这些行为表象后面的深层次原因，说到底各国的行径都是出于各自实实在在的利益考虑，是资本主义生产资料私有制条件下社会利益分裂的必然结果。由此可见，生态危机产生的社会根源值得高度重视并深入研究。

生态危机从表征上看是人与自然关系的恶化，与人类改造自然和利用自然的实践能力紧密相关，实际上这只是揭示了生态危机产生的生产力基础。马克思主义还指出，实践中不仅存在人与自然的关系，更重要的是还存在人与人的社会关系。实践中的自然关系和社会关系也是相互作用的，自然关系依存于一定的人与人之间的社会关系，而人与人之间的社会关系是实践中的人与自然关系的社会形式，人类改造自然同人类的社会关系有着难以分割的重要联系。同时实践中的社会关系也离不开自然关系，人与人的社会关系必须通过"物"这一中介才能发生，这就是实践中自然关系与社会关系的相互作用、相互制约。正如马克思所言："人们对自然界的狭隘的关系制约着他们之间的狭隘的关系，而他们之间的狭隘的关系又制约着他们对自然界的狭隘的关系。"①概括起来，一方面，自然关系的水平制约社会关系的性质、形式，当社会关系适应自然关系时，就会促进人类社会关系的发展；相反，若是社会关系与自然关系相悖，现有社会关系就会被迫改变，这在生产实践中表现为生产力决定生产关系。另一方面，社会关系也对自然关系有制约作用。实践活动中的社会关系如果与自然关系相适应，就能使人类的实践能力得到充分发挥；相反，与自然关系不相适应的社会关系则会阻碍人改造自然的能力的发挥，这在生产实践中表现为生产关系制约生产力。

可见生态危机在直观上表现为人与自然之间矛盾的激化，但根本上却是人与人的社会关系的困境，是因为人类通过自己的实践活动不断销蚀了自身生存的自然基础。因为实践活动总是在一定的社会关系中进行的，社会关系的性质对实践活动的目的、进程、结果具有重要的制约作用，所以生态危机与实践活动中的社会关系密切相关。

在原始社会，由于生产力水平十分低下，生产资料和劳动产品归氏族成员全体所有，人们按照性别、年龄进行劳动分工，劳动产品也进行平均分配。人与人在生产活动中处于平等地位，这是与当时低下的社会生产力水平相适应的。当时人们开展生产、改造自然的唯一目的只是获取生存所必需的物质生活资料。由于彼时改造自然的能力十分有限，生产实践活动并不能对自然造成严重的生态危机，所以原始社会人与自然之间是一种原始的和谐关系。在原始社会末期，由于剩余产品的出现，私有财产、商品交换也开始出现，这极大地冲击了原始社会的

①　马克思恩格斯全集(第3卷)[M]. 北京：人民出版社，1960：35.

经济社会生活，最终导致原始社会分崩离析，人类进入封建社会。

其后私有制范围进一步扩大，人类从封建社会进入资本主义社会，人与人之间的社会关系出现分裂与对立，整个社会不能合理地占有生产力并控制生产过程和结果，成为爆发生态危机的重要根源。阶级分化与对立相当严重的资本主义社会所拥有的生产力水平与其对生产过程的调节控制能力是不相匹配的。马克思曾明确指出："资产阶级社会的症结正是在于，对生产自始就不存在有意识的社会调节。合理的东西和自然必需的东西都只是作为盲目起作用的平均数而实现。"①正因为如此，资本主义社会里人与人社会关系的严重分化与对立才是其产生生态危机的社会根源，也是资本主义时代生态危机比以往时代都要突出的原因所在。

马克思主义生态观认为，正是由于资本主义这种只贪图眼前利益而忽视人类长远利益的生产方式加剧了环境污染和生态破坏，资本主义生产方式是生态危机产生的深刻的社会根源。恩格斯指出："到目前为止的一切生产方式，都仅仅以取得劳动的最近的、最直接的效益为目的。那些只是在晚些时候才显现出来的、通过逐渐的重复和积累才产生效应的较远的结果，则完全被忽视了。原始的土地公有制，一方面同眼界极短浅的人们的发展状态相适应，另一方面以可用土地的一定剩余为前提，这种剩余为应付这种原始经济的意外的灾祸提供了某种回旋余地。这种剩余的土地用光了，公有制也就衰落了，而一切较高的生产形式，都导致居民分为不同的阶级，因而导致统治阶级和被压迫阶级之间的对立；这样一来，生产只要不以被压迫者的最贫乏的生活需要为限，统治阶级的利益就会成为生产的推动因素。在西欧现今占统治地位的资本主义生产方式中，这一点表现得最为充分。支配着生产和交换的一个个资本家所能关心的，只是他们的行为的最直接的效益。不仅如此，甚至连这种效益——就所制造的或交换的产品的效用而言——也完全退居次要地位了；销售时可获得的利润成了唯一的动力。"②这说明，资产阶级贪得无厌和唯利是图的阶级本性决定了资本家在资本主义生产过程

---

① 马克思恩格斯选集(第4卷)[M]. 北京：人民出版社，2012：474.
② 马克思恩格斯选集(第3卷)[M]. 北京：人民出版社，2012：1000.

中唯经济效益是图，获取眼前的经济效益和高额利润是资本主义经济活动的根本动力。

资本家为获取更高的利润而尽量降低生产成本，对改善工人的生存环境视若无睹，置资本主义生产对生态环境的破坏和污染于不顾。在资本主义生产方式下，市场法则支配生产，使其存在"成本外在化"的趋势，资本家不可能牺牲企业的利润去保护环境，因为将生产造成环境污染和生态破坏的治理费用计入生产成本后，资本家的利润就会大打折扣。没有资本家会主动去牺牲利润保护环境，他们总是设法使这部分成本外在化或是将它转嫁给社会，对自然资源进行肆意掠夺而并不考虑其后果，比如把废气排入大气层，让废水流入江河或者是将这些污染转嫁给发展中国家以及子孙后代。"在资产阶级看来，世界上没有一样东西不是为了金钱而存在的，连他们本身也不例外，因为他们活着就是为了赚钱。除了快快发财，他们不知道还有别的幸福，除了金钱的损失，不知道有别的痛苦。"①这些都加速了生态危机的产生。

从资本主义生产目的来看，资本主义生产的唯一目的就是追求剩余价值，高额利润使少数人发财致富，牺牲社会效益和生态效益来换取眼前直接的经济效益。资本不断扩张的内驱力驱使资本家不断扩大生产规模以满足日益扩大的商品市场的需求，而不考虑经济运行所产生的外部影响。对此，恩格斯一针见血地指出："在各个资本家都是为了直接的利润而从事生产和交换的地方，他们首先考虑的只能是最近的最直接的结果。当一个厂主卖出他所制造的商品或者一个商人卖出他所买进的商品时，只要获得普通的利润，他就满意了，至于商品和买主以后会怎么样，他并不关心。关于这些行为在自然方面的影响，情况也是这样。西班牙的种植场主曾在古巴焚烧山坡上的森林，以为木灰作为肥料足够最能赢利的咖啡树利用一个世代之久，至于后来热带的倾盆大雨竟冲毁毫无保护的沃土而只留下赤裸裸的岩石，这同他们又有什么相干呢？"②因此，为了金钱和利润而牺牲

---

① 马克思恩格斯文集(第1卷)[M]. 北京：人民出版社，2009：476.
② 马克思恩格斯选集(第3卷)[M]. 北京：人民出版社，2012：1000-1001.

环境效益，在资产阶级那里也就自然而然了。类似的现象依然不断重复上演，只不过是手段和方式有所改变，资本主义社会的本质没有改变，资本家贪得无厌和唯利是图的本性依然没有改变，因此当代出现了"生态帝国主义"和"生态难民"等新现象。当代发达资本主义国家将生态危机转嫁给发展中国家，对广大发展中国家实行"生态掠夺"，同几个世纪以前的贩卖黑奴，对落后国家进行商品输出、资本输出的掠夺在本质上是一样的。

随着资本主义的发展，资本主义生产无限扩大的趋势与地球承载能力有限性之间的矛盾日益突出，成为资本主义不可克服的生态矛盾。在资本主义生产方式下，生产资料采取资本的形式，劳动采取雇佣的形式，两者是以对立的方式结合在一起的。资本主义生产关系下，资本主义的生产是以追求剩余价值为目的的生产，追求剩余价值是资本主义生产的直接目的和动机。生产产品是为了卖出去以实现其产品的价值并使其增值，为了获得更多的利润，资本家就必须不断地扩大生产，所以在资本主义生产方式下，生产表现出无限扩大的趋势。为了满足资本自我增值的需要，就要生产大量的商品，而生产出来的大量商品只有卖出去让人们消费掉，资本家才能获得利润。因此，生产经营者通过广告宣传、媒体宣传不断地创造出新的"消费时尚"，诱导消费者接受自己当前并不需要的消费品，使消费者按着生产经营者设计的消费对象和消费形式进行消费活动。资本主义生产条件下，经济的增长并不是为了人们的健康生存和发展需要，这种追求利润的生产使得生产的目的和消费者的实际需要相悖。

与此同时，科学技术受资本主义生产方式的利用，也成了促进资本主义生产和消费无限扩大的"帮凶"。在资本主义经济规律的作用下，科学技术是为资本生产获取更多的剩余价值服务的，追求剩余价值既是资本主义生产的动力，也是资本主义社会科学技术发展的动力。资本家总是想尽一切办法利用科学技术来设计和生产出能带来巨额利润的商品和服务，却忽视和拒绝利用科学技术来治理资本主义生产给生态环境造成的破坏。所以，在科技革命的推动下，资本主义生产方式在全球迅速扩张，与之相伴随，资本的全球化导致了生态危机的全球化。发达国家把高污染的产业、行业转移到发展中国家，把化学废弃物、污染物转移到发展中国家，加之大气圈、水圈、自然风向的飘移不以人的意志为转移，更不会被国界人为地限定，所以，20 世纪 90 年代以来，生态危机的全球化已愈来愈明显：温室效应导致全球变暖、臭氧层破坏、酸雨蔓延、水资源短缺、土壤退化、固体废物污染严重、物种灭绝、森林锐减、雾霾严重等，人类与自然环境的冲突以最强烈的形式爆发出来。资本主义的大量生产、大量消费、大量废弃不仅导致了全球性的生态危机，而且消耗和浪费了大量不可再生资源，使之面临枯竭的危险。

总之，生态危机产生的根源是多方面的，既有认识上的根源，也有过度开发的原因，但是这些都不是根本的，生产资料私有制条件下社会利益的分裂才是生态危机深层次的社会根源。以追求剩余价值作为生产的根本目的决定了资本主义生产具有无限扩大的趋势，而被异化了的资本主义社会消费方式、生活方式又迎合了资本主义生产无限扩大的趋势，被资本主义生产滥用了的科学技术的进步则加速了这种趋势的发展，市场调节不仅不能制约这种趋势的发展，反而在价值规律的作用下刺激着它的发展。在资本主义生产条件下，物质生产的不断扩大意味着需要消耗更多的资源，排放出更多的废弃物。然而地球上可供人类生活的不可再生资源是有限的，地球上可再生资源的再生率也是有限的，自然环境对人类给它造成的污染和破坏的承受力也是有限的。这两者之间的矛盾必然加剧生态危机。资本主义生产无限扩大、消费异化和生态殖民主义，这些资本主义的"生存之本"无一不是以对自然的侵害和剥削为前提，资本主义经济离开对自然界的索取就难以发展，资本主义制度也就无法延续。所以，作为导致生态危机罪魁祸首的资本主义根本无力解决也无意解决全球的生态危机，为了求得生态危机的真正解决之道，就不能回避导致生态危机的资本主义生产和资本主义制度。

(三) 生态危机的制度出路

工业文明时代，伴随巨大的经济效益而产生了生态危机，生态危机出现的根本原因是无限追逐利润的资本主义的资本逻辑。生态危机的出现是人与自然之间的矛盾激化的表象，两者之间的矛盾主要体现在人与人的矛盾、人对利益的追逐，追逐利益归根结底就是增加资本。说到底，资本主义的生产方式才是生态危机产生的社会根源。虽然马克思、恩格斯说过，"资产阶级在它的不到一百年的阶级统治中所创造的生产力，比过去一切世代创造的全部生产力还要多，还要大"①，但马克思同时也强调只要资本还存在，它必然给我们带来各种灾难，其中包括对自然界的过度索取和破坏。

　　资本主义制度下，社会经济迅速发展的背后隐藏着复杂的资本运行逻辑。资本逻辑下的资本增殖必然需要向自然界索取更多的资源甚至使自然界资源穷尽，这不但会阻碍资本的继续增殖，而且成为生态危机出现的根本原因。首先，资本逻辑否认自然的前提性。资本逻辑认为，人与自然之间的关系是人的本质，自然界并不是人进行实践活动的对象，只是被人类征服与统治的对象。这种理解必然会引发人与自然界的对立和矛盾。其次，资本逻辑与人的全面发展理论相悖。资本主义制度的生产忽略自然规律，随心所欲地从自然中无限索取有限资源。资本逻辑下的物质变换不停地掠夺自然资源，破坏了人与自然的和谐关系，导致经济制度与生态文明不相融。工人生产"被机器化"，工人每天与机器接触时间最多，失去了自由活动与发展的空间。资本为了使得扩大的生产所产生的产品被人们消费掉，利用广告和舆论宣传引导大众进行过度的消费，使人被物品所奴役、控制，人被"异化"而不能全面发展。再次，资本逻辑通过控制科技加剧了生态危机。资本逻辑带动了科技理性的发展，资本主义生产方式控制和操纵下的科学技术"两面性"中的另一面被激发了出来，沦为资本主义掠夺自然、压榨工人而获取更高超额利润的工具。正如马克思所指出的："只有资本主义生产方式才第一次使自然科学为直接的生产过程服务，同时，生产的发展反过来又为从理论上征服自然提供了手段。科学获得的使命是：成为生产财富的手段，成为致富的手

---

① 马克思恩格斯选集(第1卷)[M]. 北京：人民出版社，2012：405.

段。"①人们在欲望的驱使下使生态失调，生态危机由此形成。

综观全球，警醒者已经开始对生态环境采取保护措施。比如生态保护会议的不断召开、生态环境保护协议的签订及生态保护绿色运动的兴起，又如将资本主义经济"非物质化"、把自然市场化或资本化、进行道德改革、建立生态伦理等，并且也有一部分资本主义国家加入采取这些行动的队伍。客观地讲，这一系列努力确实使资本主义国家出现了某些"绿色文明"的碎片化现象或者元素，但这只是资产阶级为了掩盖资本主义贪婪与自私的本质，并不能真正解决生态危机，因为它们都回避了资本主义制度这个根本性的问题。此外，资本主义国家还尝试通过资本主义全球化把生态保护的责任转嫁到发展中国家，伴随而来的却是经济危机以及不断出现的公害事件，事实证明那只是资本主义国家的空想。因此人们更加对资本主义制度产生怀疑，相信一定存在能代替资本主义制度的新的社会制度。于是资本主义国家的激进分子又出来"自救"，认为资本主义本身可以解决生态问题，比如尝试通过"绿色资本主义"来实现资本主义可持续发展。

绿色资本主义是在资本主义制度下，人们为解决已产生的生态问题而优化经济和资本。绿色资本主义解决生态问题的理论与实践说明，资本主义国家对生态危机不再无动于衷，这种积极的行为使资本主义国家好像看到解决生态危机的方法，似乎得到不少人的拥护。然而绿色资本主义的目的是维护资本主义制度，从而掩盖资本主义产生的危机及其根源。要让以追逐利润最大化为目标的资本主义国家限制其经济增长是完全不可能的，这注定了绿色资本主义会以失败告终的命运。生态危机的根源是资本主义制度，绿色资本主义的出发点就是保护资本主义制度，这种保护的最后结果只会把资本主义制度送向深渊，甚至导致灾难性的全球生态崩溃。

马克思主义生态理论为我们指明了方向，人与自然之间矛盾的解决取决于人与人社会关系的革新，要从根本上化解人与自然的矛盾以解除生态危机，就必须

---

① 马克思恩格斯文集(第8卷)[M]. 北京：人民出版社，2009：356-357.

对资本主义现有的生产方式、生产关系连同社会制度实行最彻底的变革。只有这样，人与人、人与自然之间的矛盾才有可能解决。可以说资本主义制度不革除，生态危机就不会彻底根除。既然资本主义无法解决生态危机，不能实现经济的可持续发展，资本主义社会提出的解决生态危机的方案是行不通的。实现资本主义制度的变革——走向社会主义/共产主义，才是解决生态危机的唯一出路。

马克思主义生态理论是中国化马克思主义生态理论的核心基础。马克思、恩格斯生态文明理论是代表最广大人民利益的生态思想，辩证地论述了人与自然的关系，为社会主义生态文明建设提供了理论指南。一方面，要以辩证的观点来对待人与自然的关系。工业文明时代下人类对自然的索取变得越来越贪婪，生态环境被严重破坏，自然资源被大肆掠夺，人与自然时常爆发出激烈的对抗与冲突。走向社会主义生态文明新时代，中国必须改变传统发展方式，走人与自然、经济与社会协调发展的道路，积极推进生态文明建设，真正实现可持续发展。另一方面，要辩证地对待生态与经济利益。"动物的生产是片面的"[1]，而人的生产是全面的。即实践活动具有双重性，是内在尺度与外在尺度、自身需要与外在需要、经济效益与生态效益的有机统一。这就要求人类不仅要改造自然，而且要通过控制自身的行为来满足自然发展的需要。

二、合理吸收中国传统文化生态思想精华

中国是四大文明古国之一，中华文明延绵五千多年，是唯一不曾中断和消亡的人类远古文明，这与中华文明自古重视人与自然和谐相处的生态智慧密不可分。中国传统生态思想是中华文明思想中的瑰宝，成为中国化马克思主义生态理论的重要思想来源。中国传统生态思想十分丰富，概括起来有自然的价值取向、

---

[1]　马克思恩格斯选集(第1卷)[M].北京：人民出版社，2012：57.

整体的思维方式、知足的辩证观念三大理论精华。

(一) 自然的价值取向

1. 道教的自然价值取向

在中国传统生态思想中，道家的自然价值取向最富代表性。中国古代道家在人与自然的关系问题上，把人与自然看作一个不可分割的整体，认为人和万物一样都是天地自然的产物，主张人与自然和谐统一。"道冲而用之或不盈。渊兮似万物之宗。挫其锐，解其纷；和其光，同其尘。湛兮，似或存。吾不知其谁之子，象帝之先。"(《道德经·第四章》) 这段话的意思是："道"看似空虚，发挥起作用来又没有极限。它像万事万物的源头一样深邃。它收敛自身的锐气，解除纷扰；调和光辉，与尘埃相混同。它的存在看似若有若无。我不知道什么演化出了它，好像在神明出现前它就已经存在了。这段话展现了老子对于"道"的认识，即使有时候我们没有意识到"道"的存在，但"道"仍然是"万物之宗"，在任何时候都发挥着自己的作用。从自然的角度理解，尊重"道"的作用也就是尊重自然规律，在自然规律的运转下诞生了花草树木和虫鸟鱼蛇，诞生了飞禽走兽，诞生了人类本身。我们所认识的整个世界都是建立在"道"这个"万物之宗"之上的，这就蕴含了一种深刻的自然取向的价值理念。这里所说的自然取向的价值理念是指认识到人类社会来源于自然，认识到自然界对于人类社会至关重要的角色定位：人类社会的万事万物都来源于自然界，都生长在自然界之中。

此类思想在老子的论述中比比皆是，比如"谷神不死，是谓玄牝。玄牝之门，是谓天地根。绵绵若存，用之不勤"(《道德经·第六章》)。"谷神"意指虚无之神——也就是拟人化的"道"，"玄牝"的意思是玄远奥妙的雌性动物，表明"道"是万物的始祖，它产生了万物，是天地之间一切事物的根源。即所谓："有物混成，先天地生。寂兮寥兮，独立而不改，周行而不殆，可以为天地母……故道大，天大，地大，人亦大……人法地，地法天，天法道，道法自然。"(《道德经·第二十五章》）"道"的运行绵绵不断，天地万物都是由这样一个天地之根化育而来。在天人关系上，人要按照大自然的规律平等对待自然万物，人类的一切活动只有尊重自然规律本身的运行才是顺"道"而行，才能实现天人和谐。庄子则把"法自然"的思想发展到了极致，提倡"无为"而"绝圣弃智"，从而使人与自然完全融为一体，正如他在《齐物论》中所言："天地与我并生而万物与我为一。"

2. 儒学的自然价值取向

儒学也具有自然价值取向，这突出表现在对"天"的自然存在属性的理解，认为这种"自然"是宇宙万物及其运行规律的最为彻底和根本的抽象。孔子曾说："天何言哉？四时行焉，百物生焉，天何言哉？"（《论语·阳货》）孔子的这句话表明，虽然上天没有说什么，但是一年四季依旧轮回，万事万物依然生生不绝。这句话蕴含着敬畏大自然的深厚哲理，说明自然万物都是天的意志，天是最高的本体，人们应该以"天意"来协调人和自然的关系。在此基础上，孔子还要求遵循自然的价值和运行规律，善待人类赖以生存的自然，追求人与自然的和谐统一。孔子在《论语》中提出"钓而不纲，弋不射宿"，即钓鱼只用钓竿而不用大而密的渔网捕鱼；用箭射猎鸟类但不射杀巢中的幼鸟和育雏的鸟。由此可见，孔子的天人合一思想是建立在对自然的崇高伟大的认知基础上的，认为人们应该对自然万物充满爱心，在向大自然索取的同时要留有余地，因为人和自然万物同根同源，人是自然的一部分，人的生产和生活活动都应该遵循自然规律。

儒家的另一位代表人物荀子以"制天命而用之"而著称，但更重要的是荀子认为人类应该对自然充满崇敬、爱护之心，将"制用"和"爱护"统一起来。他在《荀子·王制》中写道："草木荣华滋硕之时，则斧斤不入山林，不夭其生，不绝其长也；鼋鼍、鱼鳖、鳅鳝孕别之时，罔罟、毒药不入泽，不夭其生，不绝其长也；春耕、夏耘、秋收、冬藏，四者不失时……"当花草树木欣欣向荣、恣意生长的时候，我们不应该砍伐山林树木，也不应该在鱼类产卵时进入江河湖泽大肆捕捉，这样才不会断绝它们的生长，才能使它们的生长保持长久，人类的一切活动应该遵循四时规律，尊重自然、爱护自然，这样人与自然才能够和谐共处。

此外在儒家经典著作中也时常体现出以自然万物和谐为最高理想的自然价值倾向。《中庸》有云："万物并育而不相害，道并行而不相悖。小德川流，大德敦化，此天地之所以为大也。"这是对儒学自然价值取向最具说服力的论述，也影响了众多后人的自然观。随着儒学的传承发展，儒家"天人之际"的学问将形而上的天与形而下的地、人、物相互补充协调，共同构成一个一体的、开放的"自然"，形成了对天地持敬畏之心，对万物则爱之有序、用之有度的生态自然观，养成了强调成己成物、参赞天地化育，在实现自然和谐的同时也使人自身的价值得以实现的生态道德观。

3. 佛教的自然价值取向

佛教传入中国之后，虽几经变化，还形成了不同的宗派，但总体而言，其基本的思想仍然具有内在一致性。佛教与自然的渊源最早可以追溯到释迦牟尼，传说当年佛祖放弃苦修，就是在菩提树下冥想顿悟，从此与自然山水结下不解之缘。佛教在东汉时期传入我国后，吸收了中华传统文化本身的"天人合一"思想，后来又吸收了儒家、道家的自然观，形成了新的独特的中国佛教自然观。

首先，佛教自然观强调人与自然的和谐发展。"无情有性、珍爱自然"是佛教自然观最集中的体现。① 众所周知，佛教追求的理想境界有很多，但在后世流传最广的是西方极乐世界，这是一种山清水秀、林木葱茏、花草肥美、鸟兽自在、风和日丽的理想世界，在这里人与自然天地万物和谐、诗意地栖居。

其次，佛教自然观强调崇尚自然，认为自然与人们追求的本体是合一的。最著名的是唐宋时期禅宗的自然观，禅宗认为大自然的一草一花、一木一石都是与人亲和并可以使人悟道的生命存在体，所谓"一花一草皆世界"，禅师们经常把自然场景当作至高无上的悟道本体，只要人们心境空明，春天观花草吐芳，夏日

---

① 魏德东. 佛教的生态观[J]. 中国社会科学，1999(5).

沐凉风拂面，秋天观朗月悬空，冬日察白雪飘飘，皆是随佛修行。佛家有俗语"青青翠竹，尽是法身，郁郁黄花，无非般若"，自然对于人而言是崇高而又平等友好的，对于习禅之人来讲，自然作为人遗存的环境充满着灵性、亲切和愉悦感。修佛之人正是在这种与自然亲密无间的环境中静默观察，切身感受大自然的生命律动、佛法自然。尤其是后来的大乘佛教更是将一切，包括自然中的动物、植物都看作佛法的化身，认为大自然中的一草一木、一花一石都闪烁着佛性的光辉。也正因如此，人们对大自然充满了崇敬之情，佛教将整个身心投向自然万物与山水相融相谐的传统也就一直沿承了下来。

最后，佛教对自然还有一种更加深刻的认识——因其对自然风物的崇尚，也在自然万物中看到了自然流转、生死随缘的精神。六祖慧能曾云："先立无念为宗，无相为体，无住为本。无相者，于相而离相；无念者，于念而无念；无住者，人之本性。"①这就体现了佛教将修佛之道与自然境界类比，将自然界不被外物所牵引、不生好恶、不执着的境界运用到参悟佛法中。即习禅参悟之人应该与自然万物融为一体，成为大自然的一部分，方能领悟真谛、参透佛法。因此，人类要敬重自然、爱护自然、融入自然，使自身和大自然成为同呼吸、共命运的物我一体。

尽管佛教宣扬泛神论，但其对自然的亲和态度以及主张天人相亲相和的中国传统生态智慧却是非常独特的，这与中国传统文化中的自然观不谋而合。佛教对自然不破坏、不苛求，主张融入而成为自然的一部分，这种价值取向，其后发展成为一种颇具诗意和审美价值的自然意蕴。这种自然的诗意，是以自然生态系统的完整、和谐为前提的。佛教这种自然万物与我合而为一的思想，打破了当代的人类中心论，反对剥削自然、控制自然、破坏自然，反对不加克制的人类欲望。在此基础上佛教形成了"素食""不杀生""放生"等对自然生态保护有直接而积极作用的实践活动。

---

① 骆继光. 佛教十三经(上卷)[M]. 石家庄：河北人民出版社，1994：270.

经历了工业文明几个世纪的"熏陶"，我们似乎已经习惯了用"绿色"的自然资源换取"金色"的财富增长，习惯了将"绿色"与"金色"视为此消彼长的关系。事实上，如果在发展中不尊重自然"绿色"，换来的只能是"黑色"。"黑色"的积累一定会带来"金色"的流失，"绿色"和"金色"其实是统一的。经历了工业时代"黑色恐怖"的笼罩，我们终于在 21 世纪将绿色理念提升到了前所未有的高度，这一点与中华传统经典在几千年以前就提出的"自然"思想不谋而合。虽然几千年前的圣人先贤所提出的观点有其特定的历史背景，有其特有的指向性和局限性，但毫无疑问，这种自然的价值取向对于中国今天进行生态文明建设是一笔非常宝贵的精神财富。

(二)整体的思维方式

中国传统经典中"整体的思维方式"与当今的绿色发展理念具有同一性：中国的传统思想——不管是儒家还是道家的思想——都具有很强的社会责任感，都嵌入了对百姓、社稷以及自然的深刻关怀，都追求一种更高层次、更广范围的共同福祉。道家更加注重事物之间的联系和转化，儒家则注意到个体和整体之间的关系。中国传统思想中"整体的思维方式"与生态文明的一致性，有利于我们更加关注环境与人类发展、社会进步之间的关系，有利于我们更加客观地认识自然界自身的固有价值，有利于我们追求一种更加先进的经济社会发展方式，以实现中国发展方式的绿色生态转向。

现代工业文明强化了人与自然的对抗关系，人类不断压榨自然的经济价值以实现人类的文明"进步"，却同时产生了一种激烈的对抗，这种激烈对抗反映在哲学层面上，就是现代哲学鲜明的"主客二分"的对立思想。主客二分的现代哲学在人类现代化的过程中的确起到了关键的作用：人类开始摆脱"神明"的束缚，不断解放自己改造自然、利用自然的能力，完成了一个又一个壮举，如各种新式能源的运用、交通方式的革新、通信方式的飞跃等。在现代化进程中，人类确实取得了比前几个世纪的成就之和更大的成就；同时，人类却在主客二分现代哲学思维的指导下，给自然界带来了十分深重的灾难，反过来又加剧了自然对人类的报复。

毫无疑问人和自然是具有同一性的。根据马克思主义关于人与自然的辩证关系的基本观点，人类孕育于自然界，人类生存于自然界，人类是自然界的一部分。从人类历史长河看，人类和自然界的同一性表现为：生态兴则文明兴，生态衰则文明衰。没有生态环境，人类文明就不能持续。人类文明不一定是在砍倒第一棵树时开始，也不一定是在砍倒最后一棵树时结束，但当最后一棵树倒下的时候，人类的征程可能就要停止了。只有认识到人类文明发展和生态环境保护的同一性之后，才能充分理解将生态环境和人类文明作为一个整体的思维方式的重要性。用主客二分的思维方式认识和处理生态环境和人类文明的关系，一直是西方的现代化模式，我们必须破除这种模式，才能迎来社会主义生态文明新时代。生态文明定然需要用一种整体的思维方式处理人和自然之间的关系，权衡人和自然的权利界限，重新规划人类在自然中的角色和定位，自觉地让人类完成从"征服者"向"调节者"的角色转变，增加人和自然这个整体的共同福祉。

1. 道家的整体思维方式

在中国的传统文化中早已出现了对"人和自然的同一性"的深刻思考。老子曾说："故道大，天大，地大，人亦大。域中有四大，而人居其一焉。"(《道德经·第二十五章》)意思是，道大，天大，地大，人也大，宇宙间有四"大"，人是其中之一。由此可以看出，老子没有认为人是宇宙的主宰，他认为人只是组成宇宙的一个部分，人类与其他几个部分一起组成了我们所生活的世界这个整体。而"人法地，地法天，天法道，道法自然"。人必须取法于自然环境，只有这样才能保障人的生存。所以，在老子的思想中蕴含了人类的生存发展必须遵循自然规律，必须尊重整体中的其他组成部分的生态意蕴。工业革命以来，科学技术的飞跃式发展使"人类中心主义"观念甚嚣尘上，它把人类当作自然界进化的目的，而且相应地，以人类的价值观念来评判自然界的一切存在物——凡是符合人类当下发展需求的就是有价值的，凡是不符合人类当下发展需求的都是没有价值的，都是可以抛弃的。它按照人类的主观需要来赋予自然界以人类中心主义的意义，这种观念的代表就是"人类沙文主义"。然而，经过科技的发展和思想的进步，人类越来越认识到自己只不过是复杂自然界中的一个部分，人类和自然界具有广泛的同一性，一味地剥削自然、压迫自然，制造人类与自然界的对立，不仅不能使人类获利，反而会给人类自身带来深重的灾难。庄子说"天地与我并生，而万物与我为一"，人是世界整体的组成部分之一，只有充分认识到这一点，不把人类当作世界的主宰，放弃极端的功利主义，尊重自然界本身的运行规则，才能正确处理人和自然之间的关系，达到人和自然的理性和谐状态。

道家的整体思维方式表现为一种生态整体联系观。从老子开始，就始终继承着这种天下万物相依相存、互为牵制的有机整体观，并且成为道家自然哲学的哲学基础。最具说服力的就是"道生一，一生二，二生三，三生万物"，"道"作为万物本源而存在，她生养万物、孕化万物，是整个世界系统中的根本和总纲领，在此之下世间万物都有天然的亲缘关系，世间万事万物都在这个有机联系的整体中运行。所以在道家这里，世间万物都不是绝对的，它会与其他事物相关联而发生相应的变化，不同事物之间是彼此联系的，万事万物彼此相通，不可能脱离整体而孤立存在，这就是道家所主张的"天地万物不相离也"，并且在这种思想基础上，道家认为万物相连相关，其价值也是平等的，"以道观之，物无贵贱"。

因此可以说，道家思想在本质上是一种整体关系论，它把世界看成一个彼此密切联系的整体而存在，不存在一个独立的、具体的实体。作为万事万物本源的道，则本身存在于每个事物自身之中，也存在于整个自然界，而不是脱离自然孤立存在。所以道并不是万物的主宰者，而是与自然同在的"法自然"，所谓"自然，道也"，自然作为世界的本质和规律，也同样是道的基本法则。

道家思想中万物相涵、彼此联系的整体联系观与中国化马克思主义生态理论中的整体联系观具有类似的同构性。这种事物之间的普遍联系、相生相连的整体有机论是道家自然观的一个重要内涵，对中国传统思维方式有着深刻而持续的影响，还将对今天的社会主义生态文明建设发挥积极作用。

2. 儒学的整体思维方式

儒学的整体性突出表现在思维方式方面，儒学擅长从相关事物的联系、比较中来认识、把握、评价对象，而不是把事物看成孤立的、片面的，强调事物的联系性和系统性。张载的表述最能代表儒家的整体性思维：“物无孤立之理，非同异、屈伸、始终以发明之，则虽物非物也；事有始卒乃成，非同异、有无相感，则不见其成。”①

从儒家理论体系的建构看，儒家思想有许多概念、范畴具有综合性和融通性的特征，很多大的概念还往往具有宇宙论、伦理学、认识论的普遍意义，并且在概念的界定上善于用“观象取类”的方法，从总体上和整体运动过程中来把握对象的存在特征。这也是儒学概念、范畴中有许多显得笼统而不确切、朦胧犹疑的原因。比如在社会生活方面，儒家注重群体本位，认为个体的价值只有在整体中才能实现、才有意义，这也是儒家传统文化中家、国、类等群体意识较强，而个体往往被湮没的原因。荀子在《荀子·王制》中曾说：“力不若牛，走不若马，而牛马为用，何也？曰：人能群，彼不能群也。”这一点在政治追求方面表现得尤为突出，大一统的政治观是儒学独霸整个传统社会的利器。早在《诗经》中就有“溥天之下，莫非王土；率土之滨，莫非王臣”的政治大一统观念，孟子更是希望天下能够“定于一”，因为“天无二日，民无二王”。这种整体思维方式表现在价值观方面，就是对和谐的追求，这是儒家文化中非常突出的一面，它包括人与自然的和谐、人与人的和谐、人与自身的和谐、人与社会的和谐。因此“礼之用、和为贵”成为儒家和谐思想的理论渊源，并衍生出天人和谐、知行和谐等重要思想，成为后世独具特色的中国古典辩证法，其经典表述就是“和而不同”（《论语·子路》）。

---

① （宋）张载. 张载集[M]. 北京：中华书局，1978：19.

在儒学这种整体思维方式的影响下，一种人与自然和谐相处的整体认知逐步形成，即"天地之大德曰生"①。世界上的万物都是天地的一部分，是大自然的一部分，而每一个具体事物又是万事万物的一部分。万事万物之间是一种相互关联、相互协调的状态，它们在彼此的创造过程中相互作用、共同发展。正是因为认识到万事万物之间的相互依存性，儒家倡导尊重自然规律、爱护生态资源。最著名的莫过于孟子的"不违农时，谷不可胜食也；数罟不入洿池，鱼鳖不可胜食也；斧斤以时入山林，材木不可胜用也"。正是这种整体性思维方式，把自然万物当作不可分割的整体，儒家才会对世间万物珍视与尊重，提倡以仁爱之心爱护自然、爱护万物。

3. 佛教的整体思维方式

缘起论是佛教的哲学思想基石。缘起论认为世间万物依缘而生，也就是说任何事物都是依条件或原因而存在的，失去条件或原因就会消失。佛教缘起论的思想说明人类与自然不是孤立存在的，人与自然是密切相关的，生态环境是依条件和原因而不断变化的，人类对生态资源的不断索取与破坏终会损害到人类自身的发展，为了人类自身的发展要保护自然资源。例如佛教"天地与我同根，万物与我一体"的整体自然观，强调人与自然相互依存、相互转化，并且赋予自然界和人同等的地位，将人与自然的关系上升到伦理层面加以阐析，给后人无尽的启发。在缘起论的基础上，佛教进一步谈及因果业报说，认为众生所作的善业和恶业都会引起相应的果报。根据人类个体和群体的划分性质，业分为自业和共业，即自己个人造成的业和众人造成的业。②

基于缘起论，佛教在阐释人与自然的关系时，其基本立场是"依正不二"。所谓"依正"就是"依报"和"正报"。其中依报指生命依存的环境，正报指生命主

---

① （魏）王弼，（晋）韩康伯，（唐）孔颖达，（唐）陆德明. 周易注疏［M］. 上海：上海古籍出版社，1989：268.

② 荣婧. 佛教生态哲学与经济绿色发展初探［J］. 五台山研究，2019（3）.

体。"依正不二"就是指生命主体和生存环境是相互融合的整体，一方的存在以另一方的存在为前提，二者不可分割。基于"依正不二"的整体论立场，佛教强调"不败自然相，相应度无极"。这就是说人的行为必须与自然生态法则相结合，才能不败坏环境的自然状态，也只有这样，人类才能得到长期生存和发展。这一思想解释了众生与自然环境的辩证关系，即生命主体与自然是不可分割的共同体，彼此依存，虽有殊分却互为因果；人类需充分发挥主观能动性，对资源环境种下善业，才会得到环境对人类善果的反馈。基于佛教的生态哲学思想更加论证了人类保护自然资源的必要性。

依此，佛教进一步提出了平等观和慈悲观。首先是平等观。这种观念认为万事万物都是平等的，没有高低贵贱之分，即所有生命都有生存和发展的权利，这种权利不可被侵犯和剥夺。从这个角度说，人和自然也绝不是简单的上对下、高对低的关系，人与自然应当是平等的对立统一关系。人应该敬畏自然、保护自然，在尊重规律的前提下利用自然、改造自然。

其次是慈悲观。佛教正是基于万物平等的平等观，进而提出要爱护自然的慈悲观。慈就是"与乐"，是爱众生并给予快乐，悲就是"拔苦"，是怜悯众生并去除其痛苦。这样的慈悲观就要求人类必须有同理心，对万事万物感同身受，对大自然也要有慈悲爱怜之心。佛教的慈悲观和平等观进而指导了人们如何爱护自然。例如佛教要求"不杀生"，提倡"放生""吃素食"等。

(三) 知足的辩证观念

知足的辩证观念是中国传统生态思想中又一个重要思想。自然资源是有限的，人类应该节制欲望，反对滥用资源，通过知足的价值观来推动社会持续发展。在古代农业社会，知足的辩证观念主要表现为节约自然资源和一种清心寡欲的心态，反对铺张浪费、享用无度。

1. 道家的知足观

道家要求人们将发展的欲望控制在"自然"的范围之内，不能因为无节制的膨胀欲望而使"道"有所亏损。老子就曾指出,不加节制的欲望膨胀会给自然造成压力和破坏,同时也会使人身心失衡、人性异化,"五色令人目盲,五音令人耳聋,驰骋畋猎令人心发狂,难得之货令人行妨。是以圣人为腹不为目"(《道德经·第十二章》)。因此,老子提醒世人"祸莫大于不知足,咎莫大于欲得","故知足之足,常足矣"(《道德经·第四十六章》)。老子认为对所有极端、奢靡的行为都应该加以制止,人们在生产、生活当中应该"见素抱朴,少私寡欲",只有这样,人与自然、社会才能长久相安。

老子反思人们争名逐利的现象,指出身外之物诸如钱财、名誉都是不足挂齿的,人应该真正追求的是自身的存在、本性的保持,不应当为追名逐利而失去人的灵魂,反对一味追求经济利益而破坏人自身淳朴、宁静的精神和谐状态。"名与身孰亲,身与货孰多,得与亡孰病?甚爱必大费,多藏必厚亡。"(《道德经·第四十四章》)庄子也认为,"重生,则利轻"。道家的这些思想,给今天人性的异化、人与自然的疏远、人自身的分裂与冲突等现代问题以重要启发。我们是不是被物欲遮蔽了双眼?我们的灵魂是不是被快餐式的、短暂的快乐所蒙蔽?我们用自己的技术和智慧创造了财富、文明,却也使自己沦为财富、技术的奴隶,而忘记了在人与自然的亲密接触中去寻找恒久的意义和幸福,即庄子所称的"天乐"。

道家"知足"的辩证观念还以另外一种形式体现出来,即"欲速则不达"。这一点在《道德经》中也有所展现——"企者不立,跨者不行"(《道德经·第二十四章》)。这种知足的辩证观念和我们从黑色工业文明发展方式转变为绿色生态文明发展方式的转型思路又是吻合的。"骐骥一跃,不能十步;驽马十驾,功在不舍"(《荀子·劝学》),发展方式的转变是一个循序渐进的过程,我们在这个过程中同样也需要"知足"的辩证观念,脚踏得太高反而会站不稳,步子迈得太大反而会走不远,转型转得太快反而会出现各种各样的问题。我们在转型的过程中一定要充分了解自身的经济情况、政治情况、文化情况、社会情况、生态状况,综合考虑各种条件,充分吸收古今中外先进的绿色发展经验、绿色技术、生态理念，这样才能建立一个健康稳定的生态文明新社会。

2. 儒家的知足观

孔子在自然方面的知足观表现为"不时不食"，反对竭泽而渔、覆巢毁卵的过度行为。前文提到，孟子也明确提出过"取物以时"的思想，他认为按照自然规律办事，"树之以桑"，"养之以蓄"，"不失其时"，"勿夺其时"，"百姓可以无饥"也。荀子也曾指出："于是又节用御欲，收敛蓄藏以继之也，是于己长虑顾后，几不甚善矣哉?"（《荀子·荣辱》）因为，如果穷奢极欲，就会导致穷困潦倒。荀子的这种可持续发展的生态思想，在当时是十分有远见的。并且，儒家把这一点也发展到了政治层面。孟子认为君主必须倡行节俭，向百姓征收赋税要有节制，即所谓"贤君必恭俭礼下，取于民有制"（《孟子·滕文公上》）。儒家的知足观警示后人，自然界并不是可随意猎取的对象，而是与人类生存、发展息息相关的命运共同体。

儒家知足观的另一个表现就是"黜奢崇俭"。古代社会，生产生活方面的消费观是关乎国计民生的大事，所以儒家十分强调节俭，认为这直接关系到国家社稷的盛衰存亡。例如，孔子提倡简朴的礼乐制度和道德风尚，孟子也认为"是故明君制民之产，必使仰足以事父母，俯足以蓄妻子，乐岁终身饱，凶年免于死亡"（《孟子·梁惠王上》）。他们以此来抨击那些不顾民生、贪图自身享乐的君主和政府，这延续了儒家以民为本、仁政和崇俭的思想。令人感到遗憾的是，迈入工业文明时代之后，人类常以主宰者自居，把自然界变成自己的物欲对象，毫无顾忌地大肆攫取和挥霍各种自然资源，导致气候变暖、物种灭绝、酸雨、沙尘暴、水土流失、雾霾，生态问题越来越严重，严重威胁到人类的生存，并且给子孙后代留下难以预料的隐患。这就亟待我们重新挖掘传统文化中有益的知足观念，以反省人类以往错误的思想和行为。

3. 佛教的知足观

佛教的知足观在佛教经典中表现得尤为明显。在《遗教经》中就提到"知足之法即是富乐安隐之处。知足之人，虽卧地上，犹为安乐；不知足者，虽处天堂，亦不称意。不知足者，虽富而贫；知足之人，虽贫而富"。这句话表明人应该有正确的知足观，如果不感到知足，即使再富有也不会感到快乐；反之，即使身处贫困之境，感到知足，他的内心也是富有的。

佛教的知足观也表现在对欲望的探讨上。这种探讨源自四圣谛，即苦、集、灭、道。其中苦谛的意思为人生的本质是苦的，一切皆转瞬即逝，万物不是绝对永恒的。集谛则是指世间苦的根源是永无止境的欲望。欲望根据不同性质可分为善、恶、无记三种，并非所有欲望都是不好的，善和无记的欲望佛教是不反对的，佛教反对的是恶性的欲望以及因对欲望无限制的追求而损害其他的利益。欲望中的贪欲也作贪毒，是主体对于所爱的事物产生喜乐的念头而升起的占有欲望。

这种知足观在对待人与自然的关系上，告诫我们要正确看待人类的发展，佛教反对人类无休无止的贪欲，反对人类不断向自然索取资源以满足自身"恶"的需要。现实中的资本主义社会，由于资本的无限扩张性和增殖性要求不断攫取自然资源以满足资本发展需要，自然界成为人类发展的牺牲品。长期以来，特别是工业革命以来200余年，西方国家大肆开发自然，造成了严重的资源短缺、资源浪费、环境污染，由此直接演变为全球性的生态环境恶化问题。今天我们追求绿色发展，就是要尊重人与自然的发展规律，一方面有序利用自然、改造自然，实现社会发展，另一方面要敬畏自然、爱护自然，最终实现人与自然和谐共生。

中国人崇尚知止知足的观念，这种辩证观念不仅体现在中国传统经典的文本之中，也广泛地表现在普通人的思维方式和生活方式里。比如，中国人传承至今的"知足常乐""成由节俭败由奢"等观念，这和马克思主义辩证唯物主义中"量变和质变原理"不谋而合。虽然中国传统观念中的知止知足思想是原始而朴素的，有其固有的不足和缺陷，但是我们完全可以利用这种对中国人影响巨大的思维方式和现今绿色发展理念的合力来推动中国的生态文明建设。

先发国家走上绿色发展的道路都经历了一段"先污染、后治理"的时期，在这一时期中，它们都付出了惨痛的代价。这种做法就是在事情变混乱以后才开始治理，在事情发生恶化的迹象已经完全显现之时才寻求改变，在事情已经不可收拾的时候才着手转向。这是一种极其昂贵的转型方式，几千年前的华夏先贤就已经为我们找到了一条规避这样惨痛代价的道路，即在污染吞噬我们之前采取行动——转向到与自然和谐相处的发展道路。中国的传统文化博大精深，并对我们中国人的思维方式和行为方式具有深远的影响，探究传统经典文本中的思想资源与走向社会主义生态文明新时代的契合，就是探寻中国传统思维方式、行为方式与绿色发展理念之间的契合。这是我们发展社会主义，走向社会主义生态文明新时代重要的精神养分，也是中国在引领世界进行生态文明建设过程中的文化自信的重要来源。

三、批判借鉴当代资本主义生态理论

中国化马克思主义生态理论的思想来源除了马克思主义生态理论、中国传统生态文化之外，对当代资本主义生态理论的借鉴也是一个重要方面。中国化马克思主义生态理论借鉴的当代资本主义生态理论，主要有西方可持续发展理论以及西方马克思主义的生态学理论等。这些理论成果大多是西方国家的一些觉悟群体对其长期以来不可持续的发展方式的反思，以及在这一过程中提出的各自的主张。他们的理论认识到了现有生产方式会导致严重的生态危机，并提出了一些正确的主张，但是都不够系统成熟，因而也不能从根本上解决生态危机问题，无法为实现绿色发展找到根本对策。

(一)西方可持续发展理论

可持续发展理论是人们在对工业大发展所导致的资源枯竭、环境恶化和生态失衡等各种现象进行重新审视的基础上，所得出的一种改变以前发展思路的新模

式。可持续发展理论强调既要让人类的合理需求得到满足，实现人类发展，也要达到保护资源以及不破坏环境、不使自身行为危害后世的要求。

1. 可持续发展理论的形成与发展

"可持续发展"作为一种理论，形成于 20 世纪 80 年代末 90 年代初，但是，它作为一种思想却源远流长。"可持续发展"思想始终与经济发展相伴而生。早在古典经济学中，经济学家们就在"能否可持续发展"的问题上有着乐观派和悲观派之分，但那时他们主要关注的是土地资源对于经济发展的影响。而在新古典经济学中，学者们则将研究重点转向资源配置机制和资源最优配置条件，其中除了马歇尔对可持续发展问题持乐观态度外，其他经济学家对这个问题很少提及。在 20 世纪 70 年代以前，西方主流经济学主要研究宏观经济运行和经济增长问题。随着地球上的资源存量锐减和人类生存环境的恶化，可持续发展问题日益受到各国政府、国际组织和学术界的关注，于是在 20 世纪 70 年代和 80 年代先后出现了"能否可持续发展"的两次全球大讨论。总体来说，可持续发展理论从萌芽到基本形成大致经历了三个历史阶段。

第一阶段(17 世纪下半叶至 19 世纪下半叶)——可持续发展思想的萌芽阶段，以弗朗斯瓦·魁奈、亚当·斯密、大卫·李嘉图和约翰·穆勒为代表。在可持续发展思想的萌芽阶段，学者探讨"可持续发展"的主要内容是资源的稀缺程度与经济增长的关系。这里所说的资源常常被认为是土地资源。

重农学派是经济思想史上第一个从生产过程中寻找价值或财富源泉的西方经济学流派，其眼光主要局限在对农业生产的探索。重农学派提倡自然力的重要性。它的代表人物弗朗斯瓦·魁奈将该学派取名为"Physiocrats"，该词来源于希腊文"自然"与"力量"，这一名称就是强调自然在创造财富的过程中独一无二的作用。这与今天的可持续发展理论强调自然和环境生态的重要性有相通之处。重农学派认为土地才是财富的唯一源泉，只有农业部门才能生产纯产品，才能真正创造社会财富和价值。魁奈认为土地的产品比人更重要。财富的增长可以为人口增长提供保障，人口的增长使得农业劳动力大大增加，而农业劳动力增加又会促进农业生产扩大，进而将极大地促进社会分工的发展，由此带来商业与工业的繁荣兴旺。正是基于以上推论，重农学派认为经济和社会可以实现持续增长的目标。更值得注意的是，重农学派所说的"土地"概念与我们今天所说的耕地还有所不同，它甚至包含森林、渔场等其他自然资源，因此重农学派的"土地"概念与我们今天所说的自然资源已经十分接近了。尽管重农学派将生产过程局限于农业生产并赋予它极其重要的地位，但是它已经看到了自然资源对经济实现持续发展的重要性。

亚当·斯密则在《国民财富的性质和原因的研究》中讨论了在经济发展的不同阶段资源对经济增长的影响以及与之相对应的收入分配问题。斯密首先设置了这样一种情境：土地未被私有化，资本也还没有实现积累。在这样的情境下，劳动者的全部劳动产品归属于他个人，不会被占有。也正是由于没有资本积累，此时的经济一定会随着人口的增长而增长。倘若土地资源是充足的且能够被自由使用，那么随着人口的不断增长，土地将被开垦得越来越多，劳动产品不断增加，进而国民收入也将不断增加。在这里，人口增加与产品和收入增加是成固定比例的，也就是说土地开垦数量增加一倍，劳动产品和国民收入也将增加一倍，那么工资就可以长期保持不变，进而经济就能实现持续发展。

当然这是一种理想情境。随着人口进一步增加，土地出现了被占有的情况，进而产生了土地私有制。"土地一旦成为私有财产，地主就要求劳动者从土地生产出来或采集到的几乎所有物品中分给他一定份额"①，此时地租就产生了。随着资本和雇佣劳动的出现，土地上的劳动生产物中的一部分还要以利润的形式归农业资本家占有。当土地成为稀缺资源时，随着人口的增加，越来越多的劳动力将拥挤在既定面积的土地上，劳动的边际报酬将出现递减。土地、人口或劳动力和产出、工资的平衡增长将不复存在。从这个角度看，显然经济将不能实现可持

---

① ［英］亚当·斯密. 国民财富的性质和原因的研究：上卷［M］. 郭大力，王亚南，译. 北京：商务印书馆，1972：59.

续发展。然而，斯密对待这一问题仍然保持乐观态度。在他看来，资本积累和社会分工足够克服土地稀缺程度的提高对经济增长所带来的消极影响，从而继续维持经济和社会可持续发展。斯密认为，随着资本的不断积累，雇佣劳动力的规模将越来越大，加上分工发展以及技术进步大大提高了劳动生产力，从而引起工业的报酬递增，这就克服了由于土地稀缺所产生的报酬递减。

大卫·李嘉图对这一问题却抱有消极的态度。李嘉图在他的《政治经济学及赋税原理》一书中分析，随着人口的不断增长，在土地数量有限的情况下，人们对农产品的需求量却是不断增加的。在这种情况下，有可能出现两种行为：一是人们将不断开垦无论是在肥力还是位置上都越来越差的耕地；二是人们会在原有的土地上不断追加投资，而这种情况将直接导致土地报酬呈现递减趋势。随着土地越来越成为稀缺资源，农产品的价格将呈现持续上涨趋势。而农产品的上涨使工人生活成本大大提高，由此将直接导致地租和工人工资上涨，工人工资上涨将导致资本家通过雇佣工人所得的利润大大减少，而靠租借土地的地主阶级却将获利。这样将直接激化工人与资本家、地主之间的矛盾。关于经济增长的前景，李嘉图认为，虽然工业生产中由于分工的发展和技术进步而存在报酬递增，但是在所有的土地资源都被利用了以后，对劳动的需求会下降，农业中的报酬递减趋势将会压倒工业中的报酬递增趋势，于是经济增长速度将会放慢，直至进入人口和资本增长停滞和社会静止状态。

约翰·穆勒在这一问题上的看法要相对乐观。他认为工资是由劳动的供给和需求决定的，劳动的供给即工人人数，劳动的需求即是购买工人劳动的资本。古典经济学家通常认为，工资基金总是由维持工人所需的最低生活费用来决定的，因而它是一个固定的量。在此基础上，他认为长期来看，工资的多少主要取决于工人人数即人口，他认为只要控制人口就能改善工人生活水平。但穆勒所处的19世纪中叶，英国的经济增长和人口增长都比较快，这引起穆勒对经济增长前景的担忧。在穆勒看来，当资本积累把经济增长推向一个高水平阶段时，由于土地资源稀缺加上人口过快增长，经济将进入停滞状态。

第二阶段(19 世纪下半叶至 20 世纪中叶)——可持续发展思想的发展阶段，以马歇尔、庇谷等新古典经济学家为代表。在可持续发展思想的发展阶段，学者探讨的"可持续发展"，主要是指在资源稀缺或资源数量一定的条件下，如何在不同的用途中配置资源，使达到帕累托最优状态。新古典经济学家们对是否能够实现"可持续发展"基本保持乐观态度。他们认为，市场机制的自发运行可以解决资源与可持续发展的矛盾，从而可以避免陷入马尔萨斯陷阱。

一方面，与古典经济学强调土地肥力递减从而报酬递减不同，新古典经济学家认为科学技术的发展能极大地提高土地资源的利用效率，在土地资源一定的情况下仍然能够实现产出增加，进而实现可持续发展。例如，英国著名经济学家阿尔弗雷德·马歇尔就强调人类拥有改变土壤性质的力量，他相信人类依靠机械和化学方法可以把土壤肥力置于人类的控制之下。他在《经济学原理》中写道："靠了充分的劳动，人类能使差不多任何土地生长大量作物。人类能从机械上和化学上使土壤适合于下一次要种植的任何作物。人类也能使作物适应土壤的性质，并使作物互相适应……"①并且"这一切变革到将来可能比过去更为普遍地和彻底地实行"②。因此，他断定李嘉图对报酬递减律的说法是不精确的，由优等地到劣等地的耕种次序和土地的自然赐予会逐渐耗竭的情况已经大大改变了。因为生活在 19 世纪早期的李嘉图"不会料到有很多的发明，而这些发明准备开辟新的供给源泉并且依靠自由贸易的帮助还可以革新英国的农业"③。但是马歇尔也承认，人口增长的确会对环境造成污染。他曾经说："……在人口稠密的地方获得新鲜空气和阳光以及——在某种情况下——新鲜的水的困难日见增加。"④

另一方面，他们相信随着社会不断发展，人们会自觉缩小家庭规模，人口增长率的降低将极大地缓解人资矛盾。最后，他们从经济行为人追求利益最大化的角度出发，认为价格会对资源稀缺程度作出灵敏反应，也就是说当某种资源越稀

---

① [英]马歇尔. 经济学学理(上卷)[M]. 朱志泰，译. 北京：商务印书馆，2014：179.
② [英]马歇尔. 经济学学理(上卷)[M]. 朱志泰，译. 北京：商务印书馆，2014：180.
③ 方福前. 可持续发展理论在西方经济学中的演进[J]. 当代经济研究，2000(10).
④ [英]马歇尔. 经济学原理(上卷)[M]. 朱志泰，译. 北京：商务印书馆，2014：202.

缺，那么使用该资源的成本也就越高，基于此，经济行为人就会通过科学技术或替代品以达到节约或直接替代稀缺资源的目的。

马歇尔所设想的可持续发展在很大程度上还是局限于一个国家的可持续发展，确切地说是英国的可持续发展，而不是今天意义上的全球性的可持续发展。因为单个国家的可持续发展和全球的可持续发展所需要的条件是不同的。就当时的英国来说，它完全可以通过对外贸易从其他国家获得资源来保证本国经济的发展，也可以通过把污染转移到其他国家来保证本国环境和生态的稳定。

此外，英国经济学家阿瑟·塞西尔·庇古将研究目光转向通过政府采取措施控制环境污染以实现资源最优配置的问题上。在庇谷看来，导致市场配置资源失效的原因是经济当事人的私人成本与社会成本不一致，从而私人的最优导致社会的非最优。环境污染这种负外部性的存在造成了环境资源配置上的低效率与不公平，这促使人们去设计一种制度规则来校正这种外部性，使外部效应内部化。纠正外部性的方案是政府通过征税或者补贴来矫正经济当事人的私人成本。只要政府采取措施使得私人成本和私人利益与相应的社会成本和社会利益相等，则资源配置就可以达到帕累托最优状态。这种纠正外在性的方法也称为"庇古税"方案，这也是最早的"环境税"。

此后，按照庇古的理论，经济学家主张使用税收方法迫使厂商实现外部性的内部化：当一个厂商施加一种外部社会成本时，应该对它施加一项税收，该税收等于厂商生产每一连续单位的产出所造成的损害，即税收应恰好等于边际损害成本。值得说明的是，这里所讲的"税收"概念是一个学术概念，实际应用时既可以是税收，也可以是收费，如环境资源税、环境污染税、排污收费等。在实践中，许多国家利用税收手段治理环境取得了明显的社会效果。一方面，环境污染得到有效控制，环境质量有了进一步的改善。另一方面，利用征收资源税节约能源的使用，极大地提高资源的利用效率，通过限制高能耗产品的使用在一定程度上抑制了资源的浪费和过度消耗。

不论是古典经济学中对资源的稀缺程度与经济增长的关系的探讨，还是新古典经济学中对在资源稀缺或资源数量一定的条件下如何在不同的用途中配置资源使得达到帕累托最优状态的探讨，应该说蕴含在其中的"可持续"思想对工业文明时期经济社会的发展产生了不可替代的指导作用。但是，我们也要注意到自工业革命以来，经济社会发展总是与资源短缺、环境污染等生态问题相伴。应当说新旧古典经济学中的"可持续发展"思想有其明显的局限性。这主要表现在以下几点：

首先，自工业革命以来，人类在不断扩大经济系统的同时，日益把经济系统放到了生态系统之上，经济系统不再被看作生态系统的子系统，恰恰相反，生态系统被当作经济系统的子系统，认为生态系统不过是经济系统原材料的供应地和废弃物的堆放地。正如美国经济学家赫曼·戴利所说："在经济增长中必然会有成本发生，即便它通常不被人们所计量。消耗、污染、对生态的生命支持功能的破坏、闲暇时间的牺牲、某些劳动的非效率、为资本流动而对社区的损害、某些物种栖息地的丧失、留给后代的遗产精华的大量损失——这些都是成本。我们不仅没有将这些计入成本，反而经常将之计入效益，一如我们将治理环境污染的成本算作 GNP 的一部分，一如我们没有扣除可再生自然资本的折旧和没有进行不可再生资本的结算。"①

其次，在研究各种稀缺资源在各种可供选择的用途中间进行优化配置的问题时，新旧古典经济学家认为资源一般具有两个特性：一是有用性，二是稀缺性。基于此，他们通常认为自然资源不属于稀缺资源，除少数资源外，不论人类经济活动如何发展，自然资源总是能够维持人类经济活动的需要。

最后，他们常常忽视环境资源的再生产规律，为人类掠夺自然提供了理论依据。事实上，环境资源的再生产主要受自然规律的支配，其再生产周期比其他经济资源的再生产周期要长得多。还有一部分环境资源一旦被破坏就不可逆转。但长期以来，新旧古典经济学家只研究物质资料再生产的规律及其平衡原则，鲜有

---

① ［美］赫尔曼·戴利. "满的世界"：非经济增长和全球化［J］. 马季芳，译. 国外社会科学，2003（5）.

涉及环境资源再生产规律及其平衡原则的。

第三阶段(20世纪中叶至今)——可持续发展理论的正式形成阶段，以蕾切尔·卡逊、德内拉·梅多斯、乔根·兰德斯、丹尼斯·梅多斯等人以及世界环境与发展委员会等组织为代表。在可持续发展理论的正式形成阶段，"可持续发展理论"将"可持续发展"的概念从"以经济为中心"转向"以环境为中心"。"可持续发展"概念不论是从深度还是广度上都超越了以往的"可持续发展思想"的内涵，并且逐渐体系化，开始为各个国家所接受和重视，影响深远。

蕾切尔·卡逊1962年出版《寂静的春天》一书，该书控诉了杀虫剂(特别是DDT)对鸟类和生态环境造成的毁灭性危害。尽管这本书一经问世就使卡逊备受攻击和诋毁，但书中提出的有关生态的观点逐渐被人们接受。环境问题从此由一个边缘性问题逐渐走向全球政治、经济议程的中心。其后，随着公害问题的加剧和能源危机的出现，人们逐渐认识到把经济、社会和环境割裂开来谋求发展，只能给地球和人类社会带来毁灭性的灾难。

1966年，美国经济学家鲍尔丁在《即将到来的宇宙飞船地球经济学》一文中提出："人类唯一赖以生存的最大生态系统是地球，而地球物质系统实际上是一个封闭的系统，就像茫茫无垠的太空中一艘小小的宇宙飞船，人口和经济的不断增长终将用完这一'小飞船'中的有限资源，人类生产和消费的废弃物也终将使飞船全部污染，到那时，整个人类社会就会崩溃。所以，为了保证人类社会的正常发展必须改变衡量经济成功的标准，即由强调产品和消费的数量变为维持自然资本的完整性。"[1]

源于这种危机感，人们开始产生了对地球环境的"承载能力"是否真的有限的疑问。1972年，德内拉·梅多斯、乔根·兰德斯、丹尼斯·梅多斯受罗马俱乐部委托提交了《增长的极限》研究报告。该报告建立了一个精心设计的以电子计算机模拟计算为基础的世界模型，这个世界模型包括决定全球经济增长和人类

---

[1] [美]肯尼思·E. 鲍尔丁. 即将到来的宇宙飞船地球经济学[C]//[美]赫尔曼·E. 戴利，[美]肯尼思·N. 汤森. 珍惜地球：经济学、生态学、伦理学. 北京：商务印书馆，2001：334-347.

未来的五个基本因素(或基本变量):人口增长、粮食生产、工业发展、资源消耗和环境污染。报告根据数学模型预言:在未来一个世纪中,人口和经济需求的增长将导致地球资源耗竭、生态破坏和环境污染,除非人类自觉限制人口增长和工业发展,否则这一悲剧将无法避免。

尽管此时《增长的极限》的结论引起了人们对"可持续发展"的关注,"可持续发展"的概念也开始流行起来,但这并未得到西方主流经济学的注意和认可。西方主流经济学认为这样的结论极具破坏性。他们仍然相信按照当时的发展方式,人类仍然可以实现可持续发展。这样的情况直到 20 世纪 80 年代才开始改变。20世纪 80 年代中后期,人们不仅对自然资源的逐渐耗竭日益担忧,而且对全球气候变暖和生态环境恶化所造成的后果越来越感到忧虑。工业化的发展使得人类的生存环境不断恶化:温室效应、水污染、土壤污染、森林减少、物种灭绝等情况越发严重。环境治理越来越困难,治理成本越来越高。人们开始意识到今天的自然环境对经济增长和人类发展的影响,已经超出当年马尔萨斯等人所说的自然资源对产出的约束。

正是在这种大背景下,可持续发展问题受到国际组织、各国政府和学术界的广泛关注,可持续发展理论正式登上西方经济学和其他学科的舞台。"可持续发展"一词在国际文件中最早出现于 1980 年由国际自然保护同盟制定的《世界自然保护大纲》。随着其被广泛应用,"可持续发展"成为一个涉及经济、社会、文化、技术和自然环境的综合的、动态的概念。1983 年 11 月,联合国成立了世界环境与发展委员会(WECD)。1987 年,受联合国委托,以挪威前首相布伦特兰夫人为首的 WECD 的成员们,把经过 4 年研究和充分论证的报告——《我们共同的未来》(*Our Common Future*)提交给联合国大会,正式提出了"可持续发展"的概念和模式。在可持续发展思想形成的历程中,最具国际化意义的是 1992 年 6 月在巴西里约热内卢举行的联合国环境与发展大会。在这次大会上,来自世界 178 个国家和地区的领导人通过了《21 世纪议程》《气候变化框架公约》等一系列文件,明确把发展与环境密切联系在一起,使可持续发展走出了仅仅在理论上探索的阶段，响亮地提出了可持续发展的战略，并将之付诸为全球的行动。

此后，美国、德国、英国等发达国家和中国、巴西等发展中国家都先后提出了自己的21世纪议程或行动纲领。尽管各国侧重点有所不同，但都不约而同地强调要在经济和社会发展的同时注重保护自然环境。至此，可持续发展理论正式形成，并作为一项战略在全球发展问题上起着至关重要的导向作用。

2. 可持续发展理论的主要理论观点

一是关于发展方向。

首先，可持续发展理论不是反对经济增长，而是鼓励经济增长。可持续发展理论强调经济增长的必要性，它倡导通过经济增长提高当代人的福利水平，增强国家实力和社会财富。经济发展是人类生存和进步所必需的，也是社会发展和环境保护的物质保障。特别是对发展中国家来说，发展尤为重要。一部分发展中国家正经受贫困和生态恶化的双重压力，贫困是导致环境恶化的根源，生态恶化更加剧了贫困。既然环境恶化的原因存在于经济过程之中，其解决办法也只能从经济过程中去寻找。因此，当务之急是研究经济发展中存在的扭曲和误区，并站在保护环境的立场上去纠正，使传统的经济增长模式逐步向可持续发展模式过渡。因此，可持续发展理论不仅重视经济增长的数量，更追求经济增长的质量。

其次，可持续发展理论追求人与自然和谐发展。经济和社会的发展不能超越资源和环境的承载能力。可持续发展以自然资源为基础，同生态环境相协调。它要求在保护环境和资源永续利用的条件下，进行经济建设，保证以可持续的方式使用自然资源和环境成本，将人类的发展控制在地球的承载力之内。要实现可持续发展，必须使可再生资源的消耗速率低于资源的再生速率，使不可再生资源的利用能够得到替代资源的补充。可持续发展理论倡导通过适当的经济手段、技术措施和政府干预，降低自然资源的消耗速度，使之低于再生速度。比如建立有效的利益驱动机制，引导企业采用清洁工艺和生产非污染物品，引导消费者采用可持续消费方式，并推动生产方式的改革。

最后，可持续发展理论追求的发展不是片面的发展，而是全面的社会发展。过去谈到可持续发展，特别是古典经济学家和新古典经济学家，常常只关注经济是否能实现持续发展，尽管他们也把环境、资源作为变量去思考，但是他们始终将其置于经济发展之下进行研究，追求经济持续发展是他们的主要目标。而可持续发展不仅鼓励经济发展，而且提倡更高质量、更有内涵的经济发展。1991 年，由世界自然保护同盟、联合国环境规划署和世界野生生物基金会共同发表了《保护地球——可持续生存战略》（以下简称《生存战略》）。《生存战略》就将可持续发展定义为"在生存于不超出维持生态系统涵容能力的情况下，提高人类的生活质量"，并且主张可持续发展的最终落脚点是人类社会，也就是改善人类的生活质量，创造美好的生活环境。《生存战略》认为，"发展"只有使我们的生活在所有这些方面都得到改善，才是真正的"发展"。因此，可持续发展理论认为，世界各国的发展阶段和发展目标可以不同，但发展的本质是一致的，即不仅是经济发展，还应当包括人类生活质量的改善、人类健康水平的提高，进而创造一个保障人们平等、自由、受教育和免受暴力的社会环境。这就是说，在人类可持续发展系统中，经济发展是基础，自然生态（环境）保护是条件，社会进步才是目的。这三者相互影响、相互交融，是不可分割的有机整体，只有保持与经济、资源和环境的协调，这个社会才符合可持续发展的要求。

二是关于发展原则。

首先是公平性原则。公平是指机会选择的平等性。可持续发展的公平性原则包括两个方面：一是代内公平，也就是一代人之间的横向的公平；二是代际公平，即世代之间的纵向公平。可持续发展理论的目光不仅聚焦当代人的发展，提出要在满足当代人基本需求而又不对后代人满足其自身需求的能力构成威胁的基础上，追求更高质量的发展，创造自由、平等、美好的生活环境，使当代人不分国家、民族、人种等都能公平享受发展成果。可持续发展理论还将目光投射到未来，有一种强烈的忧患意识。它提倡既要实现当代人之间的公平，也要实现当代人与未来各代人之间的公平，因为人类赖以生存与发展的自然资源是有限的。从伦理上讲，未来各代人应与当代人有同样的权利来提出他们对资源与环境的需求。可持续发展要求当代人在考虑自己的需求与消费的同时，也要对未来各代人的需求与消费负起历史责任，因为同后代人相比，当代人在资源开发和利用方面处于一种无竞争的主宰地位。各代人之间的公平要求任何一代都不能处于支配的地位，即各代人都应有同样的选择机会空间。可持续发展理论提倡要保护好自然资源和环境，为后代子孙永续发展和安居乐业创造条件。

其次是持续性原则。在这里，持续性是指生态系统受到某种干扰时，能保持其生产力的能力。资源环境是人类生存与发展的基础和条件，资源的持续利用和生态系统的可持续性，是保持人类社会可持续发展的首要条件。这就要求人们根据可持续性的条件调整自己的生活方式，在生态承载允许的范围内确定自己的消耗标准，要合理开发、合理利用自然资源，使再生性资源能保持其再生产能力，非再生性资源不至过度消耗并能得到替代资源的补充，环境自净能力得以维持。

最后是共同性原则。共同就是指实现可持续发展不是一个或某几个国家的责任和义务，世界已经成为你中有我、我中有你的地球村，可持续发展需要全球共同努力。共同性原则不仅是由全球化决定的，还是由生态系统的整体性决定的，每个国家或地区都是这个系统不可分割的子系统，每个子系统都和其他子系统相互联系并发生作用，只要一个系统发生问题，都会直接或间接影响到其他系统的状态，甚至会诱发系统的整体突变。因此，任何一个国家在实现可持续发展的进程中都不能独善其身。共同性要求达成既尊重各方利益，又保护全球环境与发展体系的有效国际协定。正如《我们共同的未来》中所写到的，"今天我们最紧迫的任务也许是要说服各国，认识回到多边主义的必要性"，"进一步发展共同的认识和共同的责任感，是这个分裂的世界十分需要的"。这就是说，实现可持续发展就是人类要共同促进彼此之间、人类自身与自然之间的协调，这是人类共同的道义和责任。

可持续发展理论作为目前影响最为深远的一种生态理论，为世界大多数国家和人民所接受，它所提倡的公平性、持续性、共同性原则对于实现可持续发展具有极强的指导意义和现实价值。然而，可持续发展理论在实践过程中也面临诸多阻碍和困境。例如，结合各国实际制定具体有效发展战略的阻力，将各国的相互作用更好地纳入全球治理范围的阻力，合理划分各国责任义务以谋求共识的困境，贫穷落后国家和地区在遵守可持续发展原则的基础上实现自身发展的困境等。特别是近年来，逆全球化、反全球化呼声高涨，一些发达资本主义国家带头退出全球性的环境保护协定，不履行国际义务，可持续发展真正要在全球推进，道阻且长。

(二)西方马克思主义生态学理论

西方资本主义社会从 20 世纪中叶开始进入生态问题的爆发期，发生了一系列骇人听闻的生态环境事件，严重威胁了人类的生存和发展。面对日益严重的生态危机，西方马克思主义者开始从自己的立场出发，对西方生态危机进行理论思考和理论建设，形成了独具特色的生态理论。总体而言，西方马克思主义者对马克思生态学的建构过程，大致经历了生态学马克思主义、生态社会主义和马克思的生态学三个阶段，但在实质内容上，三者之间既有批判继承，又有平行发展，还有理论渗透，共同承担着西方马克思主义的生态学建构工作。

1. 生态学马克思主义

生态学马克思主义是 20 世纪 70 年代初形成的一个西方马克思主义的分支学派，是二战后西方马克思主义者根据变化了的社会现实而对马克思主义的一种新的理论表达。西方马克思主义对生态学的关注始于法兰克福学派的霍克海默、阿尔多诺和马尔库塞，本·阿格尔在《论幸福和被毁的生活》以及《西方马克思主义概论》中，吸收了法兰克福学派以及其他生态学说的研究成果，使生态学马克思主义逐渐趋于完整和成熟，其理论成果和研究方法也被后来的生态社会主义和马克思的生态学以及绿色运动所继承和发展。

生态学马克思主义尽管派别较多，但其基本观点比较一致。

首先，生态问题已成为当代资本主义世界最为突出的问题，应强调生态环境在社会发展中的作用。马克思所处的时代和当时的社会现实，使他强调内部社会关系而不是强调人与外部自然的关系来论述社会发展的动力问题。在当今生态问题突出的情况下，应当在马克思关于人与自然的社会理论的两个基本范畴——生产力和生产关系之外，补充第三个同样重要的范畴——生产条件。生态危机已取代经济危机而成为资本主义的主要危机。现代资本主义过度生产和过度消费对生态系统造成的生态危机，是其经济危机的转移性反映。也就是说，现代生态危机较经济危机对资本主义社会更有可能引起灾难性的后果，因为它直接威胁到人类自身的生存。

其次，生态学马克思主义学派认为，资本主义条件下的"异化消费"是人性的扭曲，是生态危机的根源，他们主张应予批判，进而提出"劳动闲暇一元论"。当代资本主义为克服经济危机，力图歪曲满足人们需要的本质。人们在广告的全面操纵下疯狂地追逐高消费，以补偿和抚慰其依附于庞大经济体系的单调乏味而又非创造性的劳动所带来的痛苦。这种"异化消费"导致刺激"异化生产"，因此，他们认为首先消灭"异化消费"，才能消灭"异化劳动"，进而有效地制止生态危机。与此同时，也应当重新评价工业文明及其生活方式，现代工业发展应当看其是否符合生态原则。生态学马克思主义还主张建立一种"无增长的"经济模式，人们只有不再追逐生产和消费的量的最大化，才有可能把生产和闲暇统一起来，在劳动中得到欢乐和满足。同时还须实行生产过程的民主化，由工人自己进行管理，只有在这种生产中，人们才能真正表现自己，发挥自己的才能和创造性。

再次，摆脱生态危机的根本出路是建立一种"稳态"的社会主义经济模式。所谓"稳态"，就是维护生态平衡，维持人类的生存和经济的持续发展的状态。这样既可防止不合理的过度生产和消费，又能防止异化和分裂人的存在的社会状态。因此，生态学马克思主义者主张用小规模的技术取代高度集中的、大规模的技术，使生产过程分散化、民主化。他们认为人是一切财富的首要的和最终的源泉，技术的首要任务是充分发挥人的创造性，人只有在部分自动化、部分手工操作的小规模技术生产中才能充分施展自己的才智，寻求能满足自己需要的手段，从而逐步克服"异化消费"。

最后，提出发达资本主义国家争取社会主义道路的设想。他们认为，当代资本主义国家走向社会主义，不能像过去那样依靠"暴力革命"，应当运用马克思的异化理论和他们的生态危机理论去发动人民批判资本主义的那种集中化、官僚化的违反自然和人性的倾向，然后在适当的时候创造条件，解决所有制问题，最终把生产过程的分散化、民主化、工人管理这三者结合起来，以建立实行"稳态"经济的社会主义。他们说，资本主义国家的人民对"暴力革命"是反感的，但在批判工业化的盲目发展、批判技术统治论方面却是有基础的。

生态学马克思主义作为西方马克思主义对当代全球问题和人类发展困境的哲学思索，它对生态危机的根源以及对资本主义社会生产方式变革趋势等的一系列分析是深刻的，其中不乏可供我们今天借鉴的真知灼见。但是，生态学马克思主义也有自身明显的缺陷。其一，作为生态学马克思主义理论核心的异化消费概念，是从异化劳动概念中派生出来的，没有将对人的物质需求的深入分析作为理论前提，在需要和异化消费之间存在着理论断层，论述中所提到的需要多是指物质需要，没有涉及精神需要及其消费形态，从而使异化消费概念的内涵显得单薄、贫乏，影响了对垄断资本主义生产方式变革分析的逻辑力量。其二，其对垄断资本主义生产方式变革的设想过于理论化，提出由工人对生产过程进行直接管理等主张只是在理论可以想象，但现实中是很难实现的，富有理想主义色彩。

生态学马克思主义对当代资本主义社会由于高生产、高消费所导致的生态危机、人的异化等问题进行了深刻的揭露和批判，透过生态环境问题，看到了资本主义制度对人和自然的严重损害，揭示了造成生态危机的根本原因在于资本主义生产的无政府状态，倡导生态保护，主张人类和平，着眼人类的未来，把人类的希望寄托于社会主义，在诸如维护和平，提倡男女平等和政治民主，建立国际新秩序等方面的国际活动中都发挥着积极的作用。生态学马克思主义把马克思主义与当代生态环境及其危机问题具体结合起来的思路，引起了人们的普遍关注，并产生了一定的影响。此外，它使马克思主义保持了巨大的影响力，并得到了丰富和发展，对探讨当代资本主义社会的前景和出路问题也具有启发和借鉴的意义。

从某种角度讲，这些都是值得中国化马克思主义生态理论借鉴的。特别值得指出的是，生态学马克思主义所揭示出的社会生产的扩张性与生态系统承载能力的有限性之间的矛盾具有一定的普遍性。我国是一个人口众多、资源相对贫乏的发展中国家，现在正处于全面建成小康社会的关键期，经济建设和生态平衡之间的矛盾也是十分突出的。但是，我们作为社会主义国家绝不能为了片面追求经济增长速度，而走发达国家"先污染、后治理"的老路。

生态学马克思主义启发我们，应该在经济发展过程中严格按照可持续发展模式的要求，把物质生产活动对自然资源的消耗和对环境的影响纳入人类生态系统之中，防止"代谢裂缝"，实现生态系统内部物质、能量交换的良性循环和持续发展，加快推动经济高质量发展。同时，应从具体国情出发，重视对社会需求及其实现方式合理化的研究，加快建设现代化经济体系，避免发达国家所建立的与"异化消费"相对应的高度集中的庞大的社会产业体系。以寻求生产与消费的合理化的生态标准为依据，以社会内部调节功能为依托，正确引导社会消费和生产活动，从根本上促进人的自由而全面的发展。此外，生态学马克思主义是一种具有很强的综合性的理论形态，包含当代自然科学、环境科学、经济学、政治学、文化学、伦理学和哲学等多学科的内容，而且生态学马克思主义理论十分注重对理论的不断反思、创新。这些都启示我们，在构建中国化马克思主义生态理论时，应该思维开放、视野开阔，广泛吸收理论营养，并有勇气对自身理论进行反省和创新，不断推陈出新。

2. 生态社会主义

生态社会主义是20世纪下半叶在西方蓬勃兴起的生态运动中形成的一个新思潮、新学派。生态社会主义理论是在社会主义政治取向下，对生态环境问题的系统化阐释，并提出相应的实践解决方案。生态社会主义试图在对马克思、恩格斯的观点重新解读的基础上，对现代生态问题做出系统阐释，从而为克服人类生存困境寻找一条既能消除生态危机，又能实现社会主义的新道路。生态社会主义构成了解决现代生态环境问题的一个重要新视域，成为中国化马克思主义生态理论可以批判借鉴的理论来源之一。

（1）生态社会主义的形成与发展。

生态社会主义首先是传统社会主义理论对现代生态学的理论回应和主动吸纳，同时它的产生和发展是同绿色生态运动的发展分不开的。它诞生于 20 世纪70 年代的德国，其发展大致可分为三个历史阶段。

第一阶段是 20 世纪 60—70 年代，即生态社会主义发展的初始阶段。这一阶段的主要特征是由"红"到"绿"，以 20 世纪 70 年代的鲁道夫·巴赫罗①和亚当·沙夫为代表，他们是最早介入"绿党"的共产党人。鲁道夫·巴赫罗早期倡导"社会主义生态运动"并研究"生态学马克思主义"，谋求"绿色"和"红色"政治力量的结合，试图通过努力建立一个由绿党、生态运动、妇女运动和一切进步的非暴力社会组织组成的群众性联盟组织，他的主要著作有《社会主义、生态学与乌托邦》《从红到绿》《构建绿色运动》等。亚当·沙夫原是波兰共产党意识形态负责人和马克思主义哲学家，是波兰"人道主义马克思主义"的重要代表人物，1972 年后成为罗马俱乐部最早的成员之一，1980 年任罗马俱乐部执行委员会主席。以上二人既是共产党人中最早介入生态运动的人，也是第一代生态社会主义的代表。"社会主义生态运动"被看作是"红色"（共产主义运动）的"绿化"（生态主义），其政治道路的典型特征是"从红到绿"。

第二阶段则开始于 20 世纪 80 年代，是绿色生态运动继续高涨和理论持续建构的阶段。此时最大的特征是"红"与"绿"的交融，代表人物是安德烈·高兹、大卫·佩珀等。20 世纪 70 年代，安德烈·高兹将生态学、生态危机和"政治生态学"理论纳入自己的研究领域，他在《作为政治的生态学》这部著作中，指出了

---

① ［美］弗·卡普拉，［美］查·斯普雷纳克. 绿色政治——全球的希望［M］. 石音，译. 北京：东方出版社，1988：51.

现存的一系列生态灾难，后提出要改变这种灾难的状况，唯一的出路在于停止经济增长，改变生活方式和限制消费，并使用可再生的能源，采用分散的技术。与此同时应选择这样一种社会，它建立在民主的技术基础之上，既能促进个人自主，又与自然协调。在《资本主义、社会主义、生态学》一书中，高兹集中论述了资本主义、社会主义与生态学的关系，阐述了他对社会主义未来和生态社会主义发展道路的基本看法，主张在新的社会历史条件下社会主义左翼与"新社会运动"的主流——生态运动结盟，反对晚期资本主义。大卫·佩珀自称为生态运动中的"马克思主义左派"，他的主要理论贡献在于勾勒了生态运动中的"红色绿党"和"绿色绿党"的轮廓，深化了生态社会主义与生态主义之间关系的争论，提出了生态社会主义的基本原则。这一时期生态社会主义的典型政治理论特征是"红绿交融"。

第三阶段是 20 世纪 90 年代，是生态社会主义理论逐渐成熟的阶段。此时最重要的特征是"绿"色"红"化，代表人物有乔治·拉比卡、瑞尼尔·格伦德曼等欧洲学者和左翼社会活动家。乔治·拉比卡是法国左翼运动的主要理论家之一，致力于研究全球生态危机与生态社会主义的关系问题。他认为生态社会主义标志着工人运动进入了一个新阶段，即"工人运动的文化革命阶段"。瑞尼尔·格伦德曼主张以马克思主义的历史唯物主义为指导解决全球生态危机问题。他的主要理论贡献是为马克思的"人类中心主义"正名，捍卫马克思主义关于人化自然理论所代表的哲学理性传统。他认为马克思主义的支配（domination）概念不同于统治（mastery），支配并不意味着征服与破坏，支配意味着人类对自身与自然关系的集体的、有意识的控制，是实质上的服务而不是破坏。

纵观生态社会主义的发展，它经历了"从红到绿""红绿交融"和"绿色红化"三个阶段，终于从形形色色的生态理论流派中脱颖而出，成为当代西方社会主义运动中一股不可忽视的力量。

（2）生态社会主义的主要理论观点。

生态社会主义是当代西方一支涉及面很广、影响很大的马克思主义派别。美国纽约大学政治学教授 R. 奥尔曼曾经把它列为当今世界十大马克思主义流派之一。如前所述，生态社会主义总体上的特征是将生态学理论同马克思主义结合，企图找到一条既能解决生态危机，又能走向社会主义的道路。但是由于其成员的经历、认识不同，在一些具体问题上又有许多不同的观点和主张。不过，在对生态危机的性质、根源，克服生态危机的手段、策略以及未来前景等根本问题上，生态社会主义理论家们的主要理论观点大体上是一致的。

一是关于生态问题的成因。

生态社会主义的基本观点是，生态危机是深深根植于资本主义的生产方式及其全球化扩张的，而且只要接受这种生产方式，就不能消除现代生态环境问题的存在。资本主义社会是追求经济合理性的社会，追逐利润的最大化和市场化、消费不断扩张的"唯生产力论"，是同生态合理性要求不相容的。追求利润是资本主义的生产逻辑，也是资本主义生产的唯一目的。在这一生产逻辑的推动下，无度的浪费性生产和奢侈的浪费性消费是不可避免的。资本主义的"过度生产"和"过度消费"虽然延缓了经济危机，但是却使得整个社会的消费越来越膨胀，渐趋超过自然界所能承受的限度。资本主义生产条件下的无政府状态导致了社会生产力和资源的严重浪费和破坏。这种社会制度倡导以消费为荣的消费文化，诱使人们为了享受消费而拼命工作，一方面加剧了人的异化，另一方面势必加重自然界的负担，使资源枯竭，污染和破坏生态环境，从而造成生态系统失去平衡，引起生态危机。生态社会主义者认为，这种"唯生产力论"和生态危机同样也产生在苏联和东欧的社会主义国家，甚至比资本主义国家更加严重。因此，生态社会主义是避免了上述弊病的、最适合人类生存的社会制度。

二是关于政治哲学伦理及文化观念。

生态社会主义主张社会公正和关爱环境，但从根本上说却是人类中心主义的观点。一般生态主义者认为，人类今天面临的生态困厄的意识形态根源，是自文艺复兴运动尤其是启蒙运动以来，西方人文主义在演变过程中走过了头，滋生出一种狂妄自大、"自我中心"的"人类中心主义"。"对一切可能有的东西发生影响"的梦想，从自然身上"拷问出它的秘密"，从而"控制和统治自然"，使西方近现代历史构成了一部以人类中心主义为指导，根据人的需求向自然开战的历史。归根结底，正是这种人类中心主义造成了人类和自然界的对立，导致人类无异于自掘坟墓。

生态社会主义不赞成非人类中心主义或生态中心主义，于20世纪90年代提出"重返人类中心主义"的口号。生态社会主义者大多依据马克思主义的基本理论观点和方法论对生态问题进行考察和分析。佩珀认为，生态问题的成因并不是人类对自然的控制，而主要是由对待自然的"特殊的"方式带来的。只要"方式"得当，就能令人类成为自然的主人，并符合美的观念，就能实现人与自然的和谐。

三是关于未来社会的设想。

生态社会主义虽不一般性地反对经济的增长，但却要求承认并遵从外部自然的限制，认为未来经济将是基于生态法则对所有人都有一定限制的发展。早期的生态社会主义者赞成穆勒关于稳态经济的理论和舒马赫的"小即是美"的思想，主张通过消灭异化消费、限制经济的增长来解决生态危机，建构新型的社会主义。20世纪90年代以后的生态社会主义一般放弃稳态经济的主张，而主张经济以满足人的需要为目的的适度增长。生态社会主义者认为，只要改变现行的社会经济制度，人就能按照理性的方式合理地、有计划地利用自然资源，满足人类有限而又丰富多彩的物质需要。佩珀指出，生态社会主义强调人类精神的重要性，强调这种人类精神的满足依赖于与其他自然物的非物质性的交往。在这种人与自然的新模式中，人处于中心位置，自然是人的可爱的家园，尊重自然，保持适度的经济增长，人与自然之间仍然可以是一种和谐的关系。

四是关于解决全球生态危机的手段和方式。

生态社会主义同生态主义的观点相同，也提倡非暴力和真正基层性的广泛民主的原则，主张社区自治性的社群主义原则，而在最终目标上，生态社会主义主张只有废除资本主义制度才能使生态问题最终得以真正解决。生态社会主义认为，未来社会将是一个基层民主充分发展，但仍将存在国家或类似组织管理的社会。佩珀主张弘扬存在于社会主义传统理论中的分散化和基层民主的思想，因为它类似于生态主义理论的目标。从生态社会主义的视角看，建立一个全面的个人自由发展的社会是社会主义的内在之义。并且，"与资本主义的彻底决裂确实是重建环境完整性的一个必要前提"①，因为面对生态危机，尽管资本主义社会也会利用科学技术的发展，采取一些措施来解决这些问题，但是，资本主义的生产不可能改变它的追求利润的目的性，这些技术性措施仍然是按照资本主义以利润为目的的剥削性"生产逻辑"展开的。这不仅不能从根本上解决问题，而且加快了各种资源的消耗，使原本就严重的生态问题进一步加剧，并由此引发经济危机和社会危机。因此，生态社会主义者主张，对于人类今天所遇到的生态问题的解决，只能通过彻底改变人类的根本价值观以及彻底改变人类的社会生活模式，必须废除资本主义，才能真正解决生态问题。

五是关于通往未来社会的道路。

生态社会主义主张依靠生态运动、女权运动、民权运动等社会运动的力量，同时也要与马克思主义的工人运动相结合，亦即把"绿色"与"红色"结合起来，如拉比卡所说，这种结合是"工人运动的文化革命阶段"。

另外，生态社会主义否定生态殖民主义，批判军国主义和霸权主义。生态社会主义认为，发达国家对发展中国家的掠夺和剥削是造成不发达国家和地区生态环境恶化的根本原因。发达国家不仅把生态危机转嫁给不发达国家，残酷掠夺不发达国家的资源，甚至还把第三世界当作垃圾场，倾倒存放各种有毒的垃圾。资本主义性质的国家也许能在本国或局部地区解决局部的生态危机问题，但不可能解决全球性的生态危机问题。

面对人类所面临的严峻的生态危机，生态社会主义发掘了马克思主义理论中对生态环境问题的理论阐释，形成了自己的走出生态困厄的鲜明主张。生态社会

---

① ［美］安德鲁·多布森. 绿色政治思想［M］. 郇庆治，译. 济南：山东大学出版社：241.

主义在批判资本主义生产方式对生态环境破坏的同时，也在寻找有效解决问题的道路。例如，豪沃德·帕森斯认为，马克思主义生态学是一种政治生态学或社会生态学，它的基本观点就是，环境问题也像其他社会问题一样是根源于资本主义的剥削性结构的，它的彻底解决方案就是社会生产关系的根本转变和科学技术的继续发展并服务于所有人的利益。这便展现出一种对自然生态问题的独特的社会化解决思路。

同时，生态社会主义显然也有着自己的局限性。其一，是其理论体系内部的矛盾性。它既承认资本主义制度是造成生态危机的根源，却又反对建立传统的社会主义制度来取代资本主义制度，反而认为它是一种集权的工业制度。所以，它有一定的改良主义倾向，但这与达到社会主义的目的是根本对立的。其二，是它浓重的空想主义色彩。生态社会主义试图用"生态危机论"取代"经济危机论"，用"人与自然之间的矛盾"取代"资本主义社会内在矛盾"，所以最终否认资产阶级与无产阶级之间的矛盾，忽视了社会革命。比如，它以觉悟和知识而不是以阶级立场来划分革命的动力与非动力，并把生态问题看得高于一切，企图用"生态危机"掩盖"经济危机"，自觉或不自觉地用人与自然的矛盾去取代资本主义社会的阶级矛盾，这就必然导致否认劳资矛盾依然是资本主义社会的基本矛盾的问题，其结果只能是转移人们的斗争方向。这些显然与马克思主义的阶级分析相去甚远。

总之，生态社会主义虽然从理论体系上来说还不够系统、成熟，而且有浓重的乌托邦色彩，但不得不承认，它从总体上来看是顺应世界潮流、符合人类根本利益要求的，在许多方面是具有批判借鉴意义的。生态社会主义批判资本主义制度，正确地揭示了生态危机的根本原因；对人类面临的生态危机的根源、后果及其解决的途径等问题进行了思考；它把批判的矛头对准垄断资本，从各个方面揭露了现代垄断资本主义的弊端，提出了保护生态平衡，提倡新型的民主、较彻底的和平与非暴力途径等，反对生态殖民主义等主张。这些都是资本主义世界广大人民迫切要求的反映，也符合广大发展中国家人民的利益要求，其基本方面是积极的。生态社会主义联系马克思关于资本主义危机理论的不同侧面，分析了资本主义社会的现状，揭露了资本主义制度的矛盾和弊端。比起那些抓住当代资本主义的某些新变化，否认资本主义存在危机、鼓吹马克思的危机理论已完全过时的论调，还是生态社会主义更符合实际并具有一定的积极意义，对于中国化马克思主义生态理论而言，无疑也具有重要的启迪和借鉴意义。

3. 马克思的生态学

随着当代资本主义的发展，不断扩张的工业生产引起生态危机，对环境造成了严重伤害，甚至已经影响到人们的正常生活。生态学马克思主义和生态社会主义都试图从马克思的思想中找到解决资本主义生态危机的方法，但是都没有真正理解和把握马克思的生态思想。如约翰·贝米拉·福斯特所言，"生态学马克思主义是将现代生态学原则嫁接到马克思主义，而生态社会主义则是将社会主义嫁接到现代生态运动，这两种嫁接都不能够彻底解决现代资本主义社会所面临的生态灾难问题"[①]。基于对生态学马克思主义和生态社会主义的批判，福斯特开始着手对马克思的生态学思想进行系统整理和挖掘，构建了马克思的生态学理论。他讨论了马克思主义思想与现代生态思想的兼容性，并说服人们认识到马克思并不像过去西方生态学和社会学研究传统中认为的那样缺乏对自然的地位和作用的认识。

福斯特指出，马克思的生态学思想的形成受到西方理论的影响，在吸收借鉴古希腊自然哲学、费尔巴哈唯物主义、李比希的农业化学思想等基础上逐渐形成了自己的理论主张。

在福斯特看来，对马克思、恩格斯生态思想影响最为深远的是古希腊原子论自然观。原子论认为，世界的本原是原子与虚空，原子内部充实而不可分、不可入，可分性则是复合体因虚空而产生的。在德谟克利特看来，原子是永恒存在

①　刘仁胜. 生态马克思主义概论[M]. 北京：中央编译出版社，2007：10.

的，其在无限空间的自由运动使相同的原子相互结合成元素，进而生成演化为世界万物。原子论将世界本原简化为原子，通过原子的运动、组合来解释事物的生成与演化，其唯物主义的立场在根源上拒绝了一切根据终极原因、根据神的意图而对自然所作出的解释。伊壁鸠鲁在德谟克利特的基础上进一步发展了唯物主义原子论，提出了"原子偏斜说"，肯定了人思维的变动性，这为人类的自由意志提供了基础。伊壁鸠鲁自然观的核心思想是生命来源于地球，否认神创造世界万物，其思想的终极目标是对自然及其规律进行解释与把握。伊壁鸠鲁的思想在当时是革命性的，他将神的力量从自然界中驱逐出去，这一更加彻底的唯物主义思想为后世自然科学消除宗教上帝所带来的恐惧与压力提供了思想基础。马克思在接受伊壁鸠鲁唯物主义自然观与无神论思想的基础上，对伊壁鸠鲁将自由意志的获得与对客观世界的偏离相对立的思想进行了批判，并在其博士论文中完成了改造，强调人与客观世界的相互制约、相互影响。这成为其生态哲学的逻辑起点。

福斯特指出，费尔巴哈的唯物主义哲学观点使马克思同唯心主义彻底决裂，形成了自己的本体论唯物主义自然观。费尔巴哈强调自然对人的决定性，人来源于自然界，人依赖于自然界，但是费尔巴哈否定了人改造自然的可能性，而认为人在自然面前只能被动消极地接受。这样，费尔巴哈的自然观就在现实面前陷入唯心主义的窠臼，只能从客体角度或者直观形式去认识自然界。马克思、恩格斯在批判分析费尔巴哈思想的基础上，充分肯定人与自然、历史与自然的辩证关系，尤其是突出人的实践改造自然的能力和主动性。马克思提出"人化自然"的概念，一方面肯定自然的客观性，坚持唯物主义的基本立场；另一方面，"人化自然"更是一个包含人类活动的自然，人类产生以前的自然是"自在自然"，人类产生以后不断通过实践改造的自然则是"人化自然"，赋予自然社会历史属性。

在福斯特的认识中，李比希的农业化学思想，尤其是物质变换思想对马克思生态学思想的形成具有重要作用。物质变换并非由李比希首先提出，但其概念的丰富与普遍化则是李比希的功劳。李比希认为自然界是一个整体，植物、动物与阳光、空气等构成一个物质循环系统，而任何一个环节的缺失都会对整体生态系统平衡产生影响。19世纪，土壤肥力下降问题是资本主义社会面临的普遍问题，李比希对农业土壤问题进行了深入研究。他看到资本主义农业不断向土地进行索取，而忽视了对土壤的回馈，这直接导致了土壤的荒芜与城乡的对立。李比希对资本主义物质变换"断裂"的农业进行批判，认为农业化学并不能解决土壤肥力下降的问题，土壤肥力下降的根源在于不合理的农业经营制度。因为人类有机的排泄物不能回归土壤，它切断了人类与土地的良性的物质循环，进而他提出建立以归还为准则的理性农业。在马克思、恩格斯看来，整个地球是一个不断进行物质循环的生态系统，人类从自然界获取食物、能源、水等物质，然后以排泄物的形式回归自然界。然而，资本主义社会的规模化、集中化生产导致人与自然（人与土地）关系的割裂，人类从自然界（土地）获得生产资料与生活资料，不能够通过有效途径回归自然界。这直接导致两个后果：一是化肥的大量使用，在有机肥料不断流失的情况下，为增加土地的产量而大量使用化肥，导致土壤肥力的进一步下降；二是城市污染的加剧，大量饱含有机肥料的生产排泄物、生活排泄物无法回归自然，以垃圾的形式堆积在城市，成为污染源。马克思在李比希物质变换理论的基础上提出了"物质变换断裂"思想，该思想不仅在生态学意义上揭示了人与自然关系的对立，更在社会层面上揭示了资本主义社会生产逻辑的内在矛盾导致的对自然的异化，资本主义生产不仅破坏了生态环境，还危害了人类健康。马克思还将物质变换与劳动概念进行关联，指出"劳动首先是人和自然之间的过程，是人以自身的活动来引起、调整和控制人和自然之间的物质变换的过程"①，马克思进一步区分劳动与异化劳动，认为劳动引起人与自然关系的物质变换，而资本主义社会的异化劳动则导致人与自然的关系发生断裂，产生自然的异化。此外，马克思还结合"物质变换断裂"理论分析了资本主义社会的不可持续问题与生态环境恶化的全球性问题。

福斯特回顾了马克思对自然科学技术的高度评价，他认为在马克思、恩格斯

---

① 马克思恩格斯选集(第2卷)[M]. 北京：人民出版社，2012：169.

看来，人类认识自然、改造自然的能力是以科学技术的创新发展为前提的，发展科学技术可以帮助我们利用一些曾经不能被人类利用的物质和材料，从而减轻对环境的污染与对资源的开采，进而优化人与自然的关系。那么，对于科学技术的负面效应，诸如生产消费过程中产生"生产排泄物"与"消费排泄物"等问题，该如何解决呢？从马克思的人与自然物质变换理论来看，这些"排泄物"对于工农业的持续发展是至关重要的，关键在于这些"排泄物"回归自然界的方式与时机。简单地"抛"给自然只会造成环境的污染与资源的浪费，而科学技术是对"排泄物"进行再利用，使废弃物得以重新进入生产、消费领域，在原有生产部门或其他生产部门继续发挥作用的关键。福斯特还指出，马克思预言了科学技术的发展会使生产力冲破资本主义生产关系的束缚，为共产主义社会的建立打下坚实的物质基础，而共产主义社会才是解决一切生态问题的最终出路。

福斯特指出，马克思的著作中有着丰富而系统的生态学思想，马克思的生态学核心观点是人与自然的物质变换断裂思想，合理调节人与自然的物质变换关系。福斯特的研究冲破了西方马克思主义的窠臼，为我们认识资本主义制度的反生态性和解决资本主义生态危机提供了新的视角。

第三章

中国化马克思主义生态理论的实践基础

新中国成立以来，党的历代领导人针对不同历史时期的生态问题，结合当时的时代特征，始终坚持马克思、恩格斯生态思想的科学指导，不断吸收中华传统文化生态思想的精华，批判借鉴当代资本主义生态理论，积极解决经济社会发展过程中的生态问题，努力实现人与自然、经济发展与环境保护关系的协调，既保障了人民生活质量的稳步提升，又促进了经济社会的可持续发展，逐渐探索出一条具有中国特色的生态文明发展道路。

一、以毛泽东同志为核心的党的第一代中央领导集体的实践初探

新中国成立后，百废待兴。以毛泽东同志为核心的党的第一代中央领导集体带领全国各族人民在迅速医治战争创伤、恢复国民经济的基础上，不失时机地提出了过渡时期总路线，进行了"一化三改"，即社会主义工业化和对农业、手工业和资本主义工商业的社会主义改造，实现了把生产资料私有制转变为社会主义公有制，创造性地完成了由新民主主义革命向社会主义革命的转变，使中国这个占世界四分之一人口的东方大国进入了社会主义社会，成功实现了中国历史上最广泛最深刻最伟大的社会变革，为当代中国一切发展进步奠定了根本政治前提和制度基础。在生态文明建设方面，以毛泽东同志为核心的党的第一代中央领导集体积极推动植树造林、水利建设、计划生育等具有开创意义的实践，对我国在建设初期控制人口数量、美化自然环境、减少自然灾害等方面具有十分重要的意义。

(一)关于绿化祖国、美化家园的实践初探

生态环境在各个时期、各个方面都意义非凡。事实上，不论是在革命年代还是建设时期，毛泽东都把生态环境保护摆在重要位置。早在 1919 年，毛泽东就对此问题有所涉及。他将一些重要的、他认为有研究意义的问题列入了他的《问

题研究会章程》，其中实业问题的第四个问题就是"造林问题"。在创建井冈山革命根据地时，毛泽东十分注意森林保护问题，并号召大家植树造林。1928 年春，在永新县塘边村，毛泽东亲自到村中荒山进行现场勘察，根据各个山头的实际情况，制定了植树造林规划。1930 年，在兴国调查时，毛泽东发现，森林植被被破坏是造成天旱的原因。为此，他在《中华苏维埃共和国临时中央政府人民委员会对于植树运动的决议案》中提道，只有广泛地种植树木，确保河坝的安全，才能让农民的生产生活免受洪水和旱灾的侵扰，这是最简单且最有力的办法，"这既有利于土地的建设，又可增加群众的利益"[①]。抗日战争时期，毛泽东号召边区军民开展生产自救运动，发展边区经济。他对陕北黄土高原的植被覆盖不容乐观的状况十分担忧，非常关注生态环境恶化对农业经济的影响。毛泽东在《召开陕甘宁边区第二届参议会第二次大会的决定》文件关于"边区经济文化建设问题"中又专门指出："为改变边区童山太多现象，应号召人民植树，在五年至十年内每户至少植活一百株树。"[②]他还通过分析种植树木的经济利益来鼓励群众进行植树造林活动。

中华人民共和国成立后，毛泽东更加重视绿化建设在环境保护和经济发展过程中的重要作用。他指导我国进行绿化祖国、美化家园的活动，为探索出一条适合中国自身国情的生态建设道路奠定了重要的理论和实践基础。

毛泽东提出"植树造林，绿化祖国"，领导全国人民开展大规模植树造林活动。1952 年春，毛泽东先后给全国林业劳动模范石玉殿寄去 500 棵苹果树苗、40 根烟台梨枝，并且 7 次接见石玉殿。也正是在毛泽东的鼓励下，石玉殿带领全县人民苦战 10 年，植树造林，绿化太行山，为全国的植树造林活动起到了很好的榜样作用。同年，毛泽东在徐州视察，看到九里山等山上光秃秃时，感慨地说，要发动群众，依靠群众，穷山可以变成富山，恶水可以变成好水。在南京栖霞区

---

① 中共中央文献研究室. 毛泽东年谱：一八九三——一九四九(修订本)(上卷)[M]. 北京：中央文献出版社，2013：367.

② 毛泽东文集(第 3 卷)[M]. 北京：人民出版社，1996：180.

十月村，毛泽东号召青年妇女营造"妇女林"，绿化荒山。1955 年 10 月在扩大的中共七届六中全会上，毛泽东指出，副业、手工业以及绿化荒山和村庄都应该包含在农村的经济规划之中；同时还提出，特别是我国北方地区的荒山应当并且也完全可以绿化，全国都应该行动起来做好绿化，这对农业和工业、对国家发展的方方面面都大有裨益。同年 12 月，他在《征询对农业十七条的意见》中强调，争取在所有的水旁、路旁、宅旁、村旁还有一些荒地荒山上，按照规划进行植树造林，实行绿化，基本上消灭荒地荒山，并且对其做出了 12 年的日期限定。1956 年 3 月，毛泽东向全国大众发出绿化祖国的号召，调动全国人民开展绿化工作。1958 年，在中央工作会议上，他提出一年四季都要搞绿化，随后他指出，可以四季种树的地方那就四季都种树，能种三季的种三季。他还批示，森林覆盖面积的比例应当按照绿化标准做出合理的规定。1958 年 8 月，在北戴河召开的中共中央政治局扩大会议上，毛泽东强调，要使我们祖国的河山全部绿化起来，要达到园林化，到处都很美丽，自然面貌要改变过来。对于"园林化"，毛泽东作了明确解释，"就是实行耕作'三三制'，即是将现有全部用于种植农业作物的十八亿亩耕地，用三分之一，即六亿亩左右，种农作物，三分之一休闲，种牧草、肥田草和供人观赏的各种美丽的千差万别的花和草，三分之一种树造林"[1]，并在此基础上提出"在十二年内，基本上消灭荒地荒山，在一切宅旁、村旁、路旁、水旁，以及荒地上荒山上，即在一切可能的地方，均要按规格种起树来，实行绿化"[2]的具体设想。

在毛泽东的积极推动下，针对绿化祖国、植树造林，党中央进行了一系列文件的制定，建立了相关的森林保护制度。1950 年 5 月 16 日，党中央颁布了《关于林业工作的指示》；1963 年 5 月 27 日，党中央发布《森林保护条例》；1967 年 9 月 23 日，党中央颁布了《关于加强山林保护管理，制止破坏山林、树木的通知》；1973 年 11 月发布了《关于保护和改善环境的若干规定（试行草案）》。这些

---

① 中共中央文献研究室. 毛泽东论林业[M]. 北京：中央文献出版社，2003：61.
② 中共中央文献研究室. 毛泽东论林业[M]. 北京：中央文献出版社，2003：26.

文件的发布和实施，对于我国进行植树造林工作、提高森林覆盖率、恢复和保护生态环境起到了重要作用。

在鼓励绿化祖国、创造经济效益方面，1955年毛泽东简要地论述了绿化工程的效益，他指出"（绿化）这件事情对农业，对工业，对各方面都有利"①。这个论述是对环境保护和经济发展的辩证关系的正确认识，在处理生态和经济之间的关系上充分运用了马克思主义唯物辩证法。1955年，毛泽东对全国涌现出的植树造林典型案例进行认真研究，对山西省的金星农林牧生产合作社的实践十分赞赏。金星农林牧生产合作社坚持的指导方针是"勤俭办社 建设山区"，一直坚持的科学规划是著名林学家为他们量身定做的"农、林、牧全面发展"的规划方案。在这个方案的指导下，金星农林牧生产合作社封山育林、种植树木，促进农、林、牧的全面协调发展，使当地的经济情况得到了巨大的改善。毛泽东特别推崇金星农林牧生产合作社的实践经验，对此，他在《中国农村的社会主义高潮》一书的按语中写道："这个合作社的经验告诉我们，如果自然条件较差的地方能够大量增产，为什么自然条件较好的地方不能够更加大量地增产呢？"②1956年，毛泽东在听取中共林业部党组副书记、林业部副部长李范五等汇报林业工作时说道："林业真是一个大事业，每年为国家创造这么多财富，你们可得好好办哪！"1956年4月，毛泽东在《论十大关系》的报告中就提到，"天上的空气，地上的森林，地下的宝藏，都是建设社会主义所需要的重要因素"③。1958年11月，毛泽东指出，林木具有很大的经济价值，有的树木是化学原料，可以适当多种植一些。之后，他指出，林业将会成为我国经济发展的根本问题之一，林业是建筑工业和化学工业发展的必要基础，其发展必须慎重对待。1976年，毛泽东在保护林业的通知中强调，林业资源是进行社会主义建设过程中必不可少的资源，也是进行农业生产的重要保障，林业资源的保护发展将会对工业和农业生产起到非常

---

① 毛泽东文集（第6卷）[M]. 北京：人民出版社，1999：475.
② 中共中央文献研究室. 建国以来重要文献选编（第7册）[M]. 北京：中央文献出版社，1993：207.
③ 毛泽东文集（第7卷）[M]. 北京：人民出版社，1999：34.

重要的作用，进而造益于人类。

此外，周恩来、刘少奇、朱德、陈云等党和国家领导人也在推动林业建设方面作出了巨大贡献。周恩来认为要依靠人民群众植树造林，他在 1950 年指出，"在风沙水旱灾害严重的地区……应选择重点，发动群众，斟酌土壤气候各种情形，有计划地进行造林"①。同年 4 月 14 日，他在政务院第二十八次会议上针对《关于全国林业工作的指示》说道，林业工作为百年工作，我们要一点一点去增加森林，森林不增加，就不能很好地保持水土，森林对农业有很大的影响。1955年，刘少奇在批示邓子恢有关黄河治理规划的报告时，将"种树种草""植树草"等词语分别标注在了"分段拦沙"和"停耕陆坡"旁边，积极提倡要在黄河治理中大力进行植树造林来拦截泥沙，以此发挥森林的生态功能。1953 年 2 月 16 日，朱德与林业部长梁希一起在寒冬考察西山，认真听完有关西山植树造林工作的报告，朱德指示道，绿化北京西山有着重要的政治意义，这必须成为华北、北京主管部门的一项重要工作，要颁发决定，制定计划，并提前完成。② 1955 年 6 月 15日，他在听取内蒙古自治区负责人报告时谈道："有计划地大量植树，既可以改造气候，又能生产大批木材。"③陈云也认为植树造林十分重要，应该要提前规划并且制定出可行的方法策略，他要求林垦部"更多依靠地方，在发动群众中合理使用专家，工作重点应放在防火和封山育林上"④。

正是因为以毛泽东同志为核心的党的第一代中央领导集体的实践初探，从1953 年开始，中国每年的人工造林面积都达到了 1000 千公顷以上，个别年份达到了 1700 千公顷以上(如 1955 年)，1956 年人工造林面积超过 5700 千公顷。从1956 年开始，中国的人工造林事业迅猛发展，人工造林面积大幅度增长。1958

---

① 中共中央文献研究室. 建国以来周恩来文稿(第 2 册)[M]. 北京：中央文献出版社，2008：395.

② 雍文涛，刘广运. 留给后人的绿色丰碑[M]//回忆朱德. 北京：中央文献出版社，1992：348.

③ 中共中央文献研究室. 朱德年谱：一八八六——一九七六(下)[M]. 北京：中央文献出版社，2006：1506.

④ 中共中央文献研究室. 陈云年谱：一九〇五——一九九五(中卷)[M]. 北京：中央文献出版社，2000：83.

年人工造林面积达到峰值，仅仅这一年的人工造林面积就超过 6000 千公顷。1956 年到 1960 年这四年间，中国的年均人工造林面积超过 5100 千公顷。1959 年我国的植树造林事业开始引入飞播造林技术，这一年用飞播造林的方式实现了 7000 公顷的森林种植。从这一年开始，中国的飞播造林面积连年增加，1966 年全年飞播造林面积更是突破了 100 千公顷大关，达到了 181.5 千公顷。截至 1966 年，我国累计造林 18 亿亩，森林覆盖率提高了 4 个百分点。从 1964 年至 1978 年，我国每年造林面积都稳定保持在 3000 千公顷以上。[①] 这不但增进了人与自然的协调发展，达到了保护自然环境、维护生态平衡的目的，而且促进了各行业的全面发展。以毛泽东同志为核心的党的第一代中央领导集体在林业建设上的不断探索，也为后来国家继续推进祖国绿化和林业建设奠定了坚实的基础，提供了经验储备。

(二) 关于水利建设的实践初探

中国是一个气候不稳定、水旱灾害频发、自然条件相对不利的国家，历史上经常发生的水旱灾害引发社会动荡，给经济社会建设带来严重影响。特别是我国诸多大江大河由于历史原因，水利建设落后，水旱灾害安全隐患极大，严重威胁人民的生命财产安全。

毛泽东很早就对水利建设的重要性有清晰的认识。早在 1934 年给全国工农兵代表大会的报告《我们的经济政策》中，毛泽东就指出："水利是农业的命脉，我们也应予以极大的注意。"[②]中华人民共和国成立后，毛泽东主持起草《农业四十条》，指出："兴修水利，保持水土。一切小型水利工程(打井、开渠、挖塘、筑坝等)、小河的治理和各种水土保持工作，都由地方和农业生产合作社负责有计划地大量办理。通过上述这些工作，结合国家大型水利工程的建设和大、中河流治理，要求从 1956 年开始，在 7 年至 12 年内，基本上消除普通的水灾和旱

---

① 以上数据来自历年《中国林业和草原统计年鉴》(原《中国林业统计年鉴》)。
② 毛泽东选集(第 1 卷)[M]. 北京：人民出版社，1991：132.

灾。机械制造部门和商业、供销合作部门，应当做好抽水机、水车、锅驼机等提水设备的供应工作。"①

其中，毛泽东特别重视大江大河的治理问题。中华人民共和国成立伊始，毛泽东就把长江、黄河、淮河等大江大河的治理与开发摆到重要工作日程，作出"一定要把淮河修好"、"把黄河的事情办好"、"一定要根治海河"、治理长江等决策，在大江大河的治理方面取得突出成效。1950年夏天淮河水灾泛滥，河南、安徽等地连降暴雨，出现"大雨大灾，小雨小灾，无雨旱灾"的局面。淮河两岸的人们饱受折磨，生活痛苦不堪。毛泽东立即就治理淮河水灾及时作出重要指示："请令水利部限日作出导淮计划，送我一阅。此计划八月份务须作好，由政务院通过，秋初即开始动工。"②1951年5月9日，他为河南省治淮总指挥部题词"一定要把淮河修好"。他进一步指出，"除目前防救外，须考虑根治办法，现在开始准备，秋起即组织大规模导淮工程，期以一年完成导淮，免去明年水患"③。毛泽东亲力亲为，对淮河治理作出了很多重要批示，到1957年，治理淮河工程已有成效。在面对黄河水灾问题时，毛泽东提出要把黄河的事情办好，主张在黄河上中游建设大型水利工程。1952年10月，毛泽东察看了黄河大堤，嘱咐大家"要把黄河的事情办好"，指示要修好三门峡水库。他曾经高兴地说，这个大水库修起来，把几千年以来的黄河水患都解决了。1955年，为了审议《关于根治黄河水害和开发黄河水利的综合规划的决议》，毛泽东专门找来专家探讨关于黄河水灾的问题，可见他对黄河治理的迫切心情及治理黄河水患的坚强决心。1961年8月，庐山会议期间，毛泽东曾对身边的工作人员表示自己想到黄河两岸实地考察水灾情况。

毛泽东还特别关注长江水利建设，面对长江灾情，提出兴修三峡工程的设想。1953年2月，毛泽东亲自去长江，会见了时任长江水利委员会总工程师林一

---

① 中共中央政治局. 1956年到1967年全国农业发展纲要（草案）[M]. 北京：人民出版社，1956：12-13.

② 毛泽东文集（第6卷）[M]. 北京：人民出版社，1999：85.

③ 毛泽东文集（第6卷）[M]. 北京：人民出版社，1999：85.

山，与林一山先后研究了南水北调问题和长江的水灾问题，并询问了长江水灾的主要成因、气象水文与洪灾的关系、修建三峡水库工程的相关问题。1953 年 4 月 5 日，荆江分洪工程全面开工。同年 5 月 24 日，水利部部长傅作义代表中央到荆江分洪工程慰问并授予由毛泽东亲笔题词的锦旗。荆江分洪工程对指导我国水利建设产生了重大影响。1958 年 3 月 25 日，成都会议通过了《中共中央关于三峡水利枢纽和长江流域规划的意见》，指出"从国家长远的经济发展和技术条件两个方面考虑，三峡水利枢纽是需要修建而且可能修建的；但是最后下定决心确定修建及何时开始修建，要待各个重要方面的准备工作基本完成之后，才能作出决定"①。这段话的后一句是毛泽东亲笔加上的，这表明毛泽东十分重视三峡水利工程的时机和条件。后来，三峡工程虽然被搁置，但他仍然心系长江，指示周恩来一定要把三峡工程的准备工作做好。

在中华人民共和国成立后的前 30 年，水利建设一直在快速发展。截至 1979 年，全国建成了 8 万多座水电站。其中，无论是辽河治理工程、海河治理工程、丹江口大型水利枢纽工程等一系列水利工程，还是北京密云水库、浙江新安江大水库、辽宁省汤河水库、河南省鸭河口水库、广东省新丰江水库等大中小水库，都为抵御洪涝灾害，改善人民生活，促进工农业发展发挥了巨大作用。到 20 世纪 70 年代末，我国已经形成了规模庞大的治水体系，结束了洪水泛滥的历史，并且变害为利，改变了我国大面积的干旱状况，达到了蓄水、防洪、灌溉、抗旱、养殖、发电等综合利用的显著效果。全国 2/3 的易遭受水灾或旱灾的土地得到了治理，1/2 的盐碱地状况得到了改善，1/4 的生产力低下的坡地被改造成了生产力较高的梯田，全国的灌溉面积是 1949 年灌溉面积的近 3 倍，达到了 7 亿亩。可以说，在以毛泽东同志为核心的党的第一代中央领导集体的领导下，中国人民创造了世界水利史上的奇迹，创造了开发和利用水资源的奇迹。

---

① 中共中央文献研究室. 建国以来重要文献选编（第 11 册）[M]. 北京：中央文献出版社，1995：228.

(三)关于人口控制的实践初探

我国是一个人口大国，经济和社会发展中人口问题始终是极为重要的问题。1953 年，新中国第一次人口普查数据表明，中国人口已经不是通常估计的 4.5 亿，仅祖国大陆地区的人口就已达到 5.9 亿。[①] 人口过快增长，会给环境承载力造成极大压力，也会给经济发展和人民生活带来多方面不利影响。毛泽东对中国人口问题历来十分关注，他主张对人口自身的生产加以限制，是我国计划生育工作的积极倡导者和主要决策人。

1956 年 10 月，毛泽东在同南斯拉夫妇女代表团的谈话中指出："目前中国的人口每年净增一千二百万到一千五百万。社会的生产已经社会化了，而人类本身的生产还是处在一种无政府和无计划的状态中。我们为什么不可以对人类本身的生产也实行计划化呢？我想是可以的。"[②]1957 年 2 月 14 日，毛泽东在接见全国学联委员时进行了交流谈话，在这次谈话中他说道，中国人多也好也坏，中国的好处是人多，坏处也是人多。毛泽东看到了放任中国人口继续无限制增长的危害。随后的 2 月 27 日，毛泽东又在最高国务会议第十一次(扩大)会议上提到了人口问题，他指出我国的人口增长得很快，每年要增加 1200 万至 1500 万。对此他强调："我国的人口增加很快，每年增加的，大约在一千二百万以上，在许多人口稠密的城市和乡村，要求节制生育的人一天一天多起来了。我们应当根据人民的要求，作出适当的节制生育的措施。"[③]这是毛泽东第一次在正式场合提到"有计划地生育"。毛泽东还在这次会议上对"有计划地生育"这一办法进行了说明。他认为，人类最不会管理的事物就是人类自己，人类在生产人类自己方面确实是彻头彻尾的无政府主义，既没有组织性也没有纪律性，人类如果继续用这样的方式管理人类自身，就会对世界造成深重的灾难。1962 年 12 月，中共中央、

① 段娟. 毛泽东生态经济思想及其对中国特色社会主义生态文明建设的启示[J]. 毛泽东思想研究，2014(4).
② 毛泽东文集(第 7 卷)[M]. 北京：人民出版社，1999：153.
③ 中共中央文献研究室. 毛泽东著作专题摘编(上)[M]. 北京：中央文献出版社，2003：970.

国务院发出的《关于认真提倡计划生育的指示》指出："提倡节制生育和计划生育，不仅符合广大群众要求，而且符合有计划地发展我国社会主义建设的要求。"这一文件是我国计划生育工作的一个重要里程碑，是具有标志性意义的文件。

正是得益于毛泽东对中国人口问题的较早关注，中国的人口问题才不至于转变成阻碍社会主义现代化建设和中国特色社会主义建设与发展的障碍。关于解决我国人口问题，毛泽东主要提出了三种解决路径：第一是思想教育和改造的路径；第二是有计划地生育的路径；第三是扩大生产的路径。

首先是思想教育和改造的路径。思想教育和改造一直都是中国共产党十分看重的方法路径。这种方法路径同样也在中国人口问题上得到了体现。关于人口和生育问题，其中最重要的思想教育，就是要改造"重男轻女"的思想。重男轻女思想在世界各地都有显著的体现，在中国更是根深蒂固。当时中国人口众多的一个重要原因就是传统文化中重男轻女的思想。1970年12月18日，毛泽东在会见美国友好人士埃德加·斯诺时，谈到了这个问题。在与斯诺聊到中国的节育问题时，斯诺认为中国的节育工作比五年前或十年前有很大的进步。而毛泽东认为中国的节育工作虽然有进步，但是这个进步不能用"很大的"来形容。他给斯诺描绘了中国农村家庭的常见状况——农村的女人头胎是女孩子，就马上想生一个男孩子；等到第二个孩子出生，又是女孩子，又想要男孩子；直到到了不适宜生孩子的年龄，才只好作罢不再生育。可是到这时家中已经生下很多女孩子了。毛泽东总结道，重男轻女这个风俗要改。毛泽东还在1972年7月24日和几个同志的谈话中说，人体的八大系统都要研究包括男女关系这种事情，要编成小册子挨家送。这说明毛泽东不仅对中国传统生育观念的改造有了自己独到的看法，还对改造中国传统生育观念提出了具体的操作办法。1958年3月9日至26日，中共中央在四川成都召开工作会议。毛泽东在时任山西省委书记陶鲁笳发言时插话道："……人民有文化了，就会控制（生育）了。"①这句话讲的就是中国的人口问题。

---

① 《中国计划生育全书》编辑部. 党和国家领导人关于人口与计划生育的论述[M]. 北京：中国人口出版社，1997：8.

其次是有计划地生育的路径，也就是"计划生育"。计划生育是当时中国解决人口问题的主要办法。1957年3月1日，毛泽东在最高国务会议第十一次（扩大）会议上讲到了计划生育。他认为我国现在的人口管理还处于一种无政府主义的状态，这是"必然王国还没有变成自由王国"的表现，人们还没有养成这方面的自觉。因此他认为我们应当在这方面多做研究，设立"一个部门或一个委员会"，他认为"人类要自己控制自己"实现"有计划地生育"。1957年10月9日，毛泽东在中国共产党第八届中央委员会扩大会议的第三次全体会议上讲话，在讲话中他指出计划生育要公开作教育。他对人类在人类自我生产这一问题上的无政府主义状态再次提出了批评，他说："人类在生育上头完全是无政府状态，自己不能控制自己。将来要做到完全有计划的生育，没有一个社会力量，不是大家同意，不是大家一起来做，那是不行的。"[①]为了摆脱人类生育的无政府状态，他主张在中学进行生育教育，教导学生怎样生育孩子以及怎样养育孩子、怎样避免生孩子。这表现了毛泽东对计划生育问题在理论和实践上的深刻认识。

最后是要扩大生产的路径。1957年3月20日，毛泽东在南京部队、江苏安徽两省党员干部会议上的讲话中指出，虽然我国的粮食产量在新中国成立之后大幅度上升——从1949年的2200亿斤到1956年的3600多亿斤，增加了1400多亿斤，但我国的人口数量也十分庞大。正是因为我国的人口数量非常庞大，即使粮食产量有大幅度的上涨，一些人民群众还是会觉得粮食不够充足，这既是我国人口现实状况带来的影响，也是关乎中华人民共和国成立以后工业、农业等产业发展的问题——因为生产发展跟不上人口增长的脚步，人口就必然成为一个影响社会发展的重大问题。毛泽东提出，要对广大人民群众特别是青年，进行艰苦奋斗、白手起家的教育。1957年，毛泽东在中国共产党第八届中央委员会扩大的第三次全体会议上，再次展现了他将"扩大生产"作为解决中国人口多问题的重要路径的思路，他说中国就是要靠精耕细作吃饭，这样即便人多一点，还是有饭吃。

---

① 毛泽东文集(第7卷)[M]. 北京：人民出版社，1999：308.

此外，党和国家其他领导人也在解决人口问题上做了大量工作。1965 年，周恩来在接见中华医学会第一届全国妇产科学术会议代表时说道："另外，我讲讲计划生育问题。对计划生育要进行宣传教育。一方面要有一些规定，如在工资、住房、供应等方面，对实行计划生育的，要给予优待，一方面要自觉自愿，绝对不能强迫命令。又要自觉自愿又要有所约束。要用各种办法帮助人们避孕。怎样使我国人口能有计划地生育，这是一个伟大的事业。现在全国有七亿人，如果不实行计划生育，人口增长得太快，生产就跟不上，这是一个大问题。要使全社会都能够按照计划生育的要求，在二十世纪以内把人口年纯增率控制在百分之一，这就很了不起。总之，计划生育是一件长期的事情。上述这个要求并不高，如果能够提前做到当然很好了。"①1954 年 12 月，刘少奇在召集节制生育问题座谈会时也明确表示："现在我们要肯定一点，党是赞成节育的。"②

正是以毛泽东同志为代表的党的第一代领导集体高瞻远瞩，提出"计划生育"的思想，并从 20 世纪 60 年代开始逐步试点推行，至 70 年代在全国逐步推行，这一实践通过政府狠抓、群众监督和多手段多渠道综合治理措施，对我国控制人口数量，实现人口均衡发展、保障社会运行、促进经济发展起到了十分积极的作用。1982 年，"计划生育"政策正式成为我国一项基本国策。

(四)关于环境法治建设的实践初探

从 1950 年到毛泽东逝世之前，我国共颁布了 297 项有关环境保护的法律、法规、规范文件。虽然与之后的时期相比这一时期颁布的较少，但仍然是一个不可忽视的环境法制建设的实践过程。

1950 年 1 月 13 日，由当时的政务院颁布的《政务院关于处理老解放区市郊农业土地问题的指示》是我国的第一部环境法(行政法规)。它是一部资源保护

---

① 周恩来选集(下卷)[M]. 北京：人民出版社，1984：445.
② 中共中央文献研究室. 建国以来重要文献选编(第 5 册)[M]. 北京：中央文献出版社，1993：712.

法，是我国环境立法工作的开端。此后的一段时间里，我国环境法律、环境行政法规及部门规章、指示、批示、决定等的出台多围绕资源保护这一核心，对环境保护的其他方面鲜有关注。根据人民出版社出版的《中国环境保护全书》，1950年到1959年这十年间，中国共颁布了181部环境保护的相关法律、法规、规范，其中有120部关注资源保护的法律、规范等文件，这一数字相较于其他方面的环境法律、法规、规范来说，是巨大的。

1950年6月28日，中央人民政府颁布《中华人民共和国土地改革法》，这是中华人民共和国成立后颁布的第一部重要的土地法律。1954年中华人民共和国《宪法》第一章第10条规定："国家禁止资本家的危害公共利益、扰乱社会经济秩序、破坏国家经济计划的一切非法行为。"这一条规定限制了一些资本家进行的有损于国民经济和社会发展的活动。1954年《宪法》第一章第14条还规定："国家禁止任何人利用私有财产破坏公共利益。"1960年4月10日第二届全国人民代表大会第二次会议上通过的《全国农业发展纲要》，在生态环境保护和治理方面做出了一些论述。例如，强调因地制宜改进耕作方法的目的是"丰产保收"，具体做法有"合理地施肥，合理地灌溉，合理地轮作(换茬)、间作、套种和密植"，还要求"不违农时……加强田间管理"；对开展水土保持工作作出了指示，要求从1956年起的12年中在各个地方逐步减少水土流失的伤害，显著地收到水土保持的功效；还对改良土壤、防治和消灭病虫害、开垦荒地、扩大耕地面积、发展山区经济，特别是对发展林业、绿化荒山荒地进行了论述。《全国农业发展纲要》要求，从1956年起"在十二年内，在自然条件许可和人力可能经营的范围内，绿化荒地荒山"。

1973年8月党中央召开了第一次全国环境保护工作会议，会议通过了"全面规划、合理布局、综合利用、化害为利、依靠群众、大家动手、保护环境、造福人民"的环境保护工作32字方针，并且出台了中国第一个环境保护文件——《关于保护和改善环境的若干规定(试行草案)》。这次会议实现了我国环境保护工作的统一部署，明确了环境保护工作的大政方针，把握了环境保护工作的开展方向。同年 11 月，国家在污染调查的基础上由国家计委、建委、卫生部联合颁布了《工业"三废"排放试行标准》，这是中华人民共和国历史上第一个环境保护标准。1973 年 11 月 13 日，国务院发布了《国务院关于保护和改善环境的若干规定（试行草案）》。规定指出，这个文件是为了"保护和改善环境"，特别强调要"发动群众、依靠群众"。文件从十个方面对保护和改善环境工作作出了规定，分别是：全面规划、合理布局工业、逐步改善老城市的环境、综合利用和除害兴利、加强对植物和土壤的保护、加强水系和海域的管理、植树造林和绿化祖国、认真开展环境监测工作、大力宣传环境保护和开展环境科学研究工作、落实环境保护所必需的投资以及设备材料。这份文件详细地对我国的环境保护工作的各个方面进行了规划和规定，对我国环境保护工作的意义十分重大。

1975 年 5 月 18 日颁布了《国务院环境保护领导小组关于环境保护的十年规划意见》。这个意见对我国环境保护的概况作出了客观的论述，指出中华人民共和国成立以来我国环境保护工作在大方向上是好的，我国的环境面貌总的来说也是好的，这一点与西方资本主义国家污染严重的环境状况有着根本的不同。我国在建设社会主义的过程中，同样注意保护环境，在环境保护工作上花了大力气，将环境保护工作"当作全面执行毛主席革命路线的大事来抓"①。诚然，我国在环境保护方面也存在一些问题，"最突出的是随着工业交通事业的发展，排放的有害废水、废气、废渣越来越多地对自然环境造成了污染"。文件指出，我国主要河流和海域中有很多受到了不同程度的污染，有些河流和海域的污染还十分严重。不少城市和地区的饮用水源受到了污染，给人民群众的生产生活带来了十分不好的影响。与此同时，还有许多城市和工业区的空气污染非常严重，空气混浊、烟尘密布，也对人民群众的生命财产安全和身体健康带来了负面影响。废渣也是一个非常严重的问题，大量废渣占用可耕种的良田，使状况良好的航行通道变得不再适宜使用，使当地的环境毒化——工矿企业职工的职业病越来越多。正

---

① 中国环境科学研究院环境法研究所，武汉大学环境法研究所. 中华人民共和国环境保护研究文献选编[M]. 北京：法律出版社，1983：13.

是因为《国务院环境保护领导小组关于环境保护的十年规划意见》对彼时中国环境保护概况的清醒认识和客观评价，中国的环境保护才有了正确的理论指导和宏观规划，这是中国的环境保护取得伟大成就的重要保障。

这一时期，我国的环境保护理念实现了从无到有的转变，生态环境问题已经成为党中央重视的问题。这一时期我国对于生态建设的实践和对于环境保护相关规定的制定，是我国生态制度在探索中的萌芽，为后续生态制度的发展奠定了基础，具有里程碑的意义。

二、以邓小平同志为核心的党的第二代中央领导集体的实践探索

1978 年，党的十一届三中全会通过对"文化大革命"的拨乱反正，重新确立了马克思主义的思想路线、政治路线和组织路线，形成了以邓小平同志为核心的第二代中央领导集体，实现了伟大的历史性转折。在这一时期，党和国家提出了"解放思想、实事求是"的思想，开启了改革开放的新征程，进入了社会主义现代化建设的新时期，提出并确立了社会主义初级阶段"一个中心、两个基本点"的基本路线，确定了建设有中国特色的社会主义新道路。改革开放推动了我国经济体制的改革，建立了社会主义市场经济体制，一系列政策的发布和经济特区的设立，形成了全方位、多层次、宽领域的对外开放格局。这一时期，对外开放所吸引的产业大多是劳动密集型产业，对于资源的需求较高，而大力发展经济也带来了一定程度上的生态环境破坏。

（一）关于植树造林、绿化祖国的实践探索

继续坚持植树造林、绿化祖国的思想。尽管植树造林、绿化祖国的任务在第一代领导集体时期就已启动，但"文化大革命"时期的粮食问题迫使人民以砍伐林木来换取更多的耕地，致使国土森林覆盖率过低，不仅严重影响祖国的山河面

貌，也引发了水土流失、生物物种减少等生态后果，不利于社会经济发展和人民的可持续生活。

邓小平进一步发展了毛泽东的植树造林、绿化祖国思想。针对当时森林覆盖率过低以及因此而造成的生态灾害、水土流失、生物多样性减少等后果，邓小平提出可以通过"进口一点木材"和"搞间伐"的方式避免森林的过度采伐。1981年3月8日，中共中央、国务院下发了《关于保护森林发展林业若干问题的决定》，强调要坚持依靠社队集体造林为主，积极发展国营造林，并鼓励社员个人植树的方针，发动城乡广大人民群众和各行各业扎扎实实植树造林。1981年9月，邓小平针对四川、陕西等地发生水灾造成的巨大损失，专门把全国人大常委会委员长万里同志找来谈话，他说最近的洪水灾害涉及林业，涉及木材的过量采伐，看来中国的林业要上去，不采取一些有力措施不行，是否可以建议全国人民代表大会通过一项决议，规定凡是有劳动能力的中国公民，每人每年要种几株树，比如三至五株包栽包活，多者授奖，无故不履行此义务者受罚。他还明确指出，宁可进口一点木材，也要少砍一点树，并询问有些地方是否可以只搞间伐，不搞皆伐，特别是大面积的皆伐。1981年12月，五届人大四次会议审议通过《关于开展全民义务植树运动的决议》。该决议指出，凡年满11岁的中华人民共和国公民，除老弱病残外，每人每年义务植树3至5株，或者完成相应劳动量的育苗、管护和其他绿化任务。1982年2月，为加强对全民义务植树运动的组织领导，国务院决定成立中央绿化委员会（该委员会于1988年改称全国绿化委员会，将绿化运动推向全社会），并制定了《关于开展全民义务植树运动的实施办法》。该《实施办法》要求县级以上人民政府均应成立绿化委员会，统一领导本地区的义务植树运动和整个造林绿化工作。1984年3月1日，中共中央、国务院发布了《关于深入扎实地开展绿化祖国运动的指示》，要求进一步提高对绿化祖国重大意义的认识，扩大视野、因地制宜，建立和完善林业生产责任制，积极支持林业专业化的发展，深入开展全民义务植树运动，切实抓好树苗，认真保护林草植被，讲究科学、注重实效，广辟绿化资金渠道以及切实加强对绿化工作的领导。邓小平高度重视植树造林在生态中的重要作用，并身体力行，亲自带领干部群众参与植树。自 1982 年开始直到他去世，每年植树节前后他都会坚持种上几株树苗。1983 年他到北京十三陵参加义务植树劳动时提出，植树造林、绿化祖国，是建设社会主义、造福子孙后代的伟大事业，要坚持二十年，坚持一百年，坚持一千年，要一代一代永远干下去。

邓小平在毛泽东"绿化祖国"的思想基础上提出了"植树造林，绿化祖国，造福后代"①的号召，并从战略高度对绿化祖国作出了许多重要阐述。一方面，为了从根本上改变三北地区的生态面貌，减少自然灾害，改善人们的生存条件，促进农牧业稳产高产，维护粮食安全，在邓小平的支持和带领下，被誉为"绿色长城"的三北防护林工程逐步推进。三北防护林体系的逐步建成，为我国北方筑起了一道绿色屏障，减缓了沙尘暴的侵袭，为当地居民的生产生活提供了较为稳定的生态环境。另一方面，邓小平积极推动退耕还林的实施，认为"搞大面积开荒得不偿失，很危险"②，在目睹峨眉山坡地上砍树种玉米时，建议不要种粮食而要种树，种黄连也可以。1985 年 1 月，中共中央、国务院发布《关于进一步活跃农村经济的十项政策》，提出要"进一步放宽山区、林区政策。山区二十五度以上的坡耕地要有计划有步骤地退耕还林还牧，以发挥地利优势"③。同时邓小平还十分重视绿化工程的经济效益。1982 年 11 月，他在会见参加中美能源资源环境会议的美国前驻中国大使伦纳德·伍德科克时指出："特别是在我国西北，有几十万平方公里的黄土高原，连草都不长，水土流失严重。黄河所以叫'黄'河，就是水土流失造成的。我们计划在那个地方先种草后种树，把黄土高原变成草原和牧区，就会给人们带来好处，人们就会富裕起来，生态环境也会发生很好的变化。"④邓小平也十分重视旅游景区的绿化问题，他认为对风景区的绿化可以促使旅游业的

① 邓小平文选(第 3 卷)[M]. 北京：人民出版社，1993：21.
② 中共中央文献研究室. 邓小平思想年谱：一九七五——一九九七(上)[M]. 北京：中央文献出版社，2004：375.
③ 中共中央文献研究室. 十二大以来重要文献选编(中)[M]. 北京：人民出版社，1986：612.
④ 中共中央文献研究室. 邓小平年谱：一九七五——一九九七(下)[M]. 北京：中央文献出版社，2004：868.

发展，给当地居民带来经济收益，实现生态保护同经济效益和民生建设的统一。1983 年 2 月，邓小平在考察浙江龙井和九溪风景区时指出："水杉树好，既经济，又绿化了环境，长粗了，还可以派用处，有推广价值。泡桐树也是一种经济树木，长得很快，板料又好……你们一定要保护好西湖名胜，发展旅游业。"①

此外，邓小平还关注到城市绿化对于提升居民生活质量的作用。1986 年 8 月，他在天津视察居民小区的绿化状况时说道："人民群众有了好的环境，看到了变化，就有信心，就高兴，事情也就好办了。"②邓小平还要求空军参加支援农业、林业建设的专业飞行任务，为加速农牧业建设和绿化祖国山河作贡献，同时要求国家在苗木方面给予支持。

(二) 关于确立法律和建立体制机制保障生态环境建设的实践探索

在党的第二代中央领导集体的努力和重视下，我国生态环境建设已经上升到法律和制度层面，生态环境建设的长远发展也得到了相关机制体制的有效支持。

1. 明确确立环境保护的基本国策

1981 年国务院颁布《国务院关于在国民经济调整时期加强环境保护工作的决定》，对我国环境保护工作作出了进一步的指导。文件第一句就旗帜鲜明地指出环境和自然资源的重要性，即环境和自然资源是人民群众生存的基本条件，也是我国发展社会主义生产和经济社会进步的"物质源泉"③。文件主要从七个方面对我国在国民经济调整时期的环境保护工作进行指导。这七个方面分别是严格拒斥新的污染的形成和发展，抓紧机会解决现存的突出的环境污染问题，制止各方面

---

① 中共中央文献研究室. 邓小平年谱：一九七五——一九九七(下)[M]. 北京：中央文献出版社，2004：889.

② 中共中央文献研究室. 邓小平年谱：一九七五——一九九七(下)[M]. 北京：中央文献出版社，2004：1130.

③ 中国环境科学研究院环境法研究所，武汉大学环境法研究所. 中华人民共和国环境保护研究文献选编[M]. 北京：法律出版社，1983：65.

对自然环境的破坏，搞好重点地区、重点区域的环境保护(北京、杭州、苏州、桂林)，对环境保护工作加强计划和指导，加强环境保护人才的培育，以及加强环境保护工作的领导。1983 年 12 月第二次全国环境保护会议正式将保护环境确立为国家的一项基本国策，制定了经济建设、城乡建设和环境建设要同步规划、同步实施、同步发展的"三同时"环境保护方针，确立了实现经济效益、社会效益、环境效益相统一的指导方针，计划实行"预防为主防治结合""谁污染谁治理"和"强化环境管理"三大环境政策，初步规划出到 20 世纪末中国环境保护的主要指标、步骤和措施。1990 年 12 月国务院颁布《关于进一步加强环境保护工作的决定》，再次强调保护和改善生产环境与生态环境、防治污染和其他公害是我国的一项基本国策。此后基本国策的内容不断增加，而环境保护一直作为主要部分被保留下来。

2. 完善环境保护、生态建设的行政机构

环境保护的对象具有广泛性和特殊性，这一时期我国进一步完善了环境保护的管理机构。1982 年 5 月国家机构改革，成立了城乡建设环境保护部，将 1974 年设立的国务院环境保护领导小组调整为城乡建设环境保护部下属的环境保护局。1984 年 5 月成立了由国务院直接牵头，没有具体编制的国务院环境保护委员会，由李鹏副总理担任委员会主任，国家计委、经委、科委、城环部等 24 个(后增至 39 个)部门领导人组成委员会，由曲格平同志担任主任，其办事机构设在城乡建设环境保护部。规定"委员会的任务是研究审定环境保护方针、政策、提出规划要求，领导和组织协调我国的环境保护工作"。在进行 1988 年国家机构改革时，环境保护局升格为国务院直属机构，国务院环境保护委员会继续保留并在组织上进一步扩充。从 1989 年 10 月起，国务院环境保护委员会建立联络员制度，定期与联络员联系，以保证及时掌握有关情况和协调关系，这是我国研究、审定、组织贯彻国家环境保护的方针、政策、举措以及组织协调、检查推动我国环境保护工作的最高领导机构。管理机构的设立与不断完善是生态制度建设的重要

部分，为环境保护和生态建设提供了体制机制保障。

3. 完善法律手段

一方面，加快制定和完善环境保护、生态建设的相关法律法规。

首先是根本大法——宪法。1978 年第五届全国人大通过的《中华人民共和国宪法》是我国的第三部宪法，其中第十一条明确规定："国家保护环境和自然资源，防治污染和其他公害。"保护环境由此被写入宪法。1982 年 12 月 4 日，第五届全国人大五次会议上正式通过并颁布《中华人民共和国宪法》，其中第九条规定："国家保障自然资源的合理利用，保护珍贵的动物和植物。禁止任何组织或者个人用任何手段侵占或者破坏自然环境。"第二十六条规定："国家保护和改善生活环境和生态环境，防治污染和其他公害。"这样就从根本大法上确立了环境保护基本国策的地位。

其次是单行的关于环境保护的法律。1979 年 9 月，我国第一部单行的环境保护基本法律《中华人民共和国环境保护法（试行）》颁布，从七个方面规定了有关环境保护的问题，分别是：总则（第一章）、保护自然环境（第二章）、防治污染和其他公害（第三章）、环境保护机构和职责（第四章）、科学研究和宣传教育（第五章）、奖励和惩罚（第六章）、附则（第七章）。时任国务院环境保护领导小组办公室主任李超伯对这部法律作出了说明。他指出《中华人民共和国环境保护法（试行草案）》最主要的任务是，以法律的形式确定我国保护环境的基本方针和政策，以保障我国在社会主义现代化建设的过程中合理地利用自然环境，为人民营造一个良好的生活环境，促进经济发展。

李超伯做了四点补充说明。第一，控制和改善环境需要立法参与进来。他指出，世界上许多其他国家都是将立法作为改善环境状况的主要手段，并且这些国家通过环境立法取得了良好的效果。因此面对环境污染、生态破坏的局面，我国也应该尽快开始在这个领域进行立法，填补环境立法的空缺，用立法手段保护环境。但原则通过的这一法案只是对我国环境保护工作的原则性规定，对一些具体问题，还没有具体的规定，因此还需要继续完善。第二，我国环境污染的主要原因是以煤为主的燃料结构——工业企业的大量排放。《中华人民共和国环境保护法(试行草案)》对企事业单位污染作出了严格的规定，针对性地提出了解决当时环境问题的法律依据。例如规定"一切企业、事业单位的选址、设计、建设和生产，都必须注意防止对环境的污染和破坏。在进行新建、改建和扩建工程中，必须提出环境影响评价报告书，经环境保护主管部门和其他有关部门审查批准后才能进行设计"。第三，他指出了我国环境问题的严重性，特别强调了我国严重的自然生态破坏情况，并认为它(自然生态环境的破坏)的影响和危害比环境污染问题更加深远。自然生态被破坏之后，其治理和恢复都是十分困难的，需要耗费极大的人力、物力、财力，这就是制定《中华人民共和国环境保护法(试行草案)》中的第二章——"保护自然环境"的必要性。第四，他指出《中华人民共和国环境保护法(试行草案)》中还有一些不足，需要在之后的环境法制建设中继续完善。例如在《刑法》中没有对污染和破坏环境的违法行为作出判罚规定，没有明确的刑事分则，因此不利于人民检察院和人民法院对这类违法犯罪进行判罚，类似这样的问题还需要在今后的环境立法中继续完善。最后，他指出环境立法是"人心所盼，势在必行"，环境保护法的建立一定会将我们的环境保护工作向前推进。

《中华人民共和国环境保护法(试行草案)》对我国生态建设有着重要意义，它标志着我国环境保护开始有法可依，我国环境保护工作开始从人治走向法治。同时，该试行法律也为我国生态环境方面的法律制定奠定了坚实基础，在此基础上国家对于不同领域、不同方面进行了细致的法律制定。1984年9月六届全国人大常委会七次会议通过了修改后的《中华人民共和国森林法》，其中规定"植树造林、保护森林是公民应尽的义务"，从而把植树造林纳入了法律范畴。除此之外我国陆续颁布了《海洋环境保护法》《水污染防治法》《大气污染防治法》《国务院关于环境保护工作的决定》《水土保持法》《草原法》《野生动物保护法》等一系列法律，初步建立了环境保护法律体系。1989年，《环境保护法》经过全面修订后正式通过并实施。

另一方面，除制定相关法律外，还通过制定一系列纲要、规定等，进一步明确环境保护的各项基本原则。例如，1986年11月制定的《中国自然保护纲要》，就明确制定了自然保护与经济发展的基本原则，主要包括："要正确处理经济建设和自然保护之间的关系，在经济建设中要做到经济效益、环境效益和社会效益的统一；充分注意自然资源的多种效用，实现综合开发和保护的目的；在开发自然资源时，要在调查研究的基础上，按照不同的类型、区域和特点，制定符合实际的保护和开发规划，坚持因地制宜；自然资源开发利用，不仅要看到当前的、局部的利益，而且要兼顾长远的、整体的利益；开发利用自然资源的单位和个人都负有保护和增值自然资源的责任；对可更新资源，要坚持增值资源，确保永续利用的原则；对不可更新资源，要坚持节约和综合利用的原则。"①

4. 针对环境保护完善多方位的制度机制

党中央很早就意识到生态环境保护是个系统工程，必须有效整合各个机构的治理资源、健全环境保护协调机制，决定建立环境保护综合决策机制，完善环保部门统一监督管理。这一时期，党中央特别意识到环境监管的重要性，提出了加强环境监管制度的新要求，明确提出实施污染物总量控制制度、推行排污许可证制度、严格执行环境影响评价和"三同时"制度、完善强制淘汰制度、强化限期治理制度、完善环境监察制度，强化现场执法检查，并且进一步明确社会监督的重要性，提出实施环境质量公告制度，定期公布各省有关环境保护指标等。1984年11月，李鹏在国务院环境保护委员会第二次会议上要求环境保护工作要广泛宣传，发挥舆论作用，动员群众进行监督。他指出："群众路线是我们党进行各项工作的根本路线。在开展环境保护工作时，我们也必须走这条路线，相信群众、发动群众、依靠群众进行监督。有不少造成环境污染单位的领导，既不怕环

---

① 国家环境保护总局，中共中央文献研究室. 新时期环境保护重要文献选编[M]. 北京：中央文献出版社、中国环境科学出版社，2001：93-94.

境保护部门和领导机关的批评，也不怕违反国家的法律规定，就怕群众起来反对他，怕舆论。"①

5. 进一步加强与国际社会的环境保护合作联系

邓小平很早就意识到生态环境的污染和破坏不仅仅是一个国家的事情，而是全球性问题。1974 年 8 月 26 日，邓小平在会见刚果友好代表团时就指出，我们国家的污染问题没有欧洲、日本和美国那么严重，但也还是一个很大的问题，污染问题是一个世界性的问题，要真正地治理必须要各个国家通力合作。中国作为一个后发性国家，应该吸取发达国家在生态治理方面的经验教训，避免走西方"先污染，后治理"的错误道路，这也是开放发展的一个重要内容。正如邓小平所言，开放不仅是发展国际交往，而且要吸收国际的经验。此外，改革开放以后，中国积极参与国际合作，缔结生态保护公约等，为全球性生态危机的解决贡献中国力量，发挥中国作为负责任大国的作用。例如：1985 年至 1986 年在维也纳签订的《保护臭氧层维也纳公约》《核事故或核辐射事故经济情况援助公约》《核事故及早通报公约》，1992 年在里约热内卢签订的《联合国气候变化框架公约》和《生物多样性公约》等。

(三) 关于科学技术为生态环境建设服务的实践探索

进入改革开放新时期，以邓小平同志为核心的党的第二代中央领导集体，深刻把握世界科学技术的发展趋势，更加关注科技进步及其对世界发展的影响。1978 年 3 月，邓小平在全国科学大会开幕式上指出："大家知道，生产力的基本因素是生产资料和劳动力。科学技术同生产资料和劳动力是什么关系呢？历史上的生产资料，都是同一定的科学技术相结合的；同样，历史上的劳动力，也都是掌握了一定的科学技术知识的劳动力。我们常说，人是生产力中最活跃的因素。

---

① 国家环境保护总局，中共中央文献研究室. 新时期环境保护重要文献选编[M]. 北京：中央文献出版社、中国环境科学出版社，2001：57-58.

这里讲的人，是指有一定的科学知识、生产经验和劳动技能来使用生产工具、实现物质资料生产的人。"①不久之后，邓小平明确提出了"科学技术是第一生产力"②的著名论断，并要求我国科技界在高科技领域必须有所作为。

尽管在生态领域，那时还没有"绿色科技"的说法，但是，在"科学技术是第一生产力"的总体思想指导下，大力发展科学技术，为保护环境提供强大技术基础，为我国后来的生态文明建设注入了强有力的推动力量。

1. 强调要加快在环境保护方面的科学研究

1981年2月23日，国家科委党组发布了《关于我国科学技术发展方针的汇报提纲》。该《提纲》将"节约能源和原材料消耗""减少和避免环境污染和生态破坏"作为我国今后一个时期科学技术发展的重要内容，并提出要研究和制定包括防止生态恶化、新能源的开发利用、防治环境污染在内的重大技术政策。1981年2月24日，国务院发出《关于在国民经济调整时期加强环境保护工作的决定》，指出："环境科学是一个新兴的综合性的重要科学领域。要组织自然科学和社会科学的研究力量，分工合作，开展环境基础理论和技术经济政策的研究。同时，要针对当前突出的环境问题，研究防治技术，总结推广投资小、效果好的技术成果。各级科委要加强领导，在经费和设备上给予支持。各省、市、自治区要对环境保护研究机构进行整顿和调整，集中力量把现有的、条件较好的省级研究机构建设好，形成各自的专业特色。"③1981年3月，中共中央、国务院发出《关于保护森林发展林业若干问题的决定》，强调要发展林业科学技术，林业科研必须为林业生产建设服务，并具体指出："科研、教学和生产单位要密切协作，切实解决好林业生产建设中的关键技术问题。要集中力量开展林木良种、适地适树、治沙造林、病虫害防治、森林调查技术、采伐更新方式、林业机械、林产工业的技

---

① 邓小平文选(第2卷)[M]. 北京：人民出版社，1994：88.

② 邓小平文选(第3卷)[M]. 北京：人民出版社，1993：274.

③ 国家环境保护总局，中共中央文献研究室. 新时期环境保护重要文献选编[M]. 北京：中央文献出版社、中国环境科学出版社，2001：25.

术改造、林业经济和技术政策等项目的研究。同时，搞好科研成果的推广工作。"①1986 年 8 月，中共中央、国务院转发了国家科委《关于当前科技工作形势和今后工作若干意见的报告》，该《报告》提出"广大科技工作者要为创造良好的生态环境作出更多的贡献"的号召，以及在推进产业技术改造和技术进步时要"把经济效益、社会效益同生态效益结合起来"的方针原则。自此科技为生态服务的属性和功能更加凸显。

2. 提倡发展绿色技术

1983 年 1 月，邓小平在同国家计委、国家经委和农业部门负责同志谈话中指出："提高农作物单产，发展多种经营，改革耕作栽培方法，解决农村能源，保护生态环境等等，都要靠科学。要切实组织农业科学重点项目的攻关。"②1983 年2 月，国务院发出《关于结合技术改造防治工业污染的几项规定》，指出："对现有工业企业进行技术改造时，要把防治工业污染作为重要内容之一，通过采用先进的技术和设备，提高资源、能源的利用率，把污染物消除在生产过程之中。"该《规定》还指出："各工业主管部门要针对当前突出的工业污染问题，把一些关键的急需解决的防治污染的技术，尤其是结合技术改造解决污染的技术、废弃物综合利用的技术和高效率净化处理技术，列为科学研究的重要课题，组织力量攻关。污染严重行业的大中型企业也要组织技术力量，针对本企业污染问题，积极开展防治污染的技术革新和科研活动。"③同年 12 月，中央领导人就当时我国的经济形势和今后经济建设的方针进行了部署，明确提出企业是我国发展节能减耗科学技术的重要主体，在进行技术改造中，要紧紧围绕提高经济效益并从以下几

---

① 中共中央文献研究室. 新时期党和国家领导人论林业与生态建设[M]. 北京：中央文献出版社，2001：194.

② 国家环境保护总局，中共中央文献研究室. 新时期环境保护重要文献选编[M]. 北京：中央文献出版社、中国环境科学出版社，2001：34.

③ 国家环境保护总局，中共中央文献研究室. 新时期环境保护重要文献选编[M]. 北京：中央文献出版社、中国环境科学出版社，2001：38.

个方面进行："一、节约能源，节约原材料，降低消耗，降低生产成本；二、改革产品结构，使产品升级换代，提高性能和质量，满足国内外市场的需要；三、合理地利用资源，提高综合利用水平。"1985 年，国务院环境保护委员会转发了《关于发展生态农业，加强农业生态环境保护工作的意见》，这是我国首部关于生态农业的专门性文件，对生态农业的试点工作提出了具体要求。在政府部门的号召和支持下，全国大部分省、市、自治区开展了生态农业试点。1986 年 3 月，六届人大四次会议审议通过了《关于第七个五年计划的报告》。该《报告》提出，要建立代表不同自然条件的生态农业试点，运用现代科学技术，改善生态环境，发展农业。1987 年 10 月，中国共产党第十三次全国代表大会报告进一步强调，降低消耗的绿色科技对于我国产品在国际市场上的竞争力十分重要。

3. 提倡对环境保护进行科学管理

1981 年 3 月，中共中央、国务院发出《关于保护森林发展林业若干问题的决定》指出："加强林业调查和资源管理工作。各省、市、自治区要尽快弄清森林资源的基本情况，搞好规划设计，为林业生产建设提供科学依据。为此要充实调查力量，改善技术装备。"①1983 年 12 月，国务院召开第二次全国环境保护会议，万里在开幕式上指出，改善生态环境，"要求对我们赖以生存的环境实行严格的科学管理。对大自然的保护，对各类资源的开发和利用，对各种环境污染的防治，都要实行科学管理，既要有科学的态度，又要有科学的方法，要做到这一步，首先必须具备这方面的科学知识。搞现代化建设，搞环境保护，没有科学知识是不行的"。

早在中华人民共和国成立初期，我们就确定了要走一条和发达国家"先污染、后治理"不一样的发展道路。其中，改变这种状况的一个重要手段就是发展科学技术，推动生态环境保护。正是以邓小平同志为代表的党的第二代中央领导集体

---

① 国家环境保护总局，中共中央文献研究室. 新时期环境保护重要文献选编［M］. 北京：中央文献出版社、中国环境科学出版社，2001：41.

不断开拓创新，鼓励以科技创新带动生态环境保护，为后来的绿色科技奠定了坚实的制度和技术基础。

(四)关于控制人口数量、提高人口素质实践的继续探索

邓小平时期，对控制人口的实践又有了新的发展。早在 1957 年 2 月 11 日，邓小平在关于节育问题的谈话中就对我国节育问题作出了论述，他认为我国庞大的人口数量很有可能成为我国改善人民生活水平的一个阻碍。他认为我们要想尽一切办法试行节育。关于节育问题，他从几个方面对节育工作的实践作出了指示：工业方面要有计划地生产避孕套并可以免费向全国人民提供；宣传方面要加大宣传力度，要像宣传爱国卫生运动那样大，使节育工作的重要性和紧迫性人人知晓；技术方面要广泛采用西医和中医的有效办法对居民进行避孕工作的技术指导。

邓小平对人口问题的重要看法是，解决人口问题需要提高人口素质。1985 年 5 月 19 日，邓小平在全国教育工作会议上发表讲话，他指出："一个十亿人口的大国，教育搞上去了，人才资源的巨大优势是任何国家比不了的。"[1]他还着重通过将经济和教育进行比较来说明教育的重要性，他说一个部门或者一个地区如果只顾着偏颇地响应中央精神，一味去抓经济而罔顾教育发展，那么那个地方的工作重点就是没有转移好或者说没有转移完全的。因此他强调各级领导都要像重视抓经济发展那样，重视抓教育的改革和发展。只有抓好教育，中国的人口优势才能得到充分的发挥，这是贯穿在邓小平关于人口理论当中的重要思想，正如邓小平自己所说，"这是有战略眼光的一着"。

在这样的思想指导下，进一步认识到推动生态文明建设是一个专业问题，更加需要教育支持和专门人才，只有这样，才能将这项工作深入开展下去。1981 年 2 月，国务院发出《关于在国民经济调整时期加强环境保护工作的决定》，强调

---

① 中共中央文献研究室. 改革开放三十年重要文献选编(下)[M]. 北京：中央文献出版社，2008：1371.

指出："环境保护是一项新的事业，需要大量具有专业知识的人才。要把培养环境保护人才纳入国家教育规划。中、小学要普及环境科学知识。大学和中等专业学校的理、工、农、医、经济、法律等专业，要设置环境保护课程。有条件的院校，应设置环境保护专业。各地区、各部门在培训干部时，要把环境保护教育作为一项内容。各级环境保护部门要积极培训在职人员，努力提高他们的业务技术水平。要加强宣传环境保护法和环境科学知识，造成'保护环境，人人有责'的良好社会风尚。"①1989 年 12 月，七届全国人大常委会第十一次会议通过的《中华人民共和国环境保护法》，其总则第 5 条规定："国家鼓励环境保护科学教育事业的发展，加强环境保护科学技术的研究和开发，提高环境保护科学技术水平，普及环境保护的科学知识。"②

(五)关于在全社会树立节约意识的探索

我国地大物博、资源总量丰富，但人口总量大，需求总量大，人均资源较少。针对这一现状，邓小平倡导在全社会树立节约意识，珍惜自然资源。

早在 1950 年 1 月，邓小平就在重庆市军管会第一次接管干部代表会议上的讲话中指出，目前我们的日子不好过，但我们一定要注意节约。不要以为全国胜利了我们就可以坐着享福了。要知道我们的地盘越大，负担也就越大。他进一步指出："在重庆，党、政、军、民加在一起有一百来万。我们一定要节约，即使我们有钱也得这样做，因为钞票不能多发。全体同志必须准备在一两年内不要想过好日子。去年的灾害很重，今年要发生粮荒，西南还负有支援别的地区的责任。我们不但要养活自己，而且要养活别人。而我们的干部很少，摊子还没有摆开，工作还没有下乡，今后的困难是很大的。从全国财政来说，占领西南就是增加一分困难。例如，西南缺棉花就要从上海运过来，今年的夏衣，就是由上海为

---

① 中共中央文献研究室. 新时期党和国家领导人论林业与生态建设[M]. 北京：中央文献出版社，2001：25-26.
② 中共中央文献研究室. 新时期党和国家领导人论林业与生态建设[M]. 北京：中央文献出版社，2001：138.

我们做了两百万套。我们得靠中央及上海、华东来帮助我们。我们应该检查一下，用水电，住房子有没有浪费？用纸浪费了没有？我们只有从各个方面提倡节约，才有前途，才是社会主义思想。"①邓小平在中共中央西南局驻重庆市各机关中共党员干部大会上的讲话中指出，要克服享乐思想，反对铺张浪费。他批评有的单位不爱护国家财产，把电灯、马桶、水管、家具等搞得乌七八糟，直到现在还未引起各机关的真正注意。各机关不仅有上述的物力浪费，由于编制和工作方式的不合理，还浪费着许多的人力。各机关早有整编节约之必要，应采取各地业已通行的集体办公制度，节约用房，减少冗员，省下人力开展农村工作。全体干部必须从长远利益出发，坚决克服享乐主义思想倾向，反对铺张浪费，一切为了克服困难与发展生产。

不仅如此，邓小平还提出通过提高产品质量、实现科学发展，以达到节约的目的。1975 年 8 月，邓小平就发展工业问题指出："抓好产品质量。质量第一是个重大政策。这也包括品种、规格在内。提高产品质量是最大的节约。在一定意义上说，质量好就等于数量多。质量好了，才能打开出口渠道或者扩大出口。要想在国际市场上有竞争能力，必须在产品质量上狠下功夫。"②他指出可以采取经济手段来提高节约意识。1980 年 5 月，邓小平与有关方面负责人谈编制长期规划问题。他说，应该考虑日本学者对我们编制长期规划提出的意见，其中之一就是"认为我们煤炭价格太低，石油的价格也低。这样，人们使用煤、油就不注意节约。要提高煤、油的价格，促使使用单位节约，这实际是保护能源的政策。他们还提出我们应该主要搞水电，水电建设虽然周期长一些，但不用煤，成本低，利润高"③。

此外，陈云也十分关注资源浪费问题，曾多次对这一问题作出批示。1979 年 6 月，在五届全国人大二次会议召开前夕，陈云致信李先念和姚依林，指出经

---

① 邓小平文集：一九四九——一九七四年（上卷）[M]. 北京：人民出版社，2014：15-16.
② 邓小平文选（第 2 卷）[M]. 北京：人民出版社，1994：30.
③ 中共中央文献研究室. 邓小平年谱：一九七五——一九九七（上）[M]. 北京：中央文献出版社，2004：637.

济建设必须尽早注意两个问题：一是"全国各地的水资源情况"，二是"工业污染问题"。他认为，这确是保证我国现代化建设能够持续发展、而在当时仍为人们忽视的两个根本性问题。对水资源，他还具体分析指出："农业要用水，工业要用水，人民生活要用水。有些地区水资源已很紧张，如天津、北京等地。今后工厂的设立必须注意到用水量。有些工厂因为矿藏关系只能在当地开办，有些工厂可以而且应该在有水的地方办。即使有水资源的工厂，也应该有节约用水的办法。"①

以邓小平同志为核心的党的第二代中央领导集体在反对资源浪费、提倡节约方面进行的实践探索，富有成效。一是在全社会营造了节约光荣、浪费可耻的良好社会风气，极大地提高了人们的节约意识。二是极大地缓解了我国资源浪费严重的局面。三是回答了在工业建设、农业建设等领域如何平衡发展生产与保护环境关系的重要命题，为实现可持续发展提供了有益指导。

除上述思想外，邓小平还提出了通过兴修水利工程、依靠人民群众等措施来保护生态环境。更重要的是，他把保护生态环境上升到基本国策的高度，强调正确处理人与自然的关系，强调生态环境对经济建设、社会发展、人民群众的生活质量和子孙后代的利益的重要性。以邓小平为核心的党的第二代中央领导集体在生态文明建设的实践探索，标志着中国特色社会主义生态文明建设道路逐步形成。

三、以江泽民同志为核心的党的第三代中央领导集体的实践深化

进入 20 世纪 90 年代，我国经济进入一个迅猛增长的阶段，现代化进程不断加快。在全球生态环境恶化的国际背景下，随着工业化进程的不断加快、城市化进程的不断推进，我国在经济方面取得成就的同时，粗放型的经济增长方式和生产模式也使资源日渐枯竭、污染日益加重，土地退化、植被破坏等生态环境问题

---

① 陈云. 陈云文选(第3卷)[M]. 北京：人民出版社，1995：263.

日益突出，严重危害了我国的可持续发展。面对如何在促进我国经济社会又好又快发展的同时解决生态环境问题，以江泽民同志为核心的党的第三代中央领导集体进行了卓有成效的实践探索。

(一)关于推进可持续发展战略的实践深化

20 世纪 90 年代以来，在西方发达国家现代化深入推进、取得巨大成就的同时，环境恶化和社会贫富差距拉大成为其面临的两个最为棘手的问题。工业革命后带来的机器大工业生产及其创造的欣欣向荣的美好景象与环境污染现状之间形成强烈反差，人们不得不开始反思当前的发展模式。在国内，20 世纪 90 年代到 21 世纪中叶，是中国实现现代化建设"三步走"战略目标的关键时期。首先，20 世纪 90 年代开始，我国工业化迅速发展，而此时生产方式仍然以"高投入、高消耗、高污染"为主，能源结构以煤炭等对环境污染较为严重的化石燃料为主，水污染、土地污染和城市环境污染是最主要的污染问题。其次，长期以来对工业的侧重发展，使得我国煤炭、石油等资源消耗量巨大，资源短缺问题十分明显。最后，尽管长期的计划生育政策使我国人口增速放缓，人口资源矛盾得到有效缓解，但仍然迎来了新中国成立以来的第三次人口生育高峰。特别是城市化迅速提高，大量农村劳动力向城市涌进，城市环境面临巨大压力。在巨大的生态环境压力面前，如何保证经济增长、社会稳定发展，成为摆在我们面前的紧迫难题。

1992 年 6 月，联合国环境与发展大会在巴西里约热内卢举行。在这次大会上，来自世界 178 个国家和地区的领导人通过了《21 世纪议程》《气候变化框架公约》等一系列文件。其中，《21 世纪议程》是人类在环境保护与可持续发展之间作出的选择和行动方案，提供了世界在 21 世纪可持续发展的行动蓝图。按照联合国环境与发展大会精神，根据我国具体情况，外交部、国家环保局拟定了《关于出席联合国环境与发展大会的情况及有关对策的报告》。1992 年 8 月 10 日，中共中央办公厅、国务院办公厅转发外交部、国家环保局《关于出席联合国环境与发展大会的情况及有关对策的报告》。该《报告》认为，我国正处在扩大改革开放、加快经济发展的新时期，尤其需要处理好环境与发展关系。进行社会主义现代化建设，必须坚持两个文明一起抓，这是区别于其他社会经济发展形态的重要标志。环境保护作为社会主义物质文明和精神文明的重要内容，必须与经济建设同步发展。该《报告》提出了《我国环境与发展十大对策》，这十大对策是：实行持续发展战略；采取有效措施，防治工业污染；深入开展城市环境综合整治，认真治理城市"四害"；提高能源利用效率，改善能源结构；推广生态农业，坚持不懈地植树造林，切实加强对生物多样性的保护；大力推进科技进步，加强环境科学研究；积极发展环保产业，运用经济手段保护环境；加强环境教育，不断提高全民族的环境意识；健全环境法制，强化环境管理；参照环境与发展大会的精神，制订我国行动计划。

放在十大对策首位的是实行持续发展战略。《我国环境与发展十大对策》指出："目前，我国经济发展基本上仍然沿用着以大量消耗资源和粗放经营为特征的传统发展模式，这种模式不仅会造成对环境的极大损害，而且使发展本身难以持久，因此，转变发展战略，走持续发展道路，是加速我国经济发展、解决环境问题的正确选择。"根据世界环境与发展大会《21世纪议程》，1994年3月25日，国务院第十六次常务会议上讨论通过了《中国21世纪议程》，制定了中国可持续发展全面性融入的纲领性文件。这是世界上第一个国家级可持续发展战略，构筑了一个综合性的、长期的、渐进的可持续发展战略框架和相应的对策，是中国走向21世纪和争取美好未来的新起点。该《议程》指出："可持续发展的前提是发展，既要满足当代人的基本需求，又不危害子孙后代满足其需求的能力。中国现阶段必须保持较快的经济增长速度，并逐步改善增长质量；谋求社会的可持续发展；加强环境保护，经济、社会发展要与资源与环境的承载能力相适应，才能逐步实现中国人口、经济、社会、资源与环境的协调发展。"以此为前提，我国确立了实现可持续发展的主要对策："以经济建设为中心，深化改革开放，建立和完善社会主义市场经济体制；加强能力建设，完善可持续发展的经济、社会、法律体系及综合决策机制；实行计划生育，控制人口数量，提高人口素质，改善人口结构；因地制宜地推广可持续农业技术；调整产业结构与布局，实施清洁生产，推动资源合理利用；开发清洁煤技术，大力发展可再生和清洁能源；加速改善城乡居民居住环境；实施重大环境污染控制项目；认真履行中国加入的全球环境与发展方面的各项公约，不懈地致力于全球环境问题的解决。"

1995 年 9 月 28 日，江泽民在党的十五届五中全会闭幕会发表以《正确处理社会主义现代化建设中的若干重大关系》为题的重要讲话。他指出，在推进社会主义现代化建设的进程中，必须处理好十二个带有全局性的重大关系，即：改革、发展、稳定的关系；速度和效益的关系；经济建设和人口、资源、环境的关系；第一、二、三产业的关系；东部地区和中西部地区的关系；市场机制和宏观调控的关系；公有制经济和其他经济成分的关系；收入分配中国家、企业和个人的关系；扩大对外开放和坚持自力更生的关系；中央和地方的关系；国防建设和经济建设的关系；物质文明建设和精神文明建设的关系。这十二个带有全局性的重大关系，实质上就是回答了关于社会主义"怎样发展"的问题。其中，经济建设和人口、资源、环境的关系放在十二个关系中的第三位，江泽民指出："在现代化建设中，必须把实现可持续发展作为一个重大战略。要把控制人口、节约资源、保护环境放到重要位置，使人口增长与社会生产力发展相适应，使经济建设与资源、环境相协调，实现良性循环。必须坚定不移地执行计划生育的基本国策，严格控制人口数量增长，大力提高人口质量……今后，随着人口的增加和经济的发展，对资源总量的需求更多，环境保护的难度更大。必须切实保护资源和环境，不仅要安排好当前的发展，还要为子孙后代着想，决不能吃祖宗饭、断子孙路，走浪费资源和先污染、后治理的路子。要根据我国国情，选择有利于节约资源和保护环境的产业结构和消费方式。坚持资源开发和节约并举，克服各种浪费现象。综合利用资源，加强污染治理。"①

1996 年 3 月 17 日，第八次全国人民代表大会第四次会议审议并正式通过

① 中共中央文献研究室. 改革开放三十年重要文献选编（上）[M]. 北京：中央文献出版社，2008：822.

《中华人民共和国国民经济和社会发展"九五"计划和 2010 年远景目标纲要》，把实施可持续发展作为现代化建设的一项重大战略写入纲要之中。1996 年 7 月，第四次全国环境保护会议召开，江泽民在此次会议上进一步对可持续发展作出指示。他指出：经济发展，必须与人口、资源、环境统筹考虑，不仅要安排好当前的发展，还要为子孙后代着想，为未来的发展创造更好的条件，决不能走浪费资源和先污染后治理的路子，更不能吃祖宗饭、断子孙路；控制人口增长，保护生态环境，是全党全国人民必须长期坚持的基本国策；环境意识和环境质量如何，是衡量一个国家和民族的文明程度的一个重要标志；各级党委和政府要把环境保护工作摆上重要议事日程，每年要听取环保工作的汇报，及时研究和解决出现的问题，这要成为一项制度。[①] 1997 年 9 月，中国共产党第十五次全国代表大会召开，江泽民同志作了题为《高举邓小平理论伟大旗帜，把建设有中国特色社会主义事业全面推向二十一世纪》的报告。在报告中，他强调："我国是人口众多、资源相对不足的国家，在现代化建设中必须实施可持续发展战略。坚持计划生育和保护环境的基本国策，正确处理经济发展同人口、资源、环境的关系。资源开发和节约并举，把节约放在首位，提高资源利用效率。统筹规划国土资源开发和整治，严格执行土地、水、森林、矿产、海洋等资源管理和保护的法律。实施资源有偿使用制度。加强对环境污染的治理，植树种草，搞好水土保持，防治荒漠化，改善生态环境。控制人口增长，提高人口素质，重视人口老龄化问题。"[②]

2002 年 11 月，江泽民在党的十六大上，将实施可持续发展战略纳入十三年来我们对什么是社会主义、怎样建设社会主义，建设什么样的党、怎样建设党的认识积累下来的十条基本经验中。他指出："发展要有新思路。坚持扩大内需的方针，实施科教兴国和可持续发展战略，实现速度和结构、质量、效益相统一，经济发展和人口、资源、环境相协调。在经济发展的基础上，促进社会全面进

---

① 中共中央文献研究室. 改革开放三十年重要文献选编（上）[M]. 北京：中央文献出版社，2008：855-857.

② 中共中央文献研究室. 改革开放三十年重要文献选编（下）[M]. 北京：中央文献出版社，2008：905.

步，不断提高人民生活水平，保证人民共享发展成果。"①同时，他还把可持续发展战略纳入全面建设小康社会目标中，他指出："可持续发展能力不断增强，生态环境得到改善，资源利用效率显著提高，促进人与自然的和谐，推动整个社会走上生产发展、生活富裕、生态良好的文明发展道路。"②

以江泽民同志为核心的党的第三代中央领导集体，顺应国际大势，研判国内实际情况，把生态文明建设摆在更加突出的位置，将可持续发展战略上升为今后工作的一项重大战略深入推进，深刻回答了"如何发展"的问题，使中国特色社会主义环境保护事业得到进一步发展。

(二)关于推进西部大开发战略的实践探索

"西部大开发"是我国进入 21 世纪，以江泽民同志为核心的党的第三代中央领导集体作出的一项关系我国现代化建设全局的重大决策，它继承了前两代领导集体关于区域协调发展的思考，目的是把东部沿海地区的剩余经济发展能力，用以提高西部地区的经济和社会发展水平、巩固国防。2000 年 1 月，国务院成立了西部地区开发领导小组，由时任国务院总理朱镕基担任组长，时任国务院副总理温家宝担任副组长。经过全国人民代表大会审议通过之后，国务院西部开发办于2000 年 3 月正式开始运作。

早在 1995 年 9 月 28 日，江泽民在党的十五届五中全会闭幕会发表的以《正确处理社会主义现代化建设中的若干重大关系》为题的重要讲话中指出："改革开放十七年来，东部地区和中西部地区经济都取得了历史上前所未有的大发展。东部地区由于有较好的经济基础和有利的地理环境，加上国家政策上的一些支持，发展比中西部地区更快一些。对于东部地区与中西部地区经济发展中出现的差距扩大问题，必须认真对待，正确处理。要以邓小平同志关于让一部分地区一部分人先富起来、逐步实现共同富裕的战略思想来统一全党的认识。实现共同富

---

① 江泽民文选(第3卷)[M]. 北京：人民出版社，2006：533-534.
② 江泽民文选(第3卷)[M]. 北京：人民出版社，2006：544.

裕是社会主义的根本原则和本质特征，绝不能动摇。要用历史的辩证的观点，认识和处理地区差距问题。一是要看到各个地区发展不平衡是一个长期的历史的现象。二是要高度重视和采取有效措施正确解决地区差距问题。三是解决地区差距问题需要一个过程。应该把缩小地区差距作为一条长期坚持的重要方针。"①他进一步指出："解决地区发展差距，坚持区域经济协调发展，是今后改革和发展的一项战略任务。从'九五'计划开始，要更加重视支持中西部地区经济的发展，逐步加大解决地区差距继续扩大趋势的力度，积极朝着缩小差距的方向努力。中西部地区要适应发展市场经济的要求，加快改革开放步伐，充分发挥资源优势，积极发展优势产业和产品，使资源优势逐步变为经济优势。……进一步发挥经济特区、沿海开放城市和开放地带在改革和发展中的示范、辐射、带动作用。同时，东部地区要通过多种形式帮助中西部欠发达地区和民族地区发展经济，促进地区经济协调发展。"②

随后，以江泽民同志为核心的党的第三代中央领导集体经过仔细权衡、广泛调研、科学规划，将西部大开发战略实施提上日程。2000年1月，国务院西部地区开发领导小组召开西部地区开发会议，研究加快西部地区发展的基本思路和战略任务，部署实施西部大开发的重点工作。2000年1月13日，中共中央、国务院印发《关于转发国家发展计划委员会〈关于实施西部大开发战略初步设想的汇报〉的通知》（中发〔2000〕2号文件）。这一文件阐明了西部大开发的重大意义、指导思想、重点任务、政策措施，成为指导西部大开发的纲领性文件。2000年10月，中共十五届五中全会通过的《中共中央关于制定国民经济和社会发展第十个五年计划的建议》，发行长期国债14亿元，把实施西部大开发、促进地区协调发展作为一项战略任务并强调：实施西部大开发战略、加快中西部地区发展，关系经济发展、民族团结、社会稳定，关系地区协调发展和最终实现共同富裕，是实现第三步战略目标的重大举措。2001年3月，九届全国人大四次会议通过的

---

① 江泽民文选(第1卷)[M]. 北京：人民出版社，2006：465-466.
② 江泽民文选(第1卷)[M]. 北京：人民出版社，2006：466-467.

《中华人民共和国国民经济和社会发展第十个五年计划纲要》对实施西部大开发战略再次进行了具体部署。

西部大开发战略作为一项关系我国现代化建设全局的重大战略，其中如何在实施过程中加强生态环境建设也是一个重大课题。1999年6月17日，江泽民在西北五省区国有企业改革和发展座谈会上，就加快开发西部地区发表重要讲话，他指出，"在古代历史上，西部地区的自然环境曾经有过比较良好的时期"①。唐代诗人王维曾经写道："渭城朝雨浥轻尘，客舍青青柳色新。劝君更尽一杯酒，西出阳关无故人。"这首诗描绘的就是当时西北的自然风光。但是，由于千百年来多少次战乱、多少次自然灾害和各种人为的原因，西部地区自然环境不断恶化，特别是水资源短缺，水土流失严重，生态环境越来越恶劣，荒漠化年复一年地加剧，并不断向东推进。这不仅对西部地区，而且对其他地区的经济社会发展也带来了不利影响。连人的生存都发生严重困难，经济发展和社会进步就更谈不上了。因此，改善生态环境，是西部地区开发建设必须首先研究解决的一个重大课题。加快开发西部地区，就可以集中和调动全国更多力量投入这项关系中华民族发展前途的宏大事业中去。搞水的搞水，种草的种草，栽树的栽树，修路的修路，那就会很快呈现出一派生机盎然的景象。如果不从现在起努力使生态环境有一个明显改善，在西部地区实现可持续发展战略就会落空，而且我们中华民族的生存和发展条件也将受到越来越严重的威胁。1999年8月5日至9日，朱镕基在陕西省考察治理水土流失、改善生态环境和黄河防汛工作时强调，黄河中上游各省区要解放思想，采取退耕还林（草）、封山绿化、个体承包、以粮代赈的措施，动员广大人民群众，大搞植树种草，改善生态环境，为根治黄河奠基，为子孙后代造福。2000年1月19日，国务院召开西部地区开发会议，朱镕基总理在座谈会上强调，西部大开发不能只看经济效益，还要看社会效益。加强西部地区的基础设施和生态环境建设，对改善全国的投资环境和生态环境都是很重要的，有利

---

① 中共中央文献研究室. 改革开放三十年重要文献选编（下）［M］. 北京：人民出版社，2008：1023.

于促进全国经济与社会协调发展。2002年4月，江泽民主持召开六省区西部大开发工作座谈会时谈道：力争用五到十年的时间，使西部地区基础设施和生态环境建设取得突破性进展；要把水资源的开发利用和节约保护放在基础设施建设的首位，加强节水工程和大型水利设施的建设和管理，对全流域水资源实行统筹保护和合理配置，推进水资源的综合开发和利用；要认真搞好天然林保护、防沙治沙和退耕还林等重点工程，注意把退耕还林还草与农田基本建设、农村能源建设、生态移民、农牧业结构调整结合起来。

具体来看，西部大开发所涉及地区的生态环境面临以下问题。首先，西部地区作为我国重要的生态屏障和自然资源储备区，也是生态脆弱区。我国5个典型的脆弱生态区——北方半干旱农牧交错带、西北干旱绿洲边缘带、西南干热河谷地区和石灰岩山地地区、青藏高原全部位于西部地区。在这些地区，水生生态系统严重失调，植被日益减少，水土流失严重，土地荒漠化、草原沙化进程加快，自然灾害频发。其次，长期以来，西部地区生产方式落后，往往依靠对矿产资源和能源的大规模开采以获取利益，以能源矿产资源的开发与初级加工为主导产业，能源及化学工业所占比重较大，形成了高度依赖资源、却对环境危害巨大的经济体系。长期高强度的资源开发，使西部地区的生态环境受到巨大破坏。最后，长期高强度的资源开发，加速消耗了西部地区的资源优势，资源短缺与枯竭问题严重。以上三点特征不仅制约了西部地区经济社会的可持续发展，而且使国家生态安全受到严重威胁。

针对西部地区生态环境所面临的具体问题，国家在实施西部大开发战略时着重采取了以下措施，改善西部生态环境，推进西部地区生态文明建设。

首先，实施退耕还林工程。退耕还林就是从保护和改善生态环境出发，对易造成水土流失的坡耕地有计划、有步骤地停止耕种，按照适地适树的原则，因地制宜地植树造林，恢复森林植被。退耕还林工程建设包括两个方面的内容：一是坡耕地退耕还林；二是宜林荒山荒地造林。特别是鉴于西部地区生态环境改善对于全国可持续发展具有重要意义，党中央、国务院决定把西部地区作为实施退耕还林工程的试点。1999 年，四川、陕西、甘肃三省率先开展了退耕还林试点，由此揭开了我国退耕还林的序幕。2002 年 1 月 10 日，国务院西部开发办公室召开退耕还林工作电视电话会议，确定全面启动退耕还林工程。同年 4 月 11 日。国务院发出《关于进一步完善退耕还林政策措施的若干意见》。此后，党中央始终把退耕还林工程作为改善生态环境的一项重要工程深入推进，退耕还林工程成为中国乃至世界上投资最大、政策性最强、涉及面最广、群众参与程度最高的一项重大生态工程。截至 2017 年，全国退耕还林还草面积在 5 亿亩左右，西部地区森林覆盖率由 1999 年的 17.76% 增加到 27.06%，森林面积在全国占比由 48.26% 上升到 59.79%。

其次，实施天然林保护工程。1998 年特大洪水后，党中央、国务院当机立断，决定停止对长江上游、黄河上中游地区的天然林采伐，并开始试点天然林保护工程。2000 年 10 月，国务院批准天然林资源保护工程实施方案，全面推进天然林保护工程。工程范围初步确定为云南省、四川省、重庆市、贵州省、湖南省、湖北省、江西省、山西省、陕西省、甘肃省、青海省、宁夏回族自治区、新疆维吾尔自治区(含生产建设兵团)、内蒙古自治区、吉林省、黑龙江省(含大兴安岭)、海南省、河南省等 18 个省(区、市)的重点国有森工企业及长江、黄河中上游等地区生态地位重要的地方森工企业、采育场和以采伐天然林为经济支柱的国有林业局(场)、集体林场。到 2002 年，我国 65% 以上天然林得到有效保护，长江上游、黄河中上游全面停止了天然林商品性采伐，西部地区生态环境得到有效改善。

最后，实施生态功能区建设。2000 年 11 月 26 日，国务院印发《全国生态环境保护纲要》，该纲要提出要建立生态功能保护区。通过建立生态功能保护区，实施保护措施，防止生态环境的破坏和生态功能的退化。跨省域和重点流域、重点区域的重要生态功能区，建立国家级生态功能保护区；跨地(市)和县(市)的重要生态功能区，建立省级和地(市)级生态功能保护区。该纲要决定对生态功能保护区采取以下保护措施：停止一切导致生态功能继续退化的开发活动和其他人为破坏活动；停止一切产生严重环境污染的工程项目建设；严格控制人口增长，区内人口已超出承载能力的应采取必要的移民措施；改变粗放生产经营方式，走生态经济型发展道路，对已经被破坏的重要生态系统，要结合生态环境建设措施，认真组织重建与恢复，尽快遏制生态环境恶化趋势。2001年3月，国家环保总局确定我国首批国家级生态功能保护区建设试点。试点范围涉及9个省、自治区——内蒙古、黑龙江、江西、湖南、四川、陕西、甘肃、青海、新疆。其中，内蒙古、四川、陕西、甘肃、青海、新疆6个省、自治区都位于西部大开发的范围。生态功能区建设有选择地对西部地区予以重点保护，对于恢复西部地区生态自我修复能力，保护西部地区重要生态功能，防止和减轻自然灾害，协调流域及区域生态保护与经济社会发展，保障国家生态安全具有重要实践意义。

此外，国家还在加强重点流域、水域的污染综合治理，加强矿山地质环境恢复和综合治理，推进清洁生产、促进新型工业化等方面出台了各项具体措施，西部地区环境污染、资源浪费、资源枯竭等问题得到有效缓解和改善。

(三)关于综合治理人口问题的实践深化

进入20世纪90年代，我国人口问题已经成为制约可持续发展的首要问题。江泽民就指出："人口、资源、环境三者的关系，人口是关键。"①一方面，人口问题是关系全局的重大问题。就当时我国人口总量多、人口基数大、增长数量大的基本国情而言，人口问题具有突出重要性，要实现可持续发展，就必须科学解决人口问题。另一方面，人口问题与我国经济社会发展中出现的许多问题和矛盾紧密相关。其中，人口问题就直接造成巨大的资源环境压力，如资源短缺、水资源污染、土地荒漠化等问题。为此，没有对人口的合理控制，就很难实现人口与经济、社会、资源、环境等状况的协调发展，因而也就不能实现社会全面进步。

以江泽民同志为核心的党的第三代中央领导集体，秉持用发展的思路看待和

---

① 中共中央文献研究室. 江泽民论有中国特色社会主义(专题摘编)[M]. 北京：中央文献出版社，2002：289.

解决人口问题，不断完善我国关于综合解决人口问题的实践。

1990 年 12 月 30 日，党的十三届七中全会通过《中共中央关于制定国民经济和社会发展十年规划和"八五"计划的建议》，《建议》提出："实行计划生育，严格控制人口增长。"①"今后十年，争取年平均人口自然增长率控制在千分之十二点五以内。"②为确保完成这一指标，1991 年 5 月 12 日，中共中央、国务院作出《关于加强计划生育工作严格控制人口增长的决定》，明确规定："提倡晚婚晚育，少生优生；提倡一对夫妇只生育一个孩子。国家干部和职工、城镇居民除有特殊情况经过批准可以生第二个孩子外，一对夫妇只生育一个孩子。农村也要提倡一对夫妇只生育一个孩子，某些群众确有实际困难，经过批准可以间隔几年以后生第二个孩子。为了提高少数民族地区的经济文化水平和民族素质，在少数民族中也要实行计划生育，具体要求和做法由各自治区或所在省决定。"③

不仅如此，党中央、国务院在强调控制人口数量的同时，还高度重视人口素质的提高。1995 年 1 月，国务院批转国家计生委《中国计划生育工作纲要(1995—2000年)》，《纲要》指出："计划生育工作的主要目标是：到二〇〇〇年，人口自然增长率降到千分之十以下；到一九九五年末，全国总人口(不包括台湾)控制在十二亿三千万以内，到二〇〇〇年，控制在十三亿以内。在严格控制人口增长，把人口规模控制在合理范围内的同时，人口素质有比较明显的提高。逐步形成具有中国特色的、适应社会主义市场经济需要的人口与计划生育工作机制。"④

中共中央、国务院高度重视人口问题，还将人口问题作为国民经济和社会发展总体规划的重要组成部分列入议事日程。从 1991 年起，中央每年在两会期间召开计划生育工作座谈会，研究分析重大问题，制定重大决策和措施。从 1997年起，将环境保护纳入会议议程，每年召开中央计划生育和环境保护工作座谈会。从 1999 年起，又将资源利用管理工作纳入会议议程，会议名称改为中央人

---

① 中共中央文献研究室. 十三大以来重要文献选编(中)[M]. 北京：人民出版社，1991：1403.
② 中共中央文献研究室. 十三大以来重要文献选编(中)[M]. 北京：人民出版社，1991：1403-1404.
③ 中共中央文献研究室. 十三大以来重要文献选编(中)[M]. 北京：人民出版社，1991：1565-1566.
④ 中共中央文献研究室. 十四大以来重要文献选编(中)[M]. 北京：人民出版社，1997：1162.

口资源环境工作座谈会。江泽民每年都要在座谈会上讲话，分析人口与计划生育工作面临的形势，对人口与计划生育工作做出部署。他反复强调，人口与计划生育是一项难度相当大的工作，要把人口与计划生育工作放到更加突出的位置，常抓不懈。江泽民指出："各级党委和政府特别是主要领导干部，要从战略和全局的高度充分认识人口和计划生育工作的重要性、长期性、艰巨性，始终坚持发展经济和控制人口两手抓。"①1995 年 9 月党的十四届五中全会通过的《中共中央关于国民经济和社会发展"九五"计划和 2010 年远景目标的建议》重申"必须坚定不移地贯彻执行计划生育的基本国策"，强调"严格控制人口增长，提高人口质量"。② 1998 年，中央原则同意国家计生委提出的到 20 世纪末和 21 世纪中叶我国人口与计划生育工作的奋斗目标。这个目标是：2000 年人口总数控制在 13 亿以内，2010 年人口总数控制在 14 亿以内，2021 年人口增长进一步得到控制，21 世纪中叶全国人口总量在达到峰值后缓慢下降。

2001 年 12 月 29 日，九届全国人大常委会第二十五次会议审议通过《中华人民共和国人口与计划生育法》，它是我国人口与计划生育工作领域的一部基本法律。它以国家法律的形式确立了计划生育基本国策的地位，将具有中国特色综合治理人口问题的成功经验上升为国家的法律制度，把国家推行计划生育的基本方针、政策、制度、措施以法律形式固定下来，为进一步做好人口与计划生育工作提供了法律依据。

由于党中央、国务院高度重视人口与计划生育工作，制定并实施一系列符合我国人口国情的政策措施，1998 年，我国人口自然增长率从 1970 年的 2.58% 下降到 0.91%，提前两年实现《中国计划生育工作纲要》中提出的"到 2000 年，人口自然增长率降到 1% 以下"的目标。我国人口与计划生育事业取得了巨大成就，人口过快增长的势头得到有效控制。实行计划生育以来，全国累计少生 3 亿多人，缓解了人口过多对资源、环境和经济社会发展的压力，促进了人民生活水平

---

① 江泽民文选(第 3 卷)[M]. 北京：人民出版社，2006：464.
② 中共中央文献研究室. 十四大以来重要文献选编(中)[M]. 北京：人民出版社，1997：1502.

提高。同时，一系列统计数据表明，我国人口再生产类型实现了从高出生、低死亡、高增长到低出生、低死亡、低增长的历史性转变，我国已进入了世界低生育水平国家的行列。在第三世界人口大国中，我国是唯一实现这一目标的国家。我国在经济不发达的情况下，用较短的时间实现了人口再生产类型的历史性转变，走完了一些发达国家数十年乃至上百年才走完的行程。我国为稳定世界人口作出了积极贡献，在国际社会树立了负责任人口大国的良好形象。

（四）关于污染防治的实践探索

长期以来，广大发展中国家始终处于产业链中下游，西方发达国家将能耗高、污染重的产业转移到发展中国家，使发展中国家陷入发展和污染的两难境地，一部分发展中国家走上了边污染、边治理的道路。我国作为最大的发展中国家，在推进现代化建设中，如何在经济发展的同时解决污染问题，已经成为一个绕不开并亟待解决的问题。1992 年，我国正式确立市场经济体制改革的目标。随着市场经济迅速发展，环境保护遇到了更多棘手的新问题。为此，对于如何在新形势下，确立科学有效的污染防治思路，以江泽民同志为核心的党的第三代中央领导集体做出了开创性探索。

1993 年 10 月 22 日至 25 日，第二次全国工业污染防治工作会议召开。会议总结了过去十年来我国工业污染防治工作的成绩、经验和存在的问题，分析了当前工业污染面临的形势。会议认为，当前国际社会对环境保护提出了更高更严的要求，我国部分工业企业由于工艺装备落后，沿用的是传统的、粗放型的生产经营方式，还有很大差距。必须抓住机遇，迎接挑战，做好工业污染防治工作，努力改善生产和生活环境，促进环境与经济协调发展。会议提出，工业污染防治要在指导思想上实现"三个转变"，即：从侧重于污染的末端治理，转变为工业生产全过程控制；由重浓度控制转变为浓度控制与总量控制相结合；由重分散的点源治理转变为分散治理和集中控制相结合。提出"三个转变"，标志着我国环境保护、污染防治的思路已经发生了战略性、方向性、历史性的转变。"三个转变"具体表现为：

(1)在污染防治基本战略上，从侧重于污染的末端治理转变为工业生产全过程控制。由于单纯的末端治理只注重环境而不注重经济效益，往往被企业视为额外负担而处于被动状态。因此，必须把立足点放到全过程控制污染上来，通过节能、降耗减少污染，取得事半功倍的效果。

(2)在污染物排放控制上，由重浓度控制转变为浓度控制与总量控制相结合。以往，我国采取的是依照污染物浓度排放标准来控制污染。浓度控制在污染防治方面起到了一定的效果，但控制不住污染物排放总量的增加，因而不能有效地改善区域环境质量。因此，必须实行浓度与总量的双轨控制，使污染物总量逐步削减，从而使区域和流域的环境质量得到改善。

(3)在污染治理方式上，由重分散的点源治理转变为分散治理和集中控制相结合。点源治理是以单一分散污染源为主要控制对象的一种污染治理模式。20世纪70至80年代，中国推行"谁污染、谁治理"的环境保护政策和"三同时"等环境管理制度的着力点主要在于点源控制。分散的点源治理对难降解、不宜集中处理的污染物是十分必要的，但不能发挥规模效益，也难以解决区域性、行业性的污染问题，难以发挥企业与企业之间、企业与社会之间在防治污染方面的综合能力，而实行集中控制和分散治理相结合，有利于采取新的技术设备，实行社会化组织、企业化管理，充分发挥环境污染治理资金的规模效益。

以上这三个转变虽然是针对工业污染防治而提出的，但它包含、反映了污染防治的普遍性规律，因此一经提出，就在各行业、各地区、各部门得到广泛推广和应用，成为指导环境保护工作、解决环境污染问题的总体思路。

在源头和全过程治理方面，我国实施环境与发展综合决策，努力从决策的源头和全过程实现经济发展与环境保护协调发展，从源头控制污染的产生。在制定重大经济和社会发展政策，规划重要资源开发和确定重要项目时，从促进发展与保护环境相统一的角度审议其利弊，并提出相应对策；在试点的基础上全面推行清洁生产，最大限度地提高资源利用率，实现节能、降耗、减污、增效。将环保产业作为重点发展产业推进，促进环保机械设备制造、自然保护开发经营、环境工程建设、环境保护服务等迅速发展。

在污染物控制方面，1997 年 6 月，国家环境保护总局发布《"九五"期间全国主要污染物排放总量控制实施方案（试行）》，《方案》指出："各地、市根据省分解下达的总量控制指标，按照污染物的不同来源，核定分配污染源排放总量控制指标。对于生活和低空无组织的污染源排放总量控制指标的分配，应依据城市环境保护总体规划，通过集中控制措施、加强城市基础设施建设和进行城市环境综合整治下达落实。对于工业污染源排放总量控制指标的分配，应依据污染源所在的区域环境功能、所属行业的污染物排放标准，在排污申报登记和清洁生产审核的基础上，进行总量核定，分配下达企业允许排污总量指标。"《方案》还进一步明确了污染物达标排放的监督管理，要求各省、自治区、直辖市环保部门应根据企业的排污状况制订达标排放计划，提出达标措施，由人民政府批准实施，并报国家环保局备案。

各级政府环保部门应会同计划、经济部门和行业主管部门对限期达标项目进行监督检查，确保 2000 年所有污染源达标排放。对不能按计划达标的企业，要坚决予以"关、停、禁、改、转"。此外，还对环境质量的监督管理、建设项目排污总量的监督管理、"十五小"的监督管理、进一步加强环境管理基础工作、充分发挥行业主管部门的作用等方面提出了具体要求。

在区域治理方面，1996 年，八届人大四次会议通过的《国民经济和社会发展"九五"计划和 2010 年远景目标纲要》提出要重点治理淮河、海河、辽河，太湖、巢湖、滇池和酸雨控制区、二氧化硫控制区的污染。这就是"三湖三河两区"。1997 年 3 月，江泽民在中央计划生育和环境保护工作座谈会上指出，要加强"三河""三湖""两区"的污染防治，各级党委和政府要从人力、财力、物力上给予大力支持，确保环保任务的顺利完成。随后，国务院《关于环境保护若干问题的决定》中，对"三河""三湖"治理提出了明确的目标要求。1998 年 1 月，国务院批复了"两控区"（二氧化硫控制区和酸雨控制区）划分方案，并提出了"两控区"二氧化硫和酸雨的控制目标，此后全国 100 多个城市陆续制订了地方二氧化硫污染防治计划。1998 年 5 月，国务院将"一市"（北京市）作为国家重点污染治理的城市。1999 年 4 月，国务院将"一海"（渤海）纳入全国环境保护工作的重点。2001 年国务院批复我国首个跨部门跨省市的海洋环境综合治理计划《渤海碧海行动计划》。根据实际，我国重点对"三河""三湖""两控区""一市""一海"进行了综合治理，由此形成了我国环境保护工作的重点领域，即"33211"工程。

（五）关于推进生态法制建设的实践深化

市场经济迅速发展，如何在经济发展过程中，使得生态文明建设有法可依，是党的第三代中央领导集体十分重视的问题。正如江泽民所说："人口、资源、环境工作要切实纳入依法治理的轨道。"[①]

首先，将生态制度建设的重要内容上升为基本国策。

1982 年中共十二大报告中明确指出：在中国经济和社会的发展中，人口问题始终是极为重要的问题。实行计划生育是中国的一项基本国策。1983 年时任国务院副总理的李鹏在全国环境保护大会上宣布"环境保护是中国现代化建设中的一项战略任务是一项基本国策"，并在 1990 年《国务院关于进一步加强环境保护工作的决定》文件中明确规定：保护和改善生产环境与生态环境、防治污染和其他公害是中国的一项基本国策。这一时期，将生态制度建设的重要内容上升为基本国策，表明了党和国家对于生态建设的高度重视，同时也为生态制度的构建和完善提供了明确方向。

其次，针对当前发展情况制定并落实环境保护规划。

江泽民认为，要使环境保护与经济发展相协调，必须将环境保护的目标及其实施措施纳入国民经济和社会发展计划。他认为，各级政府和有关部门一定要把环境保护目标纳入经济和社会发展年度计划和中长期规划，确定重大建设项目要同时制定保护环境的对策措施。1996 年国务院召开的第四次全国环境保护会议

---

① 江泽民文选（第 3 卷）[M]. 北京：人民出版社，2006：468.

提出，保护环境是实施可持续发展战略的关键。该会议上，国务院做出了《关于加强环境保护若干问题的决定》，明确了跨世纪环境保护工作的目标、任务和措施，确定了坚持污染防治和生态保护并重的方针，为跨世纪环境保护工作制定了总体规划。这次会议确定实施《污染物排放总量控制计划》和《跨世纪绿色工程规划》两大举措。全国开始展开大规模的重点城市、流域、区域、海域的污染防治及生态建设和保护工程。除此之外，党中央在不同时间段，针对不同生态问题，提出和制定了不同规划，并积极落实如《国家环境保护"九五"计划和 2010 年远景目标》《全国生态环境建设规划》等。

再次，进一步健全生态领域法律法规、完善生态领域法律体系，将人口、资源环境工作纳入依法治理之中。

1994 年我国政府发布的《中国 21 世纪议程——中国 21 世纪人口、环境与发展白皮书》提出了如何实现人口、资源、环境和社会的协调发展，谈到了我国面对环境发展问题的总体战略性思路和方法论。要实现中国社会的可持续发展，就必须做到人口、资源、环境的协调发展和平衡，使人口、资源、环境和经济彼此推动，达到四者的良性循环。2001 年在中央人口资源环境工作座谈会上，江泽民强调要加强人口、资源、环境方面的立法和执法工作，涉及人口、资源、环境的法律法规已颁布的要坚决执行，正在制定、尚未颁布的要加快进程，需要制定的要加紧规划。基于马克思主义唯物辩证法中"事物是不断发展变化的"原理，在依法治国的方略下，江泽民强调要不断完善社会主义市场经济条件下的环境保护法律体系，为强化环境保护工作提供强有力的法律武器。同时，根据时代的发展，对环境保护相关法律依据当下的实际状况而做出调整，在前两代中央领导集体制定的环境保护法律体系的基础上，作了进一步更新与完善，制定和修改了《中华人民共和国人口与计划生育法》《中华人民共和国环境保护法》《中华人民共和国大气污染防治法》《中华人民共和国森林法》《中华人民共和国海洋环境保护法》《中华人民共和国水污染防治法》等一系列法律，并在《中华人民共和国刑法》中增加了"破坏环境和资源保护罪"。

最后，加强生态管理和生态执法队伍建设。

　　以江泽民同志为核心的党的第三代中央领导集体基本保留了前两代中央领导集体设立的环境保护行政管理机构，在此基础上进行改革完善。对于执法队伍建设，江泽民提出了严格的要求。领导干部要带头学法、知法、懂法，努力做遵守法律法规的模范，要支持和督促有关部门严格执法，绝不能知法犯法、干扰甚至阻挠有关部门依法行政，要带头遵守有关环境保护的法律法规，必须加强环境保护的法律法规并为环保部门严格执法撑腰；对于破坏环境尤其是随意开发利用资源、只污染不治理的行为，我国有关机构要切实依据法律进行惩处，绝不能姑息放纵。除此之外，江泽民还提出"要加强人口、资源、环境方面的法制宣传教育，普及有关法律知识，使企事业单位和广大群众自觉守法"①。

　　以江泽民同志为核心的党的第三代中央领导集体继承和发展了前两代中央领导集体生态文明建设的思想，结合国际生态新思潮和新主张，根据中国具体国情中出现的新情况、新问题，因时制宜，将生态环境保护上升到执政兴国、社会主义现代化建设和可持续发展的高度，为实现人口、资源、环境协调发展积累了宝贵的实践经验，中国特色社会主义环境保护事业得到更进一步发展。

四、以胡锦涛同志为总书记的党中央领导集体的实践发展

　　以胡锦涛同志为总书记的党中央领导集体继承和发展可持续发展思想，进一步立足中国具体国情、总结中国发展实践、借鉴国外发展经验、适应中国发展需求，提出了科学发展观这一重大战略思想。科学发展观进一步回答了实现什么样的发展、怎样发展等重大问题，体现了我们党对共产党执政规律、社会主义建设规律、人类社会发展规律认识的进一步深化。科学发展观将可持续发展上升到了科学发展的战略高度，成为统领经济社会发展全局的重要指导方针。

　　科学发展观的第一要义是发展，核心是以人为本，基本要求是全面协调可持

---

① 江泽民文选(第3卷)[M]. 北京：人民出版社，2006：468.

续性，根本方法是统筹兼顾。其中，坚持走可持续发展道路，促进经济发展与人口、资源、环境协调发展是科学发展观的内在要求。科学发展观成为新时期环境保护的指导思想，以胡锦涛同志为总书记的党中央领导集体带领全国各族人民，以科学发展观为指导，在建设资源节约型、环境友好型社会，建设和谐社会等方面进行了广泛而深刻的实践探索。

（一）关于建设"两型社会"的实践探索

我国地大物博，资源总量丰富，但人均资源少。同时我国产业结构不均衡，第一产业中，农业基础设施和农业生产技术落后，第三产业比重仍然较小，第二产业比重大，但自主创新能力不足，高污染、高消耗的生产方式所占比例高。倘若不改变传统的经济增长方式，把资源节约、环境友好摆在经济发展的突出位置，经济发展将越来越受到资源和环境的制约，这也会直接影响到社会主义现代化建设和全面建设小康社会目标的顺利实现。为此，建设资源节约型、环境友好型社会已经成为实现可持续发展的紧迫任务。

2004 年 3 月 10 日，胡锦涛在中央人口资源环境工作座谈会上指出，要坚持用科学发展观来指导人口资源环境工作，牢固树立节约资源的观念。"要在资源开采、加工、运输、消费等环节建立全过程和全面节约的管理制度，建立资源节约型国民经济体系和资源节约型社会，逐步形成有利于节约资源和保护环境的产业结构和消费方式，依靠科技进步推进资源利用方式的根本转变，不断提高资源利用的经济、社会和生态效益，坚决遏制浪费资源、破坏资源的现象，实现资源的永续利用。"①同时，还要牢固树立保护环境的观念。"要彻底改变以牺牲环境、破坏资源为代价的粗放型增长方式，不能以牺牲环境为代价去换取一时的经济增长，不能以眼前发展损害长远利益，不能用局部发展损害全局利益。"②

2004 年 5 月 5 日，胡锦涛在江苏考察工作结束时讲话指出，要坚持实施可持续发展战略，促进经济发展和人口、资源、环境相协调。"要在资源开采、加工、

---

① 中共中央文献研究室. 十六大以来重要文献选编（上）[M]. 北京：中央文献出版社，2005：853.
② 中共中央文献研究室. 十六大以来重要文献选编（上）[M]. 北京：中央文献出版社，2005：853.

运输、消费等环节建立全过程和全面节约的管理制度，逐步形成有利于节约资源的产业结构和消费方式，构建资源节约型国民经济体系和资源节约型社会。"①

2005年3月12日，胡锦涛在中央人口资源环境工作座谈会上指出：要大力推进循环经济，建立资源节约型、环境友好型社会；大力宣传循环经济理念，加快制定循环经济促进法，加强循环经济试点工作，全方位、多层次推广适应建立资源节约型、环境友好型社会要求的生产生活方式。

2005年10月8日，温家宝作关于制定国民经济和社会发展第十一个五年规划建议的说明时，特别就《中共中央关于制定国民经济和社会发展第十一个五年规划的建议》中提出的"十一五"期末单位国内生产总值能源消耗比"十五"期末降低20%左右进行了说明，指出"这是针对资源环境约束日益加重的问题而提出的，突出体现了建设资源节约型、环境友好型社会和实现可持续发展的要求"②。他进一步指出："保持经济平稳较快发展，是要始终把握好的重大原则。科学发展观的实质，是实现又快又好地发展。解决我国一切问题的关键在于发展……同时，发展必须是科学的发展，注重提高经济增长的质量和效益，注重资源的节约和环境保护。如果忽视增长质量和效益，不惜浪费资源和破坏环境，片面追求一时的高速度，盲目扩大固定资产投资规模，这种经济发展是不能持续的，势必会造成大的起落。我们要正确把握经济发展趋势的变化，及时采取有力措施，妥善解决可能妨碍经济平稳较快发展的各种问题。"③最后，他还对"十一五"时期的主要任务作了说明，他强调推进经济结构调整和经济增长方式转变，要突出抓好三个方面。其中，第三点就是要"加快建设资源节约型、环境友好型社会。要把节约资源作为基本国策，大力发展循环经济，提高资源利用效率，加大环境治理力度，切实保护好自然生态。需要强调指出，随着我国工业化、城镇化的推进，资

---

① 中共中央文献研究室. 十六大以来重要文献选编（中）[M]. 北京：中央文献出版社，2006：70.

② 中共中央文献研究室. 十六大以来重要文献选编（中）[M]. 北京：中央文献出版社，2006：1049.

③ 中共中央文献研究室. 十六大以来重要文献选编（中）[M]. 北京：中央文献出版社，2006：1047-1048.

源和环境的约束还会加大，人民群众对生产生活环境质量的要求更高"①。党中央、国务院深刻意识到，环境对经济发展的约束越来越大，人民对良好生态环境的需求也越来越大，因此得出了"保护资源和环境，是难度很大而又必须切实解决好的一个重大课题"②的结论。

在十六届五中全会上，党中央正式提出了建设资源节约型、环境友好型社会的战略任务。2005 年 10 月 11 日，中共十六届五中全会正式通过了《中共中央关于制定国民经济和社会发展第十一个五年规划的建议》，该建议提出："必须加快转变经济增长方式。我国土地、淡水、能源、矿产资源和环境状况对经济发展已构成严重制约。要把节约资源作为基本国策，发展循环经济，保护生态环境，加快建设资源节约型、环境友好型社会，促进经济发展与人口、资源、环境相协调。推进国民经济和社会信息化，切实走新型工业化道路，坚持节约发展、清洁发展、安全发展，实现可持续发展。"该建议还明确指出，"十一五"期间，必须把经济结构调整和经济增长方式的转变作为关系全局的重大任务。要加快建设资源节约型、环境友好型社会。要把节约资源作为基本国策，大力发展循环经济，提高资源利用效率，加大环境治理力度，切实保护好自然生态。

2007 年 12 月 7 日，国务院正式批准武汉城市圈为"资源节约型和环境友好型社会建设综合配套改革试验区"。2008 年 9 月，《武汉城市圈资源节约型和环境友好型社会建设综合配套改革试验总体方案》获国务院批复。这一总体方案确定要创新体制机制，增强可持续发展能力，实现区域经济一体化，把武汉城市圈建设成为全国宜居的生态城市圈，重要的先进制造业基地、高新技术产业基地、优质农产品生产加工基地、现代服务业中心和综合交通运输枢纽，成为与沿海三大城市群相呼应、与周边城市群相对接的充满活力的区域性经济中心，成为全国"两型社会"建设的典型示范区。2008 年 12 月 14 日，《长株潭城市群综改方案》获得国务院正式批复。"长株潭城市群"将在"资源节约利用、环境保护、产业结

---

① 中共中央文献研究室. 十六大以来重要文献选编(中)[M]. 北京：中央文献出版社，2006：1051.
② 中共中央文献研究室. 十六大以来重要文献选编(中)[M]. 北京：中央文献出版社，2006：1051.

构优化升级、科技体制、土地管理、投融资体系、财税、对外经济、统筹城乡、行政管理体制"等十大重点改革领域展开综改试验。"资源节约型和环境友好型社会建设综合配套改革试验区"通过试验区形式，先行先试，积累经验，充分发挥了示范带头作用。

"资源节约型和环境友好型社会建设综合配套改革试验区"成立，标志着我国"两型社会"建设进入实质性阶段。为推动"两型社会"纵深发展，党中央、国务院积极开拓新思路，落实一系列制度安排。

首先，党中央、国务院对于"两型社会"制度体系建立进行了总体规划，提出"要把资源消耗、环境损害、生态效益纳入经济社会发展评价体系，建立体现生态文明要求的目标体系、考核办法、奖惩机制。建立国土空间开发保护制度，完善最严格的耕地保护制度、水资源管理制度、环境保护制度。深化资源性产品价格和税费改革，建立反映市场供求和资源稀缺程度、体现生态价值和代际补偿的资源有偿使用制度和生态补偿制度。积极开展节能量、碳排放权、排污权、水权交易试点。加强环境监管，健全生态环境保护责任追究制度和环境损害赔偿制度"①。党的十八大召开，胡锦涛明确指出，保护生态环境必须依靠制度。

其次，进一步调整生态领域相关行政管理机构。2008 年中国共产党第十七届中央委员会第二次全体会议通过了《关于深化行政管理体制改革的意见》。《意见》明确规定：完善能源资源和环境管理体制，促进可持续发展。在 2008 年的行政管理体制改革中，将国家环境保护总局升格为环境保护部，成为国务院的组成部门，负责国家环境保护的方针、政策和法规，制定行政规章；受国务院委托对重大经济和技术政策、发展规划以及重大经济开发计划进行环境影响评价；拟定国家环境保护规划；组织拟定和监督实施国家确定的重点区域、重点流域污染防治规划和生态保护规划；组织编制环境功能区划。同时成立国家能源局，由国家发改委管理负责能源的战略决策和统筹协调。除此之外，还加强对环境管理机构

---

① 中共中央文献研究室. 十八大以来重要文献选编(上) [M]. 北京：中央文献出版社，2014：32.

的重视和建设力度，强调环境管理机构要深入各个地方，形成从中央到地方的全面管理网络，不让任何破坏环境的违法犯罪行为钻管理机构的漏洞，严格防范偏僻地区产生破坏环境的行为。

再次，进一步健全法律法规，与时俱进地完善法律漏洞、填补法律空白，形成长期有效的约束机制。针对现有的生态法律制度体系，胡锦涛指出，"要完善有利于节约能源资源和保护生态环境的法律和政策，加快形成可持续发展体制机制"①，"要加强建设项目和有关规划的环境影响评价，坚决防止产生新的污染。要加快制定和完善环境法律法规和标准，提高环境监管执法能力，建立健全生态补偿机制"②。这一时期除了对于原有的生态领域法律进行完善，如农业法、节约能源法等，还颁布了第一部可再生能源利用法。

最后，提倡建立合理的生态评估体系和考核标准。胡锦涛在中央人口资源环境工作座谈会上提出，要实行环境影响评估制度和污染物排放许可证制度。2007年国务院印发《关于试行民用建筑能效测评标识制度的通知》，对我国民用建筑的能源消耗水平和用能效率检测并给出评级。同年，国务院发布《节能减排综合性方案》，明确了节能减排的目标任务和总体要求，初步形成了"节能减排"的指标体系，为节能减排工作的检测开展提供了初步标准。同年11月，国务院发布了对我国节能减排工作实施状况进行统计监测考核的通知，转发了《单位GDP能耗统计指标体系实施方案》《单位GDP能耗监测体系实施方案》《单位GDP能耗考核体系实施方案》和《主要污染物总量减排统计办法》《主要污染物总量减排监测办法》《主要污染物总量减排考核办法》，强调了建立节能减排统计、监测及考核体系的迫切性，明确了做好节能减排统计、监测与考核的要求。2008年通过了《公共机构节能条例》，推动公共机构节能，对一些国家机关、事业单位的节能进行评定管理。同时胡锦涛认为，应当将生态建设指标完成情况纳入各级政府领

①　中共中央文献研究室. 改革开放三十年重要文献选编(下)[M]. 北京：中央文献出版社，2008：1724.

②　中共中央文献研究室. 十六大以来重要文献选编(中)[M]. 北京：中央文献出版社，2006：1100-1101.

导班子和领导干部的考核体系，转变领导干部只注重 GDP 的政绩观，建立生态工作问责制，将考核情况作为领导班子和领导干部奖惩的依据之一；提出研究绿色国民经济核算方法，探索将发展过程中的资源消耗、环境损失和环境效益纳入经济发展水平的评价体系。

科学发展观着眼于我国经济社会的长远发展，提出了全面协调可持续的要求。建设"两型社会"正是贯彻这一要求的具体体现，是科学发展观的内在要求。建设"两型社会"，为建立人与自然，经济与社会、环境的和谐关系，推动整个社会走生产发展、生活富裕、生态良好的文明发展道路提供了方向性指导。

(二)关于建设和谐社会的实践探索

随着我国社会主义市场经济不断发展，我们正面临着并将长期面对一些突出的矛盾和问题，我国经济社会发展也出现了一些必须认真把握的新趋势、新特点，主要表现为：资源能源紧缺压力加大，对经济社会发展的瓶颈制约日益突出，转变经济增长方式的要求十分迫切；城乡发展不平衡、地区发展不平衡、经济社会发展不平衡的矛盾更加突出，缩小发展差距和促进经济社会协调发展任务艰巨；人民群众的物质文化需要不断提高并更趋多样化，社会利益关系更趋复杂，特别是受经济文化发展水平等多方面的限制，统筹兼顾各方面利益的难度加大；体制创新进入攻坚阶段，深化改革，扩大开放，进一步触及深层次矛盾和问题；劳动者就业结构和方式不断变化，人员流动性大大加强，社会组织和管理面临新问题，等等。我们要抓住和用好重要战略机遇期、实现全面建设小康社会的宏伟目标，就必须正确应对这些矛盾和问题，花更大气力妥善协调各方面的利益关系，正确处理各种社会矛盾，大力促进社会和谐。这既是全面建设小康社会的重要内容，也是实现全面建设小康社会宏伟目标的重要前提。因此，实现社会和谐发展已经成为关系全面建设小康社会、实现社会主义现代化的一个紧迫任务。

早在党的十六大，江泽民同志就在论述全面建设小康社会目标时谈道："综观全局，二十一世纪头二十年，对我国来说，是一个必须紧紧抓住并且可以大有作为的重要战略机遇期。根据十五大提出的到二〇一〇年、建党一百年和新中国成立一百年的发展目标，我们要在本世纪头二十年，集中力量，全面建设惠及十几亿人口的更高水平的小康社会，使经济更加发展、民主更加健全、科教更加进步、文化更加繁荣、社会更加和谐、人民生活更加殷实。这是实现现代化建设第三步战略目标必经的承上启下的发展阶段，也是完善社会主义市场经济体制和扩大对外开放的关键阶段。经过这个阶段的建设，再继续奋斗几十年，到本世纪中叶基本实现现代化，把我国建成富强民主文明的社会主义国家。"①在第二部分论述"三个代表"重要思想时，他又提出，随着改革的深入，我们要努力建立起"各尽所能，各得其所，和谐相处"的社会关系。此时，党中央已经把"社会更加和谐"作为全面建设小康社会一个实现目标，摆在重要位置，这在我们党历次代表大会的报告中是第一次。

党的十六大后，以胡锦涛同志为总书记的党中央领导集体从中国特色社会主义事业的总体布局和全面建设小康社会的大局出发，全面分析新时期新阶段的形势和任务，深刻把握我国经济社会发展的阶段性特征，坚持用发展的办法解决前进中的问题，明确提出了构建社会主义和谐社会的重大战略思想和重大战略任务。2004年9月19日，党的十六届四中全会第一次明确提出，共产党作为执政党，要"坚持最广泛最充分地调动一切积极因素，不断提高构建社会主义和谐社会的能力"②。此时，党中央将涉及社会管理和建设的所有内容整合为社会主义和谐社会建设，这是在党的文件中第一次把和谐社会建设放到同经济建设、政治建设、文化建设并列的突出位置。2005年2月19日，胡锦涛在省部级主要领导干部提高构建社会主义和谐社会能力专题研讨班上，发表重要讲话，他在论述构建社会主义和谐社会的重大意义时强调："党的十六届四中全会，进一步提出了构建社会主义和谐社会的任务，强调形成全体人民各尽其能、各得其所而又和谐相处的社会是巩固党执政的社会基础、实现党执政的历史任务的必然要求，要适

①　中共中央文献研究室. 十六大以来重要文献选编（上）[M]. 北京：中央文献出版社，2005：14-15.
②　中共中央文献研究室. 十六大以来重要文献选编（中）[M]. 北京：中央文献出版社，2006：286.

应我国社会的深刻变化，把和谐社会建设摆在重要位置，并明确了构建社会主义和谐社会的主要内容。我们党明确提出构建社会主义和谐社会的重大任务，就是要求全党同志在建设中国特色社会主义的伟大实践中更加自觉地加强社会主义和谐社会建设，使社会主义物质文明、政治文明、精神文明建设与和谐社会建设全面发展。这表明，随着我国经济社会的不断发展，中国特色社会主义事业的总体布局，更加明确地由社会主义经济建设、政治建设、文化建设三位一体发展为社会主义经济建设、政治建设、文化建设、社会建设四位一体。构建社会主义和谐社会，是我们党从全面建设小康社会、开创中国特色社会主义事业新局面的全局出发提出的一项重大任务，适应了我国改革发展进入关键时期的客观要求，体现了广大人民群众的根本利益和共同愿望。"①

和谐社会指的是一种和睦、融洽并且各阶层齐心协力的社会状态。它有三个基本内涵：人与自然和谐、人与人和谐、人与社会和谐。和谐社会的基本特征是："民主法治，就是社会主义民主得到充分发扬，依法治国基本方略得到切实落实，各方面积极因素得到广泛调动；公平正义，就是社会各方面的利益关系得到妥善协调，人民内部矛盾和其他社会矛盾得到正确处理，社会公平和正义得到切实维护和实现；诚信友爱，就是全社会互帮互助、诚实守信，全体人民平等友爱、融洽相处；充满活力，就是能够使一切有利于社会进步的创造愿望得到尊重，创造活动得到支持，创造才能得到发挥，创造成果得到肯定；安定有序，就是社会组织机制健全，社会管理完善，社会秩序良好，人民群众安居乐业，社会保持安定团结；人与自然和谐相处，就是生产发展，生活富裕，生态良好。"②应该说，促进人与自然和谐相处既是建设社会主义和谐社会的内在要求，也是全面建设小康社会的应有之义。对于这一问题，胡锦涛在省部级主要领导干部提高构建社会主义和谐社会能力专题研讨班上强调："大量事实表明，人与自然的关系不和谐，往往会影响人与人的关系、人与社会的关系。如果生态环境受到严重破

---

① 中共中央文献研究室. 十六大以来重要文献选编(中)[M]. 北京：中央文献出版社, 2006：696.
② 中共中央文献研究室. 十六大以来重要文献选编(中)[M]. 北京：中央文献出版社, 2006：706.

坏、人们的生产生活环境恶化，如果资源能源供应高度紧张、经济发展与资源能源矛盾尖锐，人与人的和谐、人与社会的和谐是难以实现的。……要引导全社会树立节约资源的意识，以优化资源利用、提高资源产出率、降低环境污染为重点，加快推进清洁生产，大力发展循环经济，加快建设节约型社会，促进自然资源系统和社会经济系统的良性循环。"①

中国共产党第十六届中央委员会第六次全体会议，全面分析了形势和任务，研究了构建社会主义和谐社会的若干重大问题，通过了《中共中央关于构建社会主义和谐社会若干重大问题的决定》。该《决定》就"加强环境治理保护，促进人与自然相和谐"提出了八方面要求："以解决危害群众健康和影响可持续发展的环境问题为重点，加快建设资源节约型、环境友好型社会。优化产业结构，发展循环经济，推广清洁生产，节约能源资源，依法淘汰落后工艺技术和生产能力，从源头上控制环境污染。实施重大生态建设和环境整治工程，有效遏制生态环境恶化趋势。统筹城乡环境建设，加强城市环境综合治理，改善农村生活环境和村容村貌。加快环境科技创新，加强污染专项整治，强化污染物排放总量控制，重点搞好水、大气、土壤等污染防治。完善有利于环境保护的产业政策、财税政策、价格政策，建立生态环境评价体系和补偿机制，强化企业和全社会节约资源、保护环境的责任。完善环境保护法律法规和管理体系，严格环境执法，加强环境监测，定期公布环境状况信息，严肃处罚违法行为。稳定人口低生育水平，有效治理出生人口性别比升高等问题，提高出生人口素质。"②

以胡锦涛同志为总书记的新一代党中央领导集体，在党的十六大的基础上提出的我国经济社会发展的新的战略指导思想，即建设社会主义和谐社会，将和谐社会建设与经济、政治、文化建设放在同一战略高度，突出强调人与自然和谐相处。这是在新时期新形势下，对中国特色社会主义生态文明道路的进一步探索。

---

① 中共中央文献研究室. 十六大以来重要文献选编（中）[M]. 北京：中央文献出版社，2006：715-716.
② 中共中央文献研究室. 十六大以来重要文献选编（下）[M]. 北京：中央文献出版社，2008：656-657.

在科学发展观的指导下，坚持以人为本，全面、协调和可持续发展，将有力推动社会主义和谐社会建设。也只有不断构建社会主义和谐社会，才能保证科学发展观的真正落实和目标的真正实现。二者有机统一于全面建设小康社会的奋斗目标之中，统一于中国特色社会主义的建设之中。

(三)关于建设生态文明的实践发展

2002 年召开的党的十六大，把推动整个社会走上生产发展、生活富裕、生态良好的文明发展道路确定为全面建设小康社会的四大目标之一，将生态这一表征人和自然之间和谐关系的概念纳入全面建设小康社会和人类文明发展的范畴当中。随着 2003 年党的十六届三中全会提出全面、协调、可持续的科学发展观以及 2006 年党的十六届六中全会提出构建和谐社会、建设资源节约型社会和环境友好型社会等战略主张，人与自然之间的和谐关系具有了更为科学的方法指引和更为可行的具体路径。

2007 年 10 月 24 日，胡锦涛在党的十七大报告中指出："建设生态文明，基本形成节约能源资源和保护生态环境的产业结构、增长方式、消费模式。循环经济形成较大规模，可再生能源比重显著上升。主要污染物排放得到有效控制，生态环境质量明显改善。生态文明观念在全社会牢固树立。"[1]这是我们党第一次把建设生态文明作为一项战略任务明确提出，也是我们党在长期以来探索人口、资源、环境协调发展，可持续发展，"两型社会"建设等实践基础上形成的新的理论成果。

一方面，建设生态文明是深入贯彻落实科学发展观的内在要求。党的十七大报告就指出："要全面把握科学发展观的科学内涵和精神实质，增强贯彻落实科学发展观的自觉性和坚定性，着力转变不适应不符合科学发展观的思想观念，着力解决影响和制约科学发展的突出问题，把全社会的发展积极性引导到科学发展

---

① 中共中央文献研究室. 十七大以来重要文献选编(上)[M]. 北京：中央文献出版社，2009：16.

上来，把科学发展观贯彻落实到经济社会发展各个方面。"①科学发展观的本质要求就是要实现经济社会又好又快发展。"又好又快"就是强调要走生产发展、生活富裕、生态良好的文明发展道路。生态文明建设就是要在遵循经济规律和自然规律的前提下，实现经济社会可持续发展。因此，建设生态文明是深入贯彻落实科学发展观的内在要求。

另一方面，建设生态文明是推进社会主义现代化的应有之义。推进社会主义现代化建设，重点在于推进国民经济又好又快发展。重中之重就是要加快转变经济发展方式，推动产业结构优化升级。这是关系国民经济全局紧迫而重大的战略任务。而生态文明建设要求基本形成节约能源资源和保护生态环境的产业结构、增长方式、消费模式，大力发展循环经济，实现可再生能源比重显著上升。要完成现代化建设，生态文明建设是一项紧迫而重大的战略任务。

随后，胡锦涛在十七大报告中又对生态文明建设的原则和要求做了说明。生态文明建设的原则是："必须坚持全面协调可持续发展。要按照中国特色社会主义事业总体布局，全面推进经济建设、政治建设、文化建设、社会建设，促进现代化建设各个环节、各个方面相协调，促进生产关系与生产力、上层建筑与经济基础相协调。坚持生产发展、生活富裕、生态良好的文明发展道路，建设资源节约型、环境友好型社会，实现速度和结构质量效益相统一、经济发展与人口资源环境相协调，使人民在良好生态环境中生产生活，实现经济社会永续发展。"②
2007 年 12 月 17 日，胡锦涛在新进中央委员会的委员、候补委员学习贯彻党的十七大精神研讨班开班式上发表重要讲话，他强调，贯彻落实全面协调可持续的基本要求，必须按照中国特色社会主义事业总体布局，全面推进经济建设、政治建设、文化建设、社会建设，积极推进生态文明建设，特别是要推动城乡协调发展，继续实施区域发展总体战略。"贯彻落实统筹兼顾的要求，必须正确认识和妥善处理中国特色社会主义事业中的重大关系，统筹城乡发展、区域发展、经济

---

① 中共中央文献研究室. 十七大以来重要文献选编（上）[M]. 北京：中央文献出版社，2009：14.
② 中共中央文献研究室. 十七大以来重要文献选编（上）[M]. 北京：中央文献出版社，2009：12.

社会发展、人与自然和谐发展、国内发展和对外开放……充分调动各方面积极性。"①他还在讲话中对建设生态文明的实质进行了清晰界定——"建设生态文明，实质上就是要建设以资源环境承载力为基础、以自然规律为准则、以可持续发展为目标的资源节约型、环境友好型社会"②。

在具体实施上，中央大力推动节能减排和污染防治。2007年12月，中央经济工作会议在北京召开，会议指出，2008年是完成"十一五"节能减排约束性目标的关键一年，必须把节能减排作为促进科学发展的重要抓手，加大力度、迎难而上，尽快形成以政府为主导、企业为主体、全社会共同推进的工作格局，打好节能减排攻坚战、持久战。必须完善政策法规，强化激励和约束机制，更加注重用法律手段促进节能减排，加快出台和实施有利于节能减排的价格、财税、金融等激励政策，加快制定和实施促进节能减排的市场准入标准、强制性能效标准和环保标准。强化企业社会责任，突出抓好重点行业、重点领域节能减排工作，加快先进适用技术推广应用，有效遏制高耗能、高排放行业过快增长，坚决淘汰落后生产能力，认真落实工作责任制，把节能减排目标完成情况作为检验经济发展成效的重要标准。增强全社会节能环保意识，深入开展节能减排全民行动。

污染防治涉及以下几个方面：(1)在水体污染防治方面，农村饮用水环境保护取得积极进展，2.15亿农村人口饮用水不安全问题已经得到解决。2011年，中央安排9亿元资金用于支持洱海、梁子湖等8个水质较好湖泊开展生态环境保护试点工作，支持全国水质较好湖泊加大环境保护力度，组织完成了对太湖、鄱阳湖、三峡水库等12个重点湖库生态安全调查与评估工作；在"十一五"期间，累计投入78.4亿元资金用于松花江流域治污。截至2010年年底，规划项目完成99.6%，在建0.4%，完成投资104.7%，新建70座城市污水处理厂，新增污水处理能力295万吨/日，相当于"十五"以前总污水处理能力的2.2倍。(2)在大气污染防治方面，"十一五"期间，大气综合整治工作取得了积极成效，2010年，

---

① 中共中央文献研究室. 十七大以来重要文献选编(上)[M]. 北京：中央文献出版社，2009：110.
② 中共中央文献研究室. 十七大以来重要文献选编(上)[M]. 北京：中央文献出版社，2009：109.

全国地级以上城市二氧化硫和可吸入颗粒物的年均浓度分别为 0.035 毫克/立方米和 0.081 毫克/立方米，比 2005 年分别下降了 24.0% 和 14.8%，二氧化氮浓度保持基本稳定。2012 年 2 月，国务院批准发布了新修订的《大气环境质量标准》，增加了大气细颗粒物（$PM_{2.5}$）等污染物排放限值，确立了防治大气污染的总体思路，提出了"必须从转变生产方式、生活方式、改善生态环境入手，加快调整产业结构和能源消费结构，实施多污染物协同控制，开展多污染源管理，加强区域联防联控"的工作要求。(3)在废物污染防治方面，加强专项资金用于重金属污染防治，其中，2010 年首次下达 15 亿元，支持 14 个重点省份的 84 个重金属污染防治项目。2011 年又下达 25 亿元，支持 25 个省份开展重金属污染专项治理工作。与此同时，持久性有机污染物（POPS）防治初见成效。此外，我国"十一五"期间，危险废物处置能力大幅提高。国家投入 40 亿元用于危险废物和医疗废物处置设施建设。截至 2010 年年底，全国危险废物经营许可证持证单位利用处置能力达到 2325.4 万吨/年，实际利用处置危险废物约 840 万吨，较 2006 年提高 226%。国家安排 12.5 亿元专项资金用于铬渣污染综合整治，到 2012 年年初已经完成 67% 的治理任务。①

全面加强农村环境保护。农村生态环境保护是我国建设社会主义生态文明的重点区域。2008 年 10 月 9 日至 12 日，中国共产党第十七届中央委员会第三次全体会议在北京召开。全会听取和讨论了胡锦涛受中央政治局委托作的工作报告，审议通过了《中共中央关于推进农村改革发展若干重大问题的决定》。《决定》对加强农村生态文明建设提出了九项具体要求：按照建设生态文明的要求，发展节约型农业、循环农业、生态农业，加强生态环境保护；继续推进林业重点工程建设，延长天然林保护工程实施期限，完善政策、巩固退耕还林成果，开展植树造林，提高森林覆盖率；实施草原建设和保护工程，推进退牧还草，发展灌溉草场，恢复草原生态植被；强化水资源保护；加强水生生物资源养护，加大增殖放

---

① 周生贤. 环保惠民优化发展：党的十六大以来环境保护工作发展回顾（2002—2012）[M]. 北京：人民出版社，2012：125-160.

流力度；推进重点流域和区域水土流失综合防治，加快荒漠化石漠化治理，加强自然保护区建设；保护珍稀物种和种质资源，防范外来动植物疫病和有害物种入侵；多渠道筹集森林、草原、水土保持等生态效益补偿资金，逐步提高补偿标准；积极培育以非粮油作物为原料的生物质产业，推进农林副产品和废弃物能源化、资源化利用；推广节能减排技术，加强农村工业、生活污染和农业面源污染防治。这一《决定》对进一步推进农村改革发展作出了全面部署，为农村生态文明建设指明了方向。

以胡锦涛同志为总书记的党中央领导集体，适应国内外新形势新变化，提出科学发展观。科学发展观是对我党关于发展的一系列重要思想的总结、继承和发展，进一步指明了我国社会主义现代化建设、全面建设小康社会的发展道路、发展模式、发展方法、发展战略。在科学发展观的指导下，以胡锦涛同志为总书记的党中央领导集体带领全国人民在建设"两型社会"、建设和谐社会、建设生态文明等方面进行了广泛实践探索，我国生态文明建设的实践进入了新阶段。

五、以习近平同志为核心的党中央领导集体的实践创新

党的十八大以来，国内外形势变化和我国各项事业发展都给我们提出了一个重大时代课题，这就是必须从理论和实践结合上系统回答新时代坚持和发展什么样的中国特色社会主义、怎样坚持和发展中国特色社会主义，包括新时代坚持和发展中国特色社会主义的总目标、总任务、总体布局、战略布局和发展方向、发展方式、发展动力、战略步骤、外部条件、政治保证等基本问题。其中，如何在新时代建设生态文明，既事关中国特色生态文明建设事业，也是关系决胜全面建成小康社会、进而全面建设社会主义现代化强国的战略安排。为此，习近平同志把握时代要求和实践规律，就生态文明建设作出了一系列重要论述，形成了系统完整的习近平生态文明思想。以习近平同志为核心的党中央领导集体带领全国人

民进行了更加丰富而深刻的实践探索。

(一)关于完善生态环境治理体系的实践创新

加快建立系统完整的生态文明制度体系，是新时代中国特色社会主义生态环境治理的重要要求和制度保障。制度体系的建设要以改革创新为号领，坚持问题导向，着力破除体制机制障碍，强化环保守法责任，整合提高生态环境质量，建设美丽中国，并推动形成人与自然和谐共生的现代化格局。

1. 加强生态环境治理的顶层设计

(1)建立生态文明制度的"四梁八柱"。

党的十八大提出加快建立生态文明制度，健全国土空间开发、资源节约、生态环境保护的体制机制，推动形成人与自然和谐发展的现代化建设新格局。2013年11月12日，中国共产党第十八届中央委员会第三次全体会议通过了《中共中央关于全面深化改革若干重大问题的决定》。该《决定》指出，要紧紧围绕建设"美丽中国"深化生态文明体制改革，加快建立生态文明制度，健全国土空间开发、资源节约利用、生态环境保护的体制机制，推动形成人与自然和谐发展的现代化建设新格局。该《决定》还从源头、过程、后果的全过程进行规划，并明确提出：建设生态文明，必须建立系统完整的生态文明制度体系，实行最严格的源头保护制度、损害赔偿制度、责任追究制度，完善环境治理和生态修复制度，用制度保护生态环境。该《决定》从健全自然资源资产产权制度和用途管制制度、划定生态保护红线、实行资源有偿使用制度和生态补偿制度、改革生态环境保护管理体制四个方面对生态文明建设进行了明确详细的规划。2014年4月十二届人大常委会第八次会议表决通过了环保法修订案，经过全面修订的《中华人民共和国环境保护法》于2015年1月1日正式施行。《中华人民共和国环境保护法》是中国生态文明领域最具代表性和最基本的法律，此次修订是其颁布25年来的首次修订，并且新增了"按日计罚"、行政处罚、环保公益诉讼制度等。2015年4月

25 日，《中共中央、国务院关于加快推进生态文明建设的意见》发布，要求"加快建立系统完整的生态文明制度体系，引导、规范和约束各类开发、利用、保护自然资源的行为，用制度保护生态环境"。该《意见》指出要健全法律法规、完善标准体系、健全自然资源资产产权制度和用途管制制度、完善生态环境监管制度、严守资源环境生态红线、完善经济政策、推行市场化机制、健全生态保护补偿机制、健全政绩考核制度、完善责任追究制度等具体要求。2015 年 9 月，中共中央、国务院印发《生态文明体制改革总体方案》，方案强调要坚持正确改革方向，健全市场机制，更好地发挥政府的主导和监管作用，发挥企业的积极性和自我约束作用，发挥社会组织和公众的参与和监督作用；坚持自然资源资产的公有性质，创新产权制度，落实所有权，区分自然资源资产所有者权利和管理者权力，合理划分中央地方事权和监管职责，保障全体人民分享全民所有自然资源资产收益；坚持城乡环境治理体系一，继续加强城市环境保护和工业污染防治，加大生态环境保护工作对农村地区的覆盖，建立健全农村环境治理体制机制，加大对农村污染防治设施建设和资金投入力度；坚持激励和约束并举，既要形成支持绿色发展、循环发展、低碳发展的利益导向机制，又要坚持源头严防、过程严管、损害严惩、责任追究，形成对各类市场主体的有效约束，逐步实现市场化、法治化、制度化；坚持主动作为和国际合作相结合，加强生态环境保护是我们的自觉行为，同时要深化国际交流和务实合作，充分借鉴国际上的先进技术和体制机制建设的有益经验，积极参与全球环境治理，承担并履行好同发展中大国相适应的国际责任；坚持鼓励试点先行和整体协调推进相结合，在党中央、国务院统一部署下，先易后难、分步推进，成熟一项，推出一项。同时，该《意见》还就健全自然资源资产产权制度、建立国土空间开发保护制度、建立空间规划体系、完善资源总量管理和节约制度、健全资源有偿使用和生态补偿制度、建立环境治理体系、健全环境治理和生态保护市场体系、完善生态文明绩效评价考核和责任追究制度等八个方面提出了具体要求。

2016 年 11 月 28 日，习近平同志作出《关于做好生态文明建设工作的批示》。

他指出："要深化生态文明体制改革，尽快把生态文明制度的'四梁八柱'建立起来，把生态文明建设纳入制度化、法治化轨道。"①生态文明建设是"五位一体"总体布局和"四个全面"战略布局的重要内容，建立生态文明制度的"四梁八柱"刻不容缓。党的十九大提出，要加快生态文明体制改革，建设美丽中国。为此提出了包括健全法律法规、完善标准体系、健全自然资源资产产权制度和用途管制制度、完善生态环境监管制度、严守资源环境生态红线、完善经济政策、推行市场化机制、健全生态保护补偿机制、健全政绩考核制度、完善责任追究制度在内的制度体系。要按照源头严防、过程严管、后果严惩的思路，加快推进环境管理战略转型，理顺生态环境保护基础制度和管理流程，形成如下的环境管理基本框架：生态保护红线是空间管控基础，环境影响评价是环境准入把关，排污许可是企业运行守法依据，执法督察是监督兜底。这样，就打出前后呼应、相互配合的"组合拳"。习近平总书记在 2018 年 5 月 18 日至 19 日召开的全国生态环境保护大会上进一步强调，要用最严格的制度、最严密的法治保护生态环境。

（2）完善生态文明监管与考核机制。

生态文明的监管与考核机制是我国生态制度发挥功效的重要保障，也是我国生态制度中的薄弱环节。以习近平同志为核心的党中央领导集体大力推进生态文明的监管与考核机制的建立和执行，从顶层设计的角度完善了生态文明监管与考核机制。

就监管而言，"十三五"规划中明确提出要努力改革完善环境治理基础制度，加强管理监督，开展环保督察巡视，建立以资源生态环境管理制度、国土空间开发保护制度、污染防治制度以及生态红线制度为主体的生态环境保护管理制度体系。在党的十九大报告中习近平总书记强调："改革生态环境监管体制。加强对生态文明建设的总体设计和组织领导，设立国有自然资源资产管理和自然生态监管机构，完善生态环境管理制度……统一行使监管城乡各类污染排放和行政执法

---

①　习近平. 习近平谈治国理政(第 2 卷)［M］. 北京：外文出版社，2017：393.

职责。"①

就考核而言，考核制度指引着生态文明建设的发展方向，同时也保障着生态制度的顺利施行。习近平总书记明确指出："最重要的是要完善经济社会发展考核评价体系，把资源消耗、环境损害、生态效益等体现生态文明建设状况的指标纳入经济社会发展评价体系，建立体现生态文明要求的目标体系、考核办法、奖惩机制。"②在《关于全面深化改革若干重大问题的决定》中明确规定：完善发展成果考核评价体系，纠正单纯以经济增长速度评定政绩的偏向，加大资源消耗、环境损害、生态效益、产能过剩、科技创新、安全生产、新增债务等指标的权重。将生态环境代价、生态文明建设状况作为指标纳入领导干部的考核指标。习近平总书记同时强调，对那些不顾生态环境盲目决策、造成严重后果的人必须追究其责任而且应该终身追究。2015 年 8 月，中共中央办公厅、国务院办公厅印发了《党政领导干部生态环境损害责任追究办法（试行）》，首次对追究党政领导干部生态环境损害责任作出制度性安排，从而落实了领导干部生态责任追究制度。

（3）整合生态行政管理机构设置。

以习近平同志为核心的党中央领导集体全面系统地构建、调整和完善了我国生态行政管理机构的设置。2018 年 2 月 28 日，中国共产党第十九届中央委员会第三次全体会议通过了《中共中央关于深化党和国家机构改革的决定》。2018 年 3 月，中共中央印发了《深化党和国家机构改革方案》。根据这两份文件，2018 年 3 月 13 日，第十三届全国人民代表大会第一次会议审议通过国务院机构改革方案。方案内容，一是决定组建自然资源部和生态环境部。自然资源部的主要职责是，对自然资源开发利用和保护进行监管，建立空间规划体系并监督实施，履行全民所有各类自然资源资产所有者职责，统一调查和确权登记，建立自然资源有偿使用制度，负责测绘和地质勘查行业管理等。生态环境部的主要职责是，拟订并组

---

① 中共中央文献研究室. 十九大以来重要文献选编（上）[M]. 北京：中央文献出版社，2019：37.
② 中共中央文献研究室. 习近平关于社会主义生态文明建设论述摘编[M]. 北京：中央文献出版社，2017：99.

织实施生态环境政策、规划和标准，统一负责生态环境监测和执法工作，监督管理污染防治、核与辐射安全，组织开展中央环境保护督察等。这是认真贯彻落实习近平生态文明思想，推进生态治理走向新时代的重要举措。二是整合部分部门职责，组建国家林业和草原局，由自然资源部管理，以加快建立以国家公园为主体的自然保护地体系，保障国家生态安全。将国务院三峡工程建设委员会及其办公室、国务院南水北调工程建设委员会及其办公室并入水利部。三是在深化行政执法体制改革中整合组建生态环境保护综合执法队伍。整合环境保护和国土、农业、水利、海洋等部门相关污染防治和生态保护执法职责、队伍，统一实行生态环境保护执法，由生态环境部指导。四是进一步精简机构，不再保留国土资源部、国家海洋局、国家测绘地理信息局、环境保护部等机构。五是通过对中央全面依法治国委员会的组建，对科学技术部、司法部的重新组建等相关机构的改革，保障了生态制度、法律的贯彻落实。应该说，党的十八大以来，以习近平同志为核心的党中央领导集体，对我国生态环境治理体系完善，从顶层设计的高度作出了方向性、根本性的指导和安排。

2. 对生态环境治理体系的具体制度做了规定

(1)完善自然系统生态治理体系。

党的十八大以来，习近平总书记以生态文明建设的宏观视野，提出山水林田湖草是一个生命共同体的理念。在《关于〈中共中央关于全面深化改革若干重大问题的决定〉的说明》中强调：“人的命脉在田，田的命脉在水，水的命脉在山，山的命脉在土，土的命脉在树。用途管制和生态修复必须遵循自然规律”，“对山水林田湖进行统一保护、统一修复是十分必要的”。按照国家统一部署，2016年10月，财政部、国土资源部、环境保护部联合印发了《关于推进山水林田湖生态保护修复工作的通知》，对各地开展山水林田湖生态保护修复提出了明确要求。2017年8月，中央全面深化改革领导小组第三十七次会议又将“草”纳入山水林田湖同一个生命共同体。在这样的思想指导下，打破行政区划、部门管理、行业管理和生态要素界限，统筹考虑各要素保护需求，健全生态环境和自然资源管理体制机制，推进生态系统整体保护、综合治理、系统修复。实施山水林田湖草生态保护修复工程，要树立"绿水青山就是金山银山"的生态文明价值观，以矿山环境治理恢复、土地整治与土壤污染修复、生物多样性保护、流域水环境保护治理、区域生态系统综合治理修复等为重点内容，以景观生态学方法、生态基础设施建设、近自然生态化技术为主流技术方法，因地制宜设计实施路径。

(2)完善生态环境监管体系。

通过整合分散的生态环境保护职责，强化生态保护修复和污染防治统一监管，建立健全生态环境保护领导和管理体制、激励约束并举的制度体系、政府企业公众共治体系。全面完成省以下生态环境机构监测监察执法垂直管理制度改革，推进综合执法队伍特别是基层队伍的能力建设。完善农村环境治理体制。健全区域、流域、海域生态环境管理体制，推进跨地区环保机构试点，加快组建流域环境监管执法机构，按海域设置监管机构。建立独立、权威、高效的生态环境监测体系，构建天地一体化的生态环境监测网络，实现国家和区域生态环境质量预报预警和质控，按照适度上收生态环境质量监测事权的要求加快推进有关工作。生态环境部积极推动省级党委和政府不断加快确定生态保护红线、环境质量底线、资源利用上线，制定生态环境准入清单，2020年年底前全部完成"三线一单"确定。实施生态环境统一监管。推行生态环境损害赔偿制度。编制生态环境保护规划，开展全国生态环境状况评估，建立生态环境保护综合监控平台。推动生态文明示范创建、绿水青山就是金山银山实践创新基地建设活动。

进一步严格生态环境质量管理。不断加快推行排污许可制度，对固定污染源实施全过程管理和多污染物协同控制，按行业、地区、时限核发排污许可证，全面落实企业治污责任，强化证后监管和处罚。在长江经济带率先实施入河污染源排放、排污口排放和水体水质联动管理。将企业环境信用信息纳入全国信用信息共享平台和国家企业信用信息公示系统，依法通过"信用中国"网站和国家企业信用信息公示系统向社会公示。监督上市公司、发债企业等市场主体全面、及时、准确地披露环境信息。建立跨部门联合奖惩机制。完善国家核安全工作协调机制，强化对核安全工作的统筹。

（3）健全生态环境保护经济政策体系。

资金投入向污染防治攻坚战倾斜，坚持投入同攻坚任务相匹配，加大财政投入力度。逐步建立常态化、稳定的财政资金投入机制。扩大中央财政支持北方地区清洁取暖的试点城市范围，国有资本要加大对污染防治的投入。完善居民取暖用气用电定价机制和补贴政策。增加中央财政对国家重点生态功能区、生态保护红线区域等生态功能重要地区的转移支付，继续安排中央预算内投资对重点生态功能区给予支持。完善助力绿色产业发展的价格、财税、投资等政策。大力发展绿色信贷、绿色债券等金融产品。设立国家绿色发展基金。落实有利于资源节约和生态环境保护的价格政策，落实相关税收优惠政策。研究对从事污染防治的第三方企业比照高新技术企业实行所得税优惠政策，研究出台"散乱污"企业综合治理激励政策。推动环境污染责任保险发展，在环境高风险领域建立环境污染强制责任保险制度。推进社会化生态环境治理和保护。采用直接投资、投资补助、运营补贴等方式，规范支持政府和社会资本合作项目。对政府实施的环境绩效合同服务项目，公共财政支付水平同治理绩效挂钩。鼓励通过政府购买服务方式实施生态环境治理和保护。

不断完善生态环境保护市场机制改革，建立资源有偿使用制度。2017 年 1 月 16 日，国务院发布《关于全民所有自然资源资产有偿使用制度改革的指导意见》。该意见提出了制定全民所有自然资源资产有偿使用制度的三个不同层级的指导原则，分门别类提出改革要求，填补制度空白。该意见针对六类国有自然资源的不同特点和情况，分门别类地提出不同的改革要求和措施，并提出力争到 2020 年，基本建立产权明晰、权能丰富、规则完善、监管有效、权益落实的全民所有自然资源资产有偿使用制度。加快推进能源价格市场化，充分运用市场手段，完善资源环境价格机制，建立健全环境服务价格政策、生产领域节能环保政策、环境污染强制责任保险制度。

（4）健全生态环境保护法治体系。

加快建立绿色生产消费的法律制度和政策导向。加快制定和修改土壤污染防治、固体废物污染防治、长江生态环境保护、海洋环境保护、国家公园、湿地、生态环境监测、排污许可、资源综合利用、空间规划、碳排放权交易管理等方面的法律法规。鼓励地方在生态环境保护领域先于国家进行立法。建立生态环境保护综合执法机关、公安机关、检察机关、审判机关信息共享、案情通报、案件移送制度，完善生态环境保护领域民事、行政公益诉讼制度，加大对生态环境违法犯罪行为的制裁和惩处力度。加强涉生态环境保护的司法力量建设。整合组建生态环境保护综合执法队伍，统一实行生态环境保护执法。将生态环境保护综合执法机构列入政府行政执法机构序列，推进执法规范化建设，统一着装、统一标识、统一证件、统一保障执法用车和装备。严格实行责任追究制度，建立生态环境损害责任终身追究制。2014年7月28日，中央纪委机关、中组部、中央编办等联合印发实施《党政主要领导干部和国有企业领导人员经济责任审计规定实施细则》，将地方政府性债务、自然资源资产、生态环境保护等情况列入审计内容。2017年6月，习近平同志主持中央全面深化改革领导小组会议，审议通过了《领导干部自然资源资产离任审计规定（试行）》，对领导干部自然资源离任审计工作提出具体要求，构筑了生态环境保护的完整责任链条。

同时，强化生态环境保护能力保障体系。

增强科技支撑，开展大气污染成因与治理、水体污染控制与治理、土壤污染防治等重点领域科技攻关，实施京津冀环境综合治理重大项目，推进区域性、流域性生态环境问题研究。开展重点区域、流域、行业环境与健康调查，建立风险监测网络及风险评估体系。健全跨部门、跨区域环境应急协调联动机制，建立全国统一的环境应急预案电子备案系统。国家建立环境应急物资储备信息库，省、市级政府建设环境应急物资储备库，企业环境应急装备和储备物资应纳入储备体系。落实全面从严治党要求，建设规范化、标准化、专业化的生态环境保护人才队伍，打造政治强、本领高、作风硬、敢担当，特别能吃苦、特别能战斗、特别能奉献的生态环境保护铁军。加强国际交流和履约能力建设，推进生态环境保护国际技术交流和务实合作，支撑核安全和核电共同走出去，积极推动落实2030年可持续发展议程和绿色"一带一路"建设。

(5)构建生态环境保护社会行动体系。

把生态环境保护纳入国民教育体系和党政领导干部培训体系，推进国家及各地生态环境教育设施和场所建设，培育普及生态文化。公共机构尤其是党政机关带头使用节能环保产品，推行绿色办公，创建节约型机关。健全生态环境新闻发布机制，充分发挥各类媒体作用。依托党报、电视台、政府网站，曝光突出环境问题，报道整改进展情况。建立政府、企业环境社会风险预防与化解机制。完善环境信息公开制度，加强重特大突发环境事件信息公开，对涉及群众切身利益的重大项目及时主动公开。构建全民参与生态环境保护行动体系，激发全民生态环境保护意识，自觉节约资源，保护环境，不断完善公众监督、举报反馈机制，保护举报人的合法权益，鼓励设立有奖举报基金。

(二)关于绿色发展的实践探索

绿色发展是以高效、和谐、持续为目标的经济增长和社会发展方式。从内涵上看，绿色发展是在传统发展基础上的一种模式创新，是建立在生态环境容量和资源承载力的约束条件下，将环境保护作为实现可持续发展重要支柱的一种新型发展模式。具体来说，包括以下几个要点：一是要将环境资源作为社会经济发展的内在要素；二是要把实现经济、社会和环境的可持续发展作为绿色发展的目标；三是要把经济活动过程和结果的"绿色化""生态化"作为绿色发展的主要内容和途径。

改革开放以来，我国累积了实现绿色发展所需的基础性条件。"过去由于生产力水平低，为了多产粮食不得不毁林开荒、毁草开荒、填湖造地，现在温饱问题稳定解决了，保护生态环境就应该而且必须成为发展的题中应有之义。"[①]为

---

① 习近平. 习近平谈治国理政(第2卷)[M]. 北京：外文出版社，2017：392.

此，在适度扩大总需求的同时，必须实现去产能、去库存、去杠杆、降成本、补短板。这些任务不仅要求我们大力淘汰经济效益低、资源消耗高、环境污染重、生态压力大的落后产能，而且要求必须实现经济的绿色转型。围绕这一主题，继党的十五大和十六大提出可持续发展战略后，党的十七大、十八大都强调生态文明建设的重要性，党的十八大更是将生态文明建设纳入"五位一体"总体布局。

党的十八大后，以习近平同志为核心的党中央领导集体提出绿色发展的科学理念，为新时代实现科学发展指明了方向。2015年4月25日，《关于加快推进生态文明建设的意见》发布，这是继党的十八大和十八届三中、四中全会对生态文明建设作出顶层设计后，中央对生态文明建设的一次全面部署。《意见》指出，要"坚持节约资源和保护环境的基本国策，把生态文明建设放在突出的战略位置，融入经济建设、政治建设、文化建设、社会建设各方面和全过程，协同推进新型工业化、信息化、城镇化、农业现代化和绿色化，以健全生态文明制度体系为重点，优化国土空间开发格局，全面促进资源节约利用，加大自然生态系统和环境保护力度，大力推进绿色发展、循环发展、低碳发展，弘扬生态文化，倡导绿色生活，加快建设美丽中国，使蓝天常在、青山常在、绿水常在，实现中华民族永续发展"。其中，明确提出绿色化等"五化"同步发展。2015年10月29日，中国共产党第十八届中央委员会第五次全体会议通过《中国共产党第十八届中央委员会第五次全体会议公报》。《公报》提出"创新、协调、绿色、开放、共享"五大发展理念。其中清晰指出："坚持绿色发展，必须坚持节约资源和保护环境的基本国策，坚持可持续发展，坚定走生产发展、生活富裕、生态良好的文明发展道路，加快建设资源节约型、环境友好型社会，形成人与自然和谐发展现代化建设新格局，推进美丽中国建设，为全球生态安全作出新贡献。促进人与自然和谐共生，构建科学合理的城市化格局、农业发展格局、生态安全格局、自然岸线格局，推动建立绿色低碳循环发展产业体系。加快建设主体功能区，发挥主体功能区作为国土空间开发保护基础制度的作用。推动低碳循环发展，建设清洁低碳、安全高效的现代能源体系，实施近零碳排放区示范工程。全面节约和高效利用资源，树立节约集约循环利用的资源观，建立健全用能权、用水权、排污权、碳排放权初始分配制度，推动形成勤俭节约的社会风尚。加大环境治理力度，以提高环境质量为核心，实行最严格的环境保护制度，深入实施大气、水、土壤污染防治行动计划，实行省以下环保机构监测监察执法垂直管理制度。筑牢生态安全屏障，坚持保护优先、自然恢复为主，实施山水林田湖生态保护和修复工程，开展大规模国土绿化行动，完善天然林保护制度，开展蓝色海湾整治行动。"

以习近平同志为核心的党中央领导集体在推动我国绿色发展的实践中，探索出了一条新时代中国特色的绿色发展道路。探索出一条生态优先、绿色发展新路子。

1. 积极构建绿色发展重点区域

加快实施主体功能区建设是其中的重点工作。2012年11月，党的十八大将"主体功能区布局基本形成"纳入全面建成小康社会和全面深化改革开放的目标。2013年5月24日，在十八届中央政治局第六次集体学习时，习近平同志指出，主体功能区战略，是加强生态环境保护的有效途径，必须坚定不移加快实施。要严格实施环境功能区划，严格按照优化开发、重点开发、限制开发、禁止开发的主体功能定位，在重要生态功能区、陆地和海洋生态环境敏感区、脆弱区，划定并严守生态红线，构建科学合理的城镇化推进格局、农业发展格局、生态安全格局，保障国家和区域生态安全，提高生态服务功能。2015年4月25日，《中共中央国务院关于加快推进生态文明建设的意见》提出，要积极实施主体功能区战略。2015年9月，中共中央、国务院印发的《生态文明体制改革总体方案》提出，要完善主体功能区制度。2015年11月，党的十八届五中全会提出，要加快建设主体功能区。在这次全会上，习近平同志提出："主体功能区是国土空间开发保护的基础制度，也是从源头上保护生态环境的根本举措，虽然提出了多年，但落实不力。我国960多万平方公里的国土，自然条件各不相同，定位错了，之后的一切都不可能正确。要加快完善基于主体功能区的政策和差异化绩效考核，推动各地区依据主体功能定位发展。"①2016 年 3 月,《中华人民共和国国民经济和社会发展第十三个五年规划纲要》提出,要建立国家空间规划体系,以主体功能区规划为基础统筹各类空间性规划,推进"多规合一"。②

2. 加快形成绿色发展方式

2013 年 4 月 25 日,在十八届中央政治局常委会会议上,习近平同志提出,把生态文明建设放到更加突出的位置,必须实现科学发展,要加快转变经济发展方式。2014 年 12 月 9 日,他在中央经济工作会议上提出:"生态环境问题归根到底是经济发展方式问题,要坚持源头严防、过程严管、后果严惩,治标治本多管齐下,朝着蓝天净水的目标不断前进。这是利国利民利子孙后代的一项重要工作,决不能说起来重要、喊起来响亮、做起来挂空挡。"③2015 年 4 月 25 日,《中共中央国务院关于加快推进生态文明建设的意见》提出,要加快推动生产方式绿色化。2015 年 10 月 26 日,习近平同志在党的十八届五中全会上提出,要通过控制单位国内生产总值能源消耗、水资源消耗、建设用地的强度,倒逼经济发展方式转变,提高我国经济发展绿色水平。

3. 支持新兴产业发展

全球新一轮科技革命和产业变革蓄势待发。科学技术从微观到宏观各个尺度向纵深演进,学科多点突破、交叉融合趋势日益明显。物质结构、宇宙演化、生命起源、意识本质等一些重大科学问题的原创性突破正在开辟新前沿、新方向,信息网络、人工智能、生物技术、清洁能源、新材料、先进制造等领域呈现群体跃进态势,颠覆性技术不断涌现,催生新经济、新产业、新业态、新模式,对人类生产方式、生活方式乃至思维方式将产生前所未有的深刻影响。因此,党的十

---

① 习近平. 习近平谈治国理政(第 2 卷)[M]. 北京:外文出版社,2017:79.
② 任玲,张云飞. 改革开放 40 年的中国生态文明建设[M]. 北京:中共党史出版社,2018:175.
③ 中共中央文献研究室. 习近平关于全面建成小康社会论述摘编[M]. 北京:中央文献出版社,2016:175.

八大以来，我国利用新科技革命提供的机遇和可能，大力拓展产业发展空间，大力支持生物技术、信息技术、智能制造、高端装备、新能源等新兴产业发展，积极采取财政、税收等措施，促进成熟的技术、装备和产品的推广应用，继续实施"十大重点节能工程""节能产品惠民工程"等。大力发展清洁低碳、安全高效的现代能源技术，以技术发展引领产业方式变革。支撑能源结构优化调整和温室气体减排，保障能源安全，推进能源革命。发展煤炭清洁高效利用和新型节能技术，重点加强煤炭高效发电、煤炭清洁转化、浅层低温地能开发利用、新型节能电机、城镇节能系统化集成、工业过程节能、能源梯级利用、"互联网+"节能、大型数据中心节能等技术研发及应用。发展可再生能源大规模开发利用技术，重点加强高效低成本太阳能电池、光热发电、太阳能供热制冷、大型先进风电机组、海上风电建设与运维、生物质发电供气供热及液体燃料等技术研发及应用。发展智能电网技术，稳步发展核能与核安全技术及其应用。

(三) 关于打赢污染防治攻坚战的实践探索

以习近平同志为核心的党中央领导集体高度重视环境污染问题。2013 年 4 月，习近平总书记在十八届中央政治局常委会会议上作出振聋发聩的连续发问——"如果仍是粗放发展，即使实现了国内生产总值翻一番的目标，那污染又会是一种什么情况？""在现有基础上不转变经济发展方式，实现经济总量增加一倍，产能继续过剩，那将是一种什么样的生态环境？""经济上去了，老百姓的幸福感大打折扣，甚至强烈的不满情绪上来了，那是什么形势？"一个月后，习近平总书记主持十八届中央政治局集体学习，主题正是生态环境保护和治理。习近平总书记始终把污染防治作为一项重要工作坚决推进。党的十八大以来，以习近平同志为核心的党中央领导集体带领全国人民向污染宣战，实施了污染防治三大行动计划。

1. 大气污染防治行动计划

2013 年 6 月 14 日，国务院召开常务会议，确定了大气污染防治十条措施。

2013 年 9 月，国务院出台《大气污染防治行动计划》(简称《大气十条》)。《大气十条》指出："大气环境保护事关人民群众根本利益，事关经济持续健康发展，事关全面建成小康社会，事关实现中华民族伟大复兴中国梦。当前，我国大气污染形势严峻，以可吸入颗粒物(PM_{10})、细颗粒物($PM_{2.5}$)为特征污染物的区域性大气环境问题日益突出，损害人民群众身体健康，影响社会和谐稳定。随着我国工业化、城镇化的深入推进，能源资源消耗持续增加，大气污染防治压力继续加大。"要求"以保障人民群众身体健康为出发点，大力推进生态文明建设，坚持政府调控与市场调节相结合、全面推进与重点突破相配合、区域协作与属地管理相协调、总量减排与质量改善相同步，形成政府统领、企业施治、市场驱动、公众参与的大气污染防治新机制，实施分区域、分阶段治理，推动产业结构优化、科技创新能力增强、经济增长质量提高，实现环境效益、经济效益与社会效益多赢，为建设美丽中国而奋斗"。

为把大气污染防治落到实处，党中央、国务院还制定相关考核办法，确保污染防治真正有效果。2014 年 4 月 30 日，国务院办公厅印发《大气污染防治行动计划实施情况考核办法(试行)》。《办法》明确了地方人民政府是《大气十条》实施的责任主体。各省(区、市)人民政府要依据国家确定的空气质量改善目标，制定本地区《大气十条》实施细则和年度工作计划，将目标、任务分解到市(地)、县级人民政府，把重点任务落实到相关部门和企业，并确定年度空气质量改善目标，合理安排重点任务和治理项目实施进度，明确资金来源、配套政策、责任部门和保障措施等。《办法》坚持"奖优"和"罚劣"并重的原则。《办法》强调考核结果经国务院审定后要向社会公开，并交由干部主管部门按照《关于建立促进科学发展的党政领导班子和领导干部考核评价机制的意见》《地方党政领导班子和领导干部综合考核评价办法(试行)》《关于改进地方党政领导班子和领导干部政绩考核工作的通知》《关于开展政府绩效管理试点工作的意见》等规定，作为对各地区领导班子和领导干部综合考核评价的重要依据。中央财政将考核结果作为安排大气污染防治专项资金的重要依据，对考核结果优秀的将加大支持力度，不合格的将予以适当扣减。

2. 水污染防治行动计划

党的十八大以来，我们党把水污染防治称为"命运之战"。2015 年 2 月，中央政治局常务委员会会议审议通过《水污染防治行动计划》(简称《水十条》)，2015 年 4 月 2 日成文，2015 年 4 月 16 日发布并实施。《水十条》指出水环境保护事关人民群众切身利益，事关全面建成小康社会，事关实现中华民族伟大复兴中国梦。当前，中国一些地区水环境质量差、水生态受损重、环境隐患多等问题十分突出，影响和损害群众健康，不利于经济社会持续发展。为切实加大水污染防治力度，保障国家水安全，必须要坚决实行水污染防治行动计划。《水十条》要求以改善水环境质量为核心，按照"节水优先、空间均衡、系统治理、两手发力"原则，贯彻"安全、清洁、健康"的方针，强化源头控制，水陆统筹、河海兼顾，对江河湖海实施分流域、分区域、分阶段科学治理，系统推进水污染防治、水生态保护和水资源管理。坚持政府市场协同，注重改革创新；坚持全面依法推进，实行最严格环保制度；坚持落实各方责任，严格考核问责；坚持全民参与，推动节水洁水人人有责，形成"政府统领、企业施治、市场驱动、公众参与"的水污染防治新机制，实现环境效益、经济效益与社会效益多赢。

《水十条》从十个方面，提出了 35 条具体要求。这十个方面是：全面控制污染物排放；推动经济结构转型升级；着力节约保护水资源；强化科技支撑；充分发挥市场机制作用；严格环境执法监管；切实加强水环境管理；全力保障水生态环境安全；明确和落实各方责任；强化公众参与和社会监督。整体来看，《水十条》具有以下特征：第一，运用系统思维解决水污染问题。水污染防治是一项系统工程，解决水污染问题需要系统思维，从全局和战略的高度进行顶层设计和谋划。以改善水环境质量为核心，统筹水资源管理、水污染治理和水生态保护。协同管理地表水与地下水、淡水与海水、大江大河与小沟小汉。系统控源，全面控制污染物排放。工程措施与管理措施并举，切实落实治理任务。部门联动，打好治污"组合拳"。构建全民行动格局，落实政府、企业、公众责任。第二，充分发挥市场决定性作用。在积极发挥政府规范和引领作用的同时，强调用好税收、价格、补偿、奖励等手段，充分发挥市场机制作用。第三，重拳打击违法行为。《水十条》要求加大执法力度，完善国家督查、省级巡查、地市检查的环境监督执法机制。实行"红黄牌"管理，对超标和超总量的企业予以"黄牌"警示，一律限制生产或停产整治；对整治仍不能达到要求且情节严重的企业予以"红牌"处罚，一律停业、关闭。严惩环境违法行为，对违法排污零容忍。对偷排偷放、非法排放有毒有害污染物、非法处置危险废物、不正常使用防治污染设施、伪造或篡改环境监测数据等恶意违法行为，依法严厉处罚；对违法排污及拒不改正的企业按日计罚，依法对相关人员予以行政拘留；对涉嫌犯罪的，一律迅速移送司法机关；对超标超总量排污的违法企业，采取限制生产、停产整治和停业关闭等措施。

2017 年 6 月 27 日，第十二届全国人民代表大会常务委员会第二十八次会议对《水污染防治法》进行了修订。《水污染防治法》于 2018 年 1 月 1 日起正式开始实施。《水污染防治法》一方面为我国水污染治理提供了法律保障；另一方面，将我国在水污染治理实践当中的宝贵经验写入法律，通过水污染治理的制度化和法治化，确保了水污染治理的长效化和常态化。

3. 土壤污染防治计划

党的十八大以来，按照党中央、国务院决策部署，有关部门和地方积极探索，土壤防治工作进入系统化发展阶段，取得积极成效。第一，组织开展全国土壤污染状况调查，掌握了我国土壤污染特征和总体情况；第二，出台一系列土壤污染防治政策文件，建立健全土壤环境保护政策法规体系；第三，开展土壤环境质量标准修订工作，完善土壤环境保护标准体系；第四，制定实施重金属综合污染防治行动计划，全面推动土壤污染防治工作。[①] 2014 年 4 月 17 日，环保部和

---

① 任玲，张云飞. 改革开放 40 年的中国生态文明建设 [M]. 北京：中共党史出版社，2018：204.

国土资源部发布《全国土壤污染状况调查公报》，将历时八年的全国性土壤污染情况对公众披露。调查结果显示，全国土壤环境总体情况不容乐观，部分地区土壤污染较重，耕地土壤环境质量堪忧，工矿业废弃地土壤环境问题突出。2016年5月31日，历时3年的准备、编制、征求意见、报批等环节，国务院正式发布了《土壤污染防治行动计划》(简称《土十条》)，土壤污染治理又迈出重要一步。《土十条》指出土壤是经济社会可持续发展的物质基础，关系人民群众身体健康，关系美丽中国建设，保护好土壤环境是推进生态文明建设和维护国家生态安全的重要内容。当前，我国土壤环境总体状况堪忧，部分地区污染较为严重，已成为全面建成小康社会的突出短板之一。为切实加强土壤污染防治，逐步改善土壤环境质量，必须推动土壤污染防治行动。《土十条》提出，到2020年，全国土壤污染加重趋势必须得到初步遏制，土壤环境质量总体保持稳定，农用地和建设用地土壤环境安全得到基本保障，土壤环境风险得到基本管控。到2030年，全国土壤环境质量稳中向好，农用地和建设用地土壤环境安全得到有效保障，土壤环境风险得到全面管控。到21世纪中叶，土壤环境质量全面改善，生态系统实现良性循环。《土十条》还明确了土壤污染防治的主要指标：到2020年，受污染耕地安全利用率在90%左右，污染地块安全利用率在90%以上。到2030年，受污染耕地安全利用率在95%以上，污染地块安全利用率在95%以上。

《土十条》从十个方面，提出了35条具体要求。这十个方面是：开展土壤污染调查，掌握土壤环境质量状况；推进土壤污染防治立法，建立健全法规标准体系；实施农用地分类管理，保障农业生产环境安全；实施建设用地准入管理，防范人居环境风险；强化未污染土壤保护，严控新增土壤污染；加强污染源监管，做好土壤污染预防工作；开展污染治理与修复，改善区域土壤环境质量；加大科技研发力度，推动环境保护产业发展；发挥政府主导作用，构建土壤环境治理体系；加强目标考核，严格责任追究。

制定实施《土壤污染防治行动计划》是党中央、国务院推进生态文明建设，坚决向土壤污染宣战的一项重大举措，也是系统开展污染治理的重要战略部署，对确保生态环境质量改善、各类自然生态系统安全稳定具有重要作用。至此，针对我国当前面临的大气、水、土壤环境污染问题，《土壤污染防治行动计划》与已经出台的《大气污染防治行动计划》和《水污染防治行动计划》一起，三个污染防治行动计划已经全部制定发布实施。

此外，为全力打好"蓝天、碧水、净土"保卫战，国家还有针对性地开展场地环境状况调查、风险评估、修复治理等生态相关活动，制定并发布了《污染场地土壤修复技术导则》《场地环境调查技术导则》《场地环境监测技术导则》《污染场地风险评估技术导则》《污染场地术语》等一系列环保标准。

2018 年 6 月 16 日，中共中央、国务院出台《关于全面加强生态环境保护坚决打好污染防治攻坚战的意见》。该意见指出，党的十八大以来，以习近平同志为核心的党中央，推动生态文明建设和生态环境保护从实践到认识发生了历史性、转折性、全局性变化。大气、水、土壤污染防治行动计划深入实施，生态系统保护和修复重大工程进展顺利，核与辐射安全得到有效保障，生态文明建设成效显著，美丽中国建设迈出重要步伐，我国成为全球生态文明建设的重要参与者、贡献者、引领者。同时，我国生态文明建设和生态环境保护面临不少困难和挑战，存在许多不足。一些地方和部门对生态环境保护认识不到位，责任落实不到位；经济社会发展同生态环境保护的矛盾仍然突出，资源环境承载能力已经达到或接近上限；城乡区域统筹不够，新老环境问题交织，区域性、布局性、结构性环境风险凸显，重污染天气、黑臭水体、垃圾围城、生态破坏等问题时有发生。这些问题，成为重要的民生之患、民心之痛，成为经济社会可持续发展的瓶颈制约，成为全面建成小康社会的明显短板。

党的十八大以来，以习近平同志为核心的党中央领导集体提出了一系列关于生态文明建设的新理念、新思想、新战略，深刻回答了在新时代为什么建设生态文明、建设什么样的生态文明、怎样建设生态文明等重大问题，形成了习近平生态文明思想，为新时代生态文明建设实践提供了根本遵循，并带领中国人民走向社会主义生态文明新时代。

第四章

中国化马克思主义生态理论的演进发展

当今中国特色的社会主义现代化建设不断向纵深拓展，但现代化进程中仍面临着生态环境问题的挑战和考验。因此，对中国化马克思主义生态理论的发展历程进行深入探究，寻找中国化马克思主义生态理论的演进动力、核心理念发展进程及其理论特征，既对解决中国社会发展过程中的生态环境问题，实现人与自然和谐共生，促进社会主义生态文明建设具有重要意义，也对解决当代国际社会日益严重的生态环境问题具有分享价值。

一、中国化马克思主义生态理论演进历程分析

中国社会主义生态实践经历了毛泽东时期、邓小平时期、江泽民时期、胡锦涛时期以及习近平时期的发展历程，学界对于中国化马克思主义生态理论的演进历程分析多以党的领导人为分界点划分发展历程，即划分为毛泽东、邓小平、江泽民、胡锦涛、习近平五个阶段。这样做可以更加清晰地梳理领袖人物的生态思想，但是难以对中国化马克思主义生态理论发展的内在演进理路进行考察，不易对中国化马克思主义生态理论进行整体把握。因此，本书根据中国共产党人对人与自然的关系、经济发展与环境保护的关系、生态保护法治化与制度化等生态文明建设重大理论与现实问题的认识发展程度，将中国化马克思主义生态理论的演进划分为萌芽阶段（1949—1978）、起步阶段（1978—2002）、发展阶段（2002—2012）和全面发展阶段（2012—　）。

（一）萌芽阶段（1949—1978）

首先，对人与自然的辩证统一关系进行了有益探索。

毛泽东所处的时代，长期战争导致土地荒芜、耕地荒废、资源匮乏，同时生产力水平低下，人民生活质量亟待改善。在这样的时代背景下，毛泽东提出"团结全国各族人民进行一场新的战争———向自然界开战，发展我们的经济，发展

我们的文化……建设我们的新国家"①。在"向自然界开战"的号召下，一方面全国人民劳动生产热情高涨，另一方面也出现了大规模毁林、弃牧、填湖开荒种粮的现象，生态环境遭到破坏，环境问题开始凸显。这一时期提出"向自然开战"，有其现实与历史基础。

1840 年鸦片战争以来，中国开始沦为殖民地半殖民地，成为西方国家经济发展的原材料供应国，经济发展落后，因而实现国家独立、改变中国贫穷落后的社会现实一直是中国仁人志士不懈的追求。以毛泽东为代表的中国共产党人，领导中国人民进行长达 28 年的革命战争，终于实现了民族独立，建立了中华人民共和国。面对旧中国积贫积弱的现状，人民希望在中国共产党的领导下，通过利用自然、改造自然等形式与自然资源、生态环境的限制进行抗争，借以实现国家富强的梦想。从当时党的第一代中央领导集体的组成者的思想发展来看，毛泽东、周恩来、刘少奇等人在青年时期都接受过中国传统文化教育，同时作为马克思主义者的中国共产党人，他们所理解的"人定胜天"肯定不是人类一定可以战胜自然的意思，而是强调要发挥人的主观能动性，借助新建立的政权动员社会大众积极发展社会生产力，推动国家走向富强。但是在实践中，"人定胜天"出现极端，过于重视人的利益与作用，忽视"生产的自然条件"限制。由于工业和农业生产过于追求发展的高速度，一度使国家自然环境遭到冲击，造成矿产资源与生物资源的严重破坏。

随着"大跃进"运动的失败，毛泽东开始反思社会实践中人与自然的对立冲突。马克思、恩格斯作为伟大的思想家，对人与自然的辩证统一关系进行了系统的论述，人作为自然的组成部分，其生存与发展都离不开自然界所提供的生产生活资料。毛泽东在吸收借鉴马克思主义生态自然观的基础上，指出"人类同时是自然界和社会的奴隶，又是它们的主人"②，人与自然的关系是辩证统一的，人的生存与发展依赖于自然，人受自然界发展规律的制约，"自然界有抵抗力，这

---

① 毛泽东文集(第 7 卷)[M]. 北京：人民出版社，1999：216.
② 毛泽东文集(第 8 卷)[M]. 北京：人民出版社，1999：326.

是一条科学。你不承认，它就要把你整死"①。但同时毛泽东也强调人的主观能动性，重视人改造自然、利用自然的能力。正如他所说，"自然界这个敌人也是有办法制服它的"，只要我们"更多地懂得客观世界的规律，少犯主观主义错误，我们的革命工作和建设工作，是一定能够达到目的的"。② 尊重自然界的发展演进规律，利用好自然规律，人类就可以成为自然界的"主人"。

接着，破除了初期对环境问题及保护环境的错误认知。

中华人民共和国成立初期，毛泽东、周恩来等中央领导人提出了植树造林、绿化祖国等论述，在一定程度上起到了生态启蒙的作用。但是，这一时期，环境保护并没有真正成为社会主流话语，人们对于环境保护问题缺乏科学的认知，甚至否定社会主义社会存在污染，认为资本主义国家才存在污染。导致这一错误认知的原因是多方面的，其中一个重要原因就是当时党内一些同志对社会主义的认识存在片面性，主观上强调社会主义制度的优越性，而忽视社会发展的客观规律，对工农业生产潜在的污染威胁缺乏充分认知，且在社会中存在着一种"污染难以避免"的论调，即工业"'污染难免'……'哪个烟囱不冒烟，哪个工厂不排水，不排渣'"③。到 20 世纪 70 年代，我国的生态环境问题已相当严重，开始威胁人民生产生活，阻碍社会主义建设顺利进行。1972 年 6 月，联合国首届人类环境会议在瑞典斯德哥尔摩举行。根据会议要求，中国需要提交一份关于国内环境建设的报告，周恩来在审阅报告初稿时，针对报告中过于强调建设成就而对"公害""污染"等生态环境问题只字不提的做法非常不满，指出我们也有环境问题，不好回避。一些地区很严重，北京就有污水，冒黑烟。不能只把"公害"说成是资本主义制度的顽症。周恩来的这一批示，实际上统一了我们党对环境问题及环境保护的认知，破除了新中国成立初期对环境问题及保护环境的错误认知。

中国代表团参加了斯德哥尔摩联合国人类环境会议，会后向周恩来汇报，对

---

① 毛泽东文集(第7卷)[M]. 北京：人民出版社，1999：448.
② 毛泽东文集(第6卷)[M]. 北京：人民出版社，1999：392-393.
③ 曲格平，彭近新. 环境觉醒[M]. 北京：中国环境科学出版社，2010：265-266.

照会议中列举的一些环境问题，发现中国的环境污染和生态破坏已经到了很严重的程度。周恩来指示要立即召开一次全国性的环境大会，研究和解决中国的环境问题。1973年召开第一次全国环境保护工作会议，会议拟定《关于保护和改善环境的若干规定(试行草案)》，从多角度、多方面对环境保护做出了要求和部署。1974年成立的国务院环境保护领导小组，迈出了我国生态治理和环保机构设置的第一步。从对社会主义环境问题漠视，到逐渐重视环境污染和生态破坏，迈出环境保护法制化和制度化的关键一步，在对以毛泽东为代表的中国共产党人"植树造林、绿化祖国""环境法治"等生态思想进行概括与升华的基础上，环境保护话语逐渐形成。自此环境保护成为我们党和国家的重要任务之一。

同时，制定了一系列环境保护法规条例。

中华人民共和国成立初期，我国制定了《矿业暂行条例》《国家建设征用土地办法》《水土保持暂行纲要》等法规，主要关注自然资源的保护，尤其是作为工农业命脉的各种环境要素的立法。随着社会的发展，尤其是"一五"计划的开始执行，工业污染问题逐渐显现。针对工业生产引起的环境污染，我国制定颁布了一些与防治环境污染有关的法规和标准，有《矿产资源保护试行条例》《工厂安全卫生规程》《生活饮用水卫生规程》等。从这些条例的内容看，我国环境保护的理念在不断发展，从关注自然资源的保护，到认识并防止环境破坏，再到治理环境污染。但是，由于一系列政治运动的影响，这些环境法规并没有得到有效落实。

最后，对生态民生进行了初步探索。

1950年，淮河流域的特大洪涝灾害致使河南、安徽1300多万人受灾，人民生命财产损失巨大。毛泽东为此发出"一定要把淮河修好"的口号，并以淮河治理为起点，展开了对海河、黄河、荆江等流域的治理，拉开了新中国大型水利工程建设的序幕。毛泽东还对绿化的审美价值进行了探讨，他不仅认识到林木资源是社会主义建设的重要的物质生产生活资料，还十分重视绿化的审美价值，强调"种树要种好，要有一定的规格，不是种了就算了，株行距、各种树种搭配要合适，到处像公园，做到这样，就达到共产主义的要求"①。在党的领导和全国人民的共同努力下，我国的绿化面积持续增加，一方面为社会主义的工农业建设提供了源源不断的生产资料，改善了人民的生活水平；另一方面促进了人与自然的协调发展，维持了生态平衡，美化了人民群众的生产生活环境。1973 年通过的《关于保护和改善环境的若干规定(试行草案)》，提出了"全面规划，合理布局，综合利用，化害为利，依靠群众，大家动手，保护环境，造福人民"的 32 字方针，明确了保护生态环境的最终目的是造福人民。该规定还从十个方面对环境保护工作展开了部署，其中涉及"有害环境的工厂要远离城市居民区""改善老城市的生活环境"等具体要求，这表明了当时的中央领导集体已经开始将生态环境看作民生建设中的一个重要因素，在经济发展过程中保障和改善生态民生，满足人民群众对安全、舒适生活环境的需要。

在萌芽阶段，以毛泽东同志为核心的党的第一代中央领导集体进行了丰富的生态实践，结合实践中出现的问题，对人与自然的辩证统一关系进行了反思，破除了对环境问题与环境保护的片面认知，力图保障和改善人民的生态民生。这一阶段，虽然已经关注到生态环境对社会生产生活以及民生建设的重要性，但重点放在生态环境给生产发展带来的经济效益和社会效益。在人与自然关系认识上的反复，也给生态环境和自然资源造成了一定的破坏。保护生态环境尚未成为工作重心，顶层设计和制度构建还处于萌芽状态。但这一时期在理论、制度和实践层面的探索，为改革开放之后我国生态环境保护积累了丰富的宝贵遗产。

(二)起步阶段(1978—2002)

1978 年是一个关键历史节点，党的十一届三中全会开启了中国改革开放和社会主义建设的新时期。这一时期，邓小平与江泽民对经济发展与环境保护的关系、科学技术在环境保护中的作用、环境保护法治化制度化、环境保护行政领导

---

① 中共中央文献研究室，国家林业局.毛泽东论林业[M].北京：中央文献出版社，2003：51.

体制进行了理论上的接续探索，与时俱进地提出了适应时代需要的新的发展理念和理论观点，推动马克思主义生态理论与中国发展新国情的结合，马克思主义生态理论的中国化进程开始快速起步。

首先，深化了对经济发展与环境保护的关系的认知。

党的十一届三中全会决定实施改革开放的伟大战略，中国的经济发展取得令世界瞩目的成绩，工业化、城市化进程加速推进。邓小平指出，社会主义的制度优越性就是"能够允许社会生产力以旧社会所没有的速度发展，使人民不断增长的物质文化生活需要能够逐步得到满足"①。然而高速度发展也带来了副作用——资源的快速消耗和环境污染的加剧。针对实践中出现的经济发展与环境保护的不协调，邓小平一方面强调，发展的高速度不是鼓励不切实际的高速度，而是要讲求发展的效益，稳步协调地发展；另一方面指出，环境的恶化会影响人民生活并成为制约社会发展的因素，而环境的改善则可以为人民生活和经济发展提供动力。在反思世界各国工业发展历程的基础上，邓小平提出，必须解决好经济发展与环境保护的关系问题，跨过西方国家"先污染、后治理"的黑色发展道路，实现经济建设与人口、资源、环境相协调，实现经济效益与社会效益、短期效益与长远发展的统一。

然而部分地区在实践中并没有处理好经济发展与环境保护的关系，走"边污染、边治理"或"先污染、后治理"的道路，粗放型的经济发展方式消耗了过多资源，污染了生态环境，使发展难以持续。20世纪90年代中后期，国际国内发展出现了两个新变化：一是国内经济继续保持快速增长，资源枯竭与环境污染对经济发展的制约效应开始凸显；二是西方发达国家借助经济全球化趋势，对本国产业结构进行优化升级，将"三高一低"产业转移到中国，并借由生态环境问题在国际上对中国发展道路进行攻击。

环境问题直接关系到人民群众的正常生活和身心健康，如果环境保护搞不

---

① 邓小平文选(第2卷)[M].北京：人民出版社，1994：128.

好，人民群众的生活条件就会受到影响。以江泽民同志为核心的党中央决定实施可持续发展战略，指出可持续发展战略的内涵，是既满足当代人的发展需要，又为后代子孙留下一个可永续利用的资源环境。江泽民指出："在加快发展中决不能以浪费资源和牺牲环境为代价。任何地方的经济发展都要注重提高质量和效益，注重优化结构，都要坚持以生态环境良性循环为基础，这样的发展才是健康的、可持续的。"①

我国生态治理要抓住产业结构调整这一关键时期。在实施可持续发展战略的过程中，要经济与环境并举，恰当处理好人口、资源、环境与经济和社会发展的关系。江泽民指出："在现代化建设中，必须把实现可持续发展作为一个重大战略。要把控制人口、节约资源、保护环境放到重要位置，使人口增长与社会生产力发展相适应，使经济建设与资源、环境相协调，实现良性循环。"②

可持续发展战略的提出，标志着我们党看到了经济发展无序性与资源环境有限性的矛盾，是对"头痛医头，脚痛医脚"那种单纯治理环境污染的环境保护思路的扬弃，开始注重从经济发展与环境保护的关系这一根本问题着手，解决生态环境污染与资源浪费的问题，是党对经济发展与环境保护关系的认知升华。

其次，深化了科学技术对环境保护作用的认知。

马克思、恩格斯重视科学技术的作用，主张运用科学技术优化人与自然的物质变换关系。在马克思、恩格斯看来，人类认识自然、改造自然的能力是以科学技术的创新发展为前提的，通过发展科学技术可以减少对环境的污染与对资源的开采，进而优化人与自然的关系。马克思指出："机器的改良，使那些在原有形式上本来不能利用的物质，获得一种在新的生产中可以利用的形态；科学的进步，特别是化学的进步，发现了那些废物的有用性质。"③邓小平继承了马克思、恩格斯的科学技术优化人与自然物质变换关系的思想，他不但认识到科学技术是

---

① 江泽民文选(第1卷)[M]. 北京：人民出版社，2006：533.
② 江泽民文选(第1卷)[M]. 北京：人民出版社，2006：463.
③ 马克思恩格斯文集(第7卷)[M]. 北京：人民出版社，2009：115.

推动社会经济快速发展的巨大动力，还看到了科学技术之于生态环境保护的重要作用。比如，邓小平曾在与国家计委、国家经委和农业部门负责同志的谈话时强调："提高农作物单产，发展多种经营，改革耕作栽培方法，解决农村能源，保护生态环境等等，都要靠科学。"①邓小平将科学技术运用于农业生产中，通过发展生态农业，将生态、经济、社会三者的效益相互统一起来，在保护生态环境的同时也获取经济效益和社会效益。

江泽民在继承"科学技术是第一生产力"思想的基础上，结合可持续发展的战略任务，对科学技术在治理环境污染、实现人类可持续发展中的作用进行深刻阐述。他结合世界科学技术发展趋势，提出"信息科学、生命科学、材料科学和资源环境科学研究领域对中国未来的可持续发展至关重要"②。可持续发展对科学技术提出了新的要求，我们必须"十分重视解决环境保护、资源合理开发利用、减灾防灾、人口控制、人民健康等社会发展领域的科技问题，为改善生态环境、提高人民的生活质量和健康水平作出贡献，促进经济和社会的持续协调发展"③。他认为，全世界的环境、资源、人口、生态问题的解决都要借助先进的科学技术，尤其对于人口多、人均资源少的中国，科学技术在人口控制、资源节约和环境保护中必须发挥支撑作用，是我国能否实现可持续发展的关键。

再次，升华了环境保护法制化、制度化实践。

毛泽东时期，我国就开始对环境保护的法制建设进行探索，但是这一时期的法制化、制度化探索还不系统，在实践中也未能坚持。1978年，在党的十一届三中全会之前的中央工作会议上，邓小平同志在闭幕会的讲话中指出："应该集中力量制定刑法、民法、诉讼法和其他各种必要的法律，例如工厂法、人民公社法、森林法、草原法、环境保护法、劳动法、外国人投资法等等，经过一定的民主程序讨论通过，并且加强检察机关和司法机关，做到有法可依，有法必依，执

---

① 国家环境保护总局，中共中央文献研究室. 新时期环境保护重要文献选编[M]. 北京：中央文献出版社、中国环境科学出版社，2001：34.

② 江泽民. 论科学技术[M]. 北京：中央文献出版社，2001：184.

③ 江泽民. 论科学技术[M]. 北京：中央文献出版社，2001：54.

法必严，违法必究。"①邓小平这一讲话为我国生态环境立法奠定了基础，开启了我国生态治理法制化进程。党的十一届三中全会后，环境法制建设成为中国恢复和加强民主法制建设的重要组成部分。1978 年《中华人民共和国宪法》第十一条首次对环境保护作了规定："国家保护环境和自然资源，防治污染和其他公害。"随后全国人大相继通过《环境保护法（试行）》（1979）、《海洋环境保护法》（1982）、《水污染防治法》（1984）、《森林法》（1984）、《矿产法》（1986）、《大气污染防治法》（1988）等一系列保护环境和资源的法律。

党的十五大确立了依法治国的基本方略，对于人口、资源和环境工作，也要坚持这一原则。江泽民指出："人口、资源、环境工作要切实纳入依法治理的轨道。这是依法治国的重要方面。"②20 世纪 90 年代以来，我国资源和环境立法工作持续推进，一个重大突破就是将"破坏环境资源保护罪"列入《刑法》。针对有法不依、执法不严的现象，江泽民强调，要更加重视普法工作，加强法制宣传教育，使企事业单位和人民群众都接受环境法制教育；要严格执法，加大对资源保护的环境执法监察力度；要依法查处违法审批、处置和占用资源的行为；各级政府和部门在确定重大建设项目时，一定要制定保护环境的对策措施，特别是引入环境影响评估制度，使区域流域的改造、建设和开发，建立在科学有效的环境评估制度的基础之上；环境保护部门要加强统一监管，不断建立和完善环境保护投入制度，鼓励群众参与，加强社会监督。在邓小平和江泽民的推动下，我国环境保护事业和法制建设进入了一个蓬勃发展的时期，并逐步建立了完整的环境法律体系，运用和依靠环境法制保护生态环境成为社会共识。

邓小平、江泽民也推动了环境保护的制度化发展。邓小平一贯重视制度建设，强调制度问题带有根本性、全局性、稳定性和长期性。③ 以绿化工作为例，为实现绿化工作的长期化、制度化，邓小平对其制度化路径进行了深入探索，

①　邓小平文选（第 2 卷）[M]．北京：人民出版社，1994：146-147.
②　江泽民文选（第 3 卷）[M]．北京：人民出版社，2006：468.
③　林震，冯天．邓小平生态治理思想探析[J]．中国行政管理，2014(8).

1981 年他提出要"植树造林，绿化祖国，造福子孙"，形成制度并长期坚持下去，1982 年中央绿化委员会成立，负责全国的义务植树和国土绿化工作。在这一思想的指导下，各地陆续安排植树造林活动的具体制度与措施，为开展全民义务植树运动、绿化祖国的活动提供了基本的制度依据。江泽民接续推进环境保护的制度化探索，针对环境执法过程中出现的"有法不依、执法不严、违法不究"的问题，江泽民提出"各级领导干部要带头遵守有关环境保护的法律法规，并为环保部门严格执法撑腰"①。江泽民还对领导干部环境负责制和生态政绩考核进行探索，"各级党委和政府要把环境保护工作摆上重要议事日程，每年要听取环保工作的汇报，及时研究和解决出现的问题。这要成为一项制度"②。

最后，为落实环境保护目标建立健全科学合理的环境保护行政领导体制。

1974 年国务院环境保护领导小组成立，我国第一次设置了环境保护机构。1983 年 3 月，我国组建城乡建设环境保护部，内设环境保护局。1984 年，国务院环境保护委员会成立，原城建环保部下属的环境保护局改为国家环境保护局，作为环境保护委员会办事机构。1988 年，国务院决定独立设置国家环境保护局，作为国务院的直属机构。1998 年在国务院机构改革中，国家环境保护局升格为国家环境保护总局(正部级)。2008 年组建环境保护部，不再保留国家环境保护总局。这一时期，我国环境保护行政领导体制经历了从无到有、从弱到强不断发展壮大的过程，对我国生态环境保护提供了有力的支持。

在起步阶段，中国共产党开始有针对性地解决经济发展过程中产生的生态环境问题。在邓小平和江泽民的领导下，我国对于经济发展与环境保护的认知达到了新的水平，作为世界上最大的发展中国家，进行社会主义现代化建设，不发展经济不行，发展速度慢了也不行，而发展经济，不保护生态环境更不行。这一阶段，解决生态环境问题的方式和方法更加系统和科学，既认识到科学技术发展对可持续发展的重要作用，又重视环境法制和制度以及行政领导体制在治理生态环

---

① 江泽民文选(第 1 卷)[M]. 北京：人民出版社，2006：535.
② 江泽民文选(第 1 卷)[M]. 北京：人民出版社，2006：535.

境问题上的支撑作用。

(三) 发展阶段 (2002—2012)

改革开放后 20 多年，我国经济建设取得重大成就，GDP 总量居世界前列，人均 GDP 超过 1000 美元，工业化、现代化进程加速推进。由于资源的不可再生性以及人们对生态环境质量的要求越来越高，经济发展和人口、资源、环境的矛盾越来越突出，可持续发展战略遭遇巨大挑战。为了突破发展瓶颈，以胡锦涛同志为总书记的党中央创造性地提出科学发展观和生态文明等思想。

科学发展观，是这一时期经济社会发展的根本指导思想。2003 年 8 月，胡锦涛在江西考察工作时明确使用"科学发展观"概念，提出要牢固树立协调发展、全面发展、可持续发展的科学发展观。党的十七大，胡锦涛在《高举中国特色社会主义伟大旗帜 为夺取全面建设小康社会新胜利而奋斗》的报告中指出："科学发展观，第一要义是发展，核心是以人为本，基本要求是全面协调可持续，根本方法是统筹兼顾。"①对于科学发展观的内容进行了明确的论述。科学发展观不仅仅是对于江泽民可持续发展战略的继承与发展，更是对党的前三代中央领导集体重要思想的继承与发展，是马克思主义和新的中国国情相结合达到新的高度和阶段的体现。

2007 年，党的十七大首次提出"生态文明"的科学概念，将"建设生态文明"作为全面建设小康社会的新目标，提出：建设生态文明，基本形成节约能源资源和保护生态环境的产业结构、增长方式、消费模式；循环经济形成较大规模，可再生能源比重显著上升；主要污染物排放得到有效控制，生态环境质量明显改善；生态文明观念在全社会牢固树立。党的十七大后，建设生态文明成为中国特色社会主义事业的重要组成部分。生态文明建设的任务是形成节约能源和资源，保护环境的产业结构；目标是形成资源节约型、环境友好型的社会，走生产发

① 中共中央文献研究室. 十七大以来重要文献选编(上)[M]. 北京：中央文献出版社，2009：11-12.

展、生活富裕、生态良好的道路；宗旨是全心全意地为人民谋福利。2012 年 11 月，党的十八大报告首次独立成篇地论述生态文明建设，将其纳入中国特色社会主义事业"五位一体"总体布局，生态文明建设被提到了前所未有的高度。

首先，推进经济结构调整，加快经济发展方式转变。

针对高消耗、高污染的传统经济增长模式，逐渐面临资源和环境的双重制约的现状，胡锦涛指出："彻底转变粗放型的经济增长方式，使经济增长建立在提高人口素质、高效利用资源、减少环境污染、注重质量效益的基础上。"①"坚持节约优先、保护优先、自然恢复为主的方针，着力推进绿色发展、循环发展、低碳发展，形成节约资源和保护环境的空间格局、产业结构、生产方式、生活方式。"②绿色发展、循环发展、低碳发展就是符合生态文明建设要求的发展模式。在此基础上，他进一步提出："绿色发展，就是要发展环境友好型产业，降低能耗和物耗，保护和修复生态环境，发展循环经济和低碳技术，使经济社会发展与自然相协调。"③"要大力发展循环经济，逐步改变高耗能、高排放产业比重过大的状况。"④

其次，深化人与自然和谐发展的理念。

以胡锦涛同志为总书记的党中央继承与发展了马克思主义生态思想中人与自然的辩证统一思想，提出人与自然和谐相处的理论，认为必须树立尊重自然、顺应自然、保护自然的生态文明理念。"人与自然的关系不和谐，往往会影响人与人的关系、人与社会的关系。……要科学认识和正确运用自然规律，学会按照自然规律办事，更加科学地利用自然为人们的生活和社会发展服务……"⑤想要建设成为人与自然和谐相处的生态良好的国家，就要对公民进行良好的生态意识教

---

① 中共中央文献研究室. 十六大以来重要文献选编（中）[M]. 北京：中央文献出版社，2006：816.

② 胡锦涛. 坚定不移沿着中国特色社会主义道路前进 为全面建成小康社会而奋斗——在中国共产党第十八次全国代表大会上的报告[M]. 北京：人民出版社，2012：20.

③ 中共中央文献研究室. 十七大以来重要文献选编（中）[M]. 北京：中央文献出版社，2011：747.

④ 中共中央文献研究室. 十七大以来重要文献选编（上）[M]. 北京：中央文献出版社，2009：78.

⑤ 中共中央文献研究室. 十六大以来重要文献选编（中）[M]. 北京：中央文献出版社，2006：715-716.

育，要"增强公众保护生态环境的自觉意识，在全社会形成爱护生态环境、保护生态环境的良好风尚"①，只有正确地处理好人与自然的关系，才能在此基础上促进中国特色社会主义事业的健康发展。

最后，保护生态环境必须依靠制度。

经过几代人的努力，我国的环境保护制度从探索萌芽到初步建立，再到丰富发展，经历了一个逐渐完善的过程；同时，随着时代发展，还要不断面临新情况、新问题。对此，胡锦涛高度重视生态领域法律制度的建设和完善，他多次强调"要加大治理污染的力度，依法保护环境"②。一是对生态文明制度体系建立进行了总体规划。胡锦涛总书记代表党中央作党的十八大报告时明确提出："加强生态文明制度建设。保护生态环境必须依靠制度。"③并指出"要把资源消耗、环境损害、生态效益纳入经济社会发展评价体系，建立体现生态文明要求的目标体系、考核办法、奖惩机制。建立国土空间开发保护制度，完善最严格的耕地保护制度、水资源管理制度、环境保护制度。深化资源性产品价格和税费改革，建立反映市场供求和资源稀缺程度、体现生态价值和代际补偿的资源有偿使用制度和生态补偿制度。积极开展节能量、碳排放权、排污权、水权交易试点。加强环境监管，健全生态环境保护责任追究制度和环境损害赔偿制度"④，从顶层设计上对我国生态文明制度体系进行了明确的规划并付诸实施。二是继续对生态环境领导体制进行改革。在 2008 年的行政管理体制改革中，将国家环境保护总局升格为环境保护部，成为国务院组成部门，负责国家环境保护方针、政策和法规的制定等。同时成立国家能源局，由国家发改委管理，负责能源的战略决策和统筹协调。此外还加强对环境管理机构的重视和建设力度，环境管理机构要深入各地，形成从中央到地方的全面管理网络，严格防范各地各类破坏环境行为发生，不让任何破坏环境的违法犯罪行为有机可乘。三是建立科学反映经济发展的环境成本考核评价指标。将

---

① 中共中央文献研究室. 十六大以来重要文献选编(中)[M]. 北京：中央文献出版社，2006：1101.
② 中共中央文献研究室. 十六大以来重要文献选编(中)[M]. 北京：中央文献出版社，2006：823.
③ 中共中央文献研究室. 十八大以来重要文献选编(上)[M]. 北京：中央文献出版社，2014：32.
④ 中共中央文献研究室. 十八大以来重要文献选编(上)[M]. 北京：中央文献出版社，2014：32.

生态建设指标完成情况纳入各级政府领导班子和领导干部的考核体系，转变领导干部只注重 GDP 的政绩观，建立生态工作问责制，将考核情况作为领导班子和领导干部奖惩的依据之一，提出研究绿色国民经济核算方法，探索将发展过程中的资源消耗、环境损失和环境效益纳入经济发展水平的评价体系。

经过几代人的努力，中国化马克思主义生态理论开始逐步展开，但无论是在体系构建上还是思想引领上，都还有待发展。面对可持续发展战略落实过程中的难题，以胡锦涛同志为总书记的党中央创造性地对"两型"社会、和谐社会和生态文明建设进行实践，提出科学发展观和生态文明理念，中国化马克思主义生态理论基本形成，开始走向科学化、理论化、体系化，步入全面快速发展的阶段，逐渐成为指导我国生态文明建设的重要思想。

(四)全面发展阶段(2012—)

党的十八大以来，我国开启了深层次、根本性的变革，取得了全方位、开创性的历史成就，中国特色社会主义各项事业取得重大进展。以习近平同志为核心的党中央领导全党全国人民，大力推动生态文明建设的理论创新、实践创新和制度创新，开创了社会主义生态文明建设新时代，形成了习近平生态文明思想，是习近平新时代中国特色社会主义思想的重要内容。

习近平生态文明思想，指明了生态文明建设的方向、目标、途径和原则，揭示了社会主义生态文明发展的本质规律，开辟了当代中国马克思主义生态理论的新境界，是马克思主义生态思想中国化的最新理论成果，标志着中国化马克思主义生态理论走向全面发展的成熟阶段，对建设富强美丽的中国和清洁美丽的世界具有非常重要的指导作用。

1. "人与自然和谐共生"的科学自然观

习近平生态文明思想，继承和发展了马克思主义生态理论中人与自然辩证统一的观点，在已有的实践探索与理论创新的基础上，进一步提出"人与自然和谐共生"的科学自然观。

"人与自然是生命共同体","人类必须尊重自然、顺应自然、保护自然"。这是在吸收借鉴马克思主义自然观的基础上,分析当前中国社会发展矛盾问题和经验教训而得出的科学论断,是我们在经济发展过程中处理人与自然关系的根本遵循。人与自然的关系是人类社会最重要的关系之一,人本身就是自然界的产物,只有依靠自然界才能够生存和发展,如马克思所言,"人靠自然界生活"①。当人类开发利用自然时,若能尊重自然、顺应自然、保护自然,与自然和谐共生,就能持续不断地得到大自然的馈赠;反之,若过度开发资源,破坏生态环境,必然会伤及人类自身,这是不可抗拒的自然规律。

人类必须像对待生命一样对待环境,正确处理人与自然的关系。在此基础上,进一步强调,人与自然和谐共生在现代化中的重要性,"我们要建设的现代化是人与自然和谐共生的现代化,既要创造更多物质财富和精神财富以满足人民日益增长的美好生活需要,也要提供更多优质生态产品以满足人民日益增长的优美生态环境需要"②。

2. "绿水青山就是金山银山"的绿色发展观

习近平生态文明思想,继承和发展了马克思主义生态理论中对于环境污染的批判,在借鉴前人关于绿化祖国、转变经济增长方式等思想理论与实践建设的基础上,进一步提出"绿水青山就是金山银山"的绿色发展观。

2005 年 8 月 15 日,时任浙江省委书记的习近平同志到浙江安吉余村进行调研,首次明确提出了"绿水青山就是金山银山"的科学论断。习近平同志指出:"我们既要绿水青山,也要金山银山。宁要绿水青山,不要金山银山,而且绿水青山就是金山银山。"③2015 年 3 月 24 日,习近平总书记主持召开中央政治局会

---

① 马克思恩格斯选集(第 1 卷)[M]. 北京:人民出版社,2012:55.

② 习近平. 习近平谈治国理政(第 3 卷)[M]. 北京:外文出版社,2020:39.

③ 中共中央文献研究室. 习近平关于社会主义生态文明建设论述摘编[M]. 北京:中央文献出版社,2017:21.

议，正式把"坚持绿水青山就是金山银山"的理念写进《关于加快推进生态文明建设的意见》文件。党的十九大首次将"必须树立和践行绿水青山就是金山银山的理念"写入大会报告。

"绿水青山就是金山银山"包含着绿色发展的理念。针对当前我国经济由高速增长阶段转向高质量发展阶段，正处在转变发展方式、优化经济结构、转换增长动力的攻关期的现实状况，习近平总书记指出，"绿色发展是构建现代化经济体系的必然要求，是解决污染问题的根本之策"①，必须坚持绿水青山就是金山银山，贯彻创新、协调、绿色、开放、共享的发展理念，加快形成节约资源和保护环境的空间格局、产业结构、生产方式、生活方式，给自然生态留下休养生息的时间和空间。

坚持绿色发展理念，就是要正确处理经济发展与生态保护之间的关系，保护环境就是保护生产力、保护财富，可以为经济发展提供良好的生态环境，而经济发展反过来又可以为生态环境保护提供物质保障，从而实现经济生态的协调发展；坚持绿色发展理念，就是要加快转变经济发展方式，"必须改变过多依赖增加物质资源消耗、过多依赖规模粗放扩张、过多依赖高能耗高排放产业的发展模式"②，大力发展循环经济；坚持绿色发展理念，就是要依靠科技创新推动绿色发展，"依靠科技创新破解绿色发展难题，形成人与自然和谐发展新格局"③。

3. "良好生态环境是最普惠的民生福祉"的基本民生观

2013年4月，习近平总书记在海南考察工作时指出："良好生态环境是最公平的公共产品，是最普惠的民生福祉。"④生态环境是人人都有机会、都有权利享

---

① 中共中央文献研究室. 十九大以来重要文献选编（上）[M]. 北京：中央文献出版社，2019：859.

② 中共中央文献研究室. 习近平关于社会主义生态文明建设论述摘编[M]. 北京：中央文献出版社，2017：38.

③ 中共中央文献研究室. 习近平关于社会主义生态文明建设论述摘编[M]. 北京：中央文献出版社，2017：34.

④ 中共中央文献研究室. 习近平关于社会主义生态文明建设论述摘编[M]. 北京：中央文献出版社，2017：4.

有的具有非排他性的公共用品，它不因年龄、地域、贫富等因素而在享用过程中受到区别对待，生态环境直接公平地对待每一个人。

由于生态环境具有最公平的公共属性，意味着生态环境一旦遭受破坏，就会影响着每一个人的生活，没有人能独善其身；与之相反，建设好生态环境将在最普遍的意义上惠及所有人。生态环境的最普惠性表现为：在时间维度上，它既惠及当代人，也惠及未来后代；在空间维度上，它不仅惠及国内各族人民，也惠及各国各地区。

习近平总书记在强调生态民生建设时，没有仅仅局限于当代人，他还站在代际和国际的高度，看待生态环境建设带来的普惠性。他在谈话中多次提及生态环境建设关乎子孙后代，明确提出"建设生态文明，关系人民福祉，关乎民族未来"[1]；"生态环境保护是功在当代、利在千秋的事业"[2]；"把生态文明建设融入经济建设、政治建设、文化建设、社会建设各方面和全过程，形成节约资源、保护环境的空间格局、产业结构、生产方式、生活方式，为子孙后代留下天蓝、地绿、水清的生产生活环境"[3]。

在此基础上，以习近平同志为核心的党中央提出建设美丽中国，坚持生态惠民、生态利民、生态为民，把解决损害人民群众健康的突出生态环境问题作为重点，在生态环境保护上坚决打好污染防治攻坚战，让人民群众在当前的发展中享有更多的获得感和幸福感。

4. "山水林田湖草是生命共同体"的整体系统观

习近平生态文明思想提出生命共同体的概念，认为"山水林田湖草是一个生

---

[1]　中共中央文献研究室. 习近平关于社会主义生态文明建设论述摘编[M]. 北京：中央文献出版社，2017：5.

[2]　中共中央文献研究室. 习近平关于社会主义生态文明建设论述摘编[M]. 北京：中央文献出版社，2017：7.

[3]　中共中央文献研究室. 习近平关于社会主义生态文明建设论述摘编[M]. 北京：中央文献出版社，2017：20.

命共同体""人与自然是生命共同体",强调"人的命脉在田,田的命脉在水,水的命脉在山,山的命脉在土,土的命脉在树"①。用"命脉"一词将人与自然联系在一起,简明扼要而又形象深刻地阐述了人与自然之间紧密相连的一体性关系。绿色是生命的本色,是山水林田湖草充满生机活力和健康安全的体现,也是人类追求美好生活和提升幸福度的象征。

山水林田湖草,各有其权益,但更是生命共同体。"山水林田湖草是生命共同体",强调了各生态要素之间相互影响、相互作用,彼此是不可分割的整体。生命共同体不仅局限于山水林田湖草本身,而是以山水林田湖草指代更广泛的自然环境,人与自然环境构成唇齿相依的关系。

生态是统一的自然系统,要从系统工程的角度寻求治理修复之道,不能头痛医头、脚痛医脚,不能因小失大、顾此失彼、寅吃卯粮、急功近利。习近平总书记强调,环境治理是一个系统工程,必须作为重大民生实事紧紧抓在手上。要按照系统工程的思路,抓好生态文明建设重点任务的落实,切实把能源资源保障好,把环境污染治理好,把生态环境建设好,为人民群众创造良好的生产生活环境。

"山水林田湖草是生命共同体"的整体系统观,要求按照生态系统的整体性、系统性及其内在规律,统筹兼顾、整体施策、多措并举,全方位、全地域、全过程开展生态文明建设。只有这样,才能增强生态系统的循环能力,维持生态平衡、维护生态功能,达到系统治理的最佳效果。

5."最严格制度、最严密法治保护生态环境"的严密法治观

在前几代领导集体对生态文明制度探索、建立、丰富和完善的基础上,习近平生态文明思想进一步提出了"最严格制度、最严密法治保护生态环境"的严密法治观。

---

① 中共中央文献研究室. 习近平关于社会主义生态文明建设论述摘编[M]. 北京:中央文献出版社,2017:47.

制度不完善、执行不到位是生态环境问题产生的重要原因之一，建立健全完善制度并依法依规严格执行是生态文明建设的关键环节。"保护生态环境必须依靠制度、依靠法治"①，"只有实行最严格的制度、最严密的法治，才能为生态文明建设提供可靠保障"②。保护生态环境必须依靠制度和法治，必须加快生态文明体制改革，完善生态环境管理制度。同时，落实生态环境保护工作，关键在于领导干部，继而提出要对领导干部实行生态责任终身追究制度，"对造成生态环境损害负有责任的领导干部，不论是否已调离、提拔或者退休，都必须严肃追责……一旦发现需要追责的情形，必须追责到底，决不能让制度规定成为没有牙齿的老虎"③。

6. "世界携手共谋全球生态文明"的共赢全球观

建设生态文明，实现人与自然的和谐共生，是一个世界性难题。习近平生态文明思想创造性地提出了"世界携手共谋全球生态文明"的共赢全球观。

人类命运共同体是习近平外交思想的重要内容，同时也对生态领域有着重要影响。习近平总书记强调，人类是命运共同体，建设绿色家园是人类的共同梦想。国际社会应该携手同行，构建尊崇自然、绿色发展的经济结构和产业体系，解决好工业文明带来的矛盾，共谋全球生态文明建设之路，实现世界的可持续发展和人的全面发展。他在国际场合多次倡导世界各国共同合作应对全球生态环境挑战，并积极努力地推动全球生态治理中的双边及多边合作，致力于为解决人类问题贡献中国智慧和中国方案，为全球生态安全作出贡献。

回顾中国共产党对中国化马克思主义生态理论的探索历程，先后经历了对生态问题初步认识，到开始关注环境保护工作，再到明确将环境保护上升为基本国

---

① 中共中央文献研究室. 习近平关于社会主义生态文明建设论述摘编[M]. 北京：中央文献出版社，2017：99.

② 习近平. 习近平谈治国理政[M]. 北京：外文出版社，2014：210.

③ 中共中央文献研究室. 习近平关于社会主义生态文明建设论述摘编[M]. 北京：中央文献出版社，2017：111.

策，之后确立可持续发展战略，而后提出人与自然和谐发展，倡导坚持科学发展观，建设资源节约型、环境友好型社会，直至提出五大"新发展理念"，形成习近平生态文明思想引领社会主义生态文明建设这样一个历史过程。中国共产党在不同历史时期对中国化马克思主义生态理论的丰富与发展，都是我们党在不同时期，面对新形势和新问题，及时总结经验教训，不断调整自己的思想和理论，从国内外实际情况出发，对人与自然关系作出的科学认识，体现了我们党在生态文明建设理论上的与时俱进。

总体而言，我们党对人与自然关系的认识和把握越来越科学，越来越贴近实际，并且将这些认识上升为科学的理论，有效指导生态文明建设。由此我们可以得出这样的启示：在对待人与自然的关系问题上，绝不可妄图一劳永逸地解决所有问题，必须坚持一切从实际出发，与时俱进，借鉴世界各国经验教训，立足我国当前实际，在中国特色社会主义建设实践中不断深化对人与自然关系的认识，既要继承我们党在不同时期关于生态治理的科学理论和执政方针，又要始终坚持解放思想、实事求是的思想路线，随着"生态国情"的变迁不断创新和深化中国化马克思主义生态理论，继续探索促进经济社会发展与生态环境保护齐头并进的施政纲领和执政方略。

二、中国化马克思主义生态理论的核心发展理念演变分析

发展理念，主要是对发展本质与意义的最基本的认识和体悟，发展理念反映一种时代的精神、实践理性和价值取向，它指引着一个国家、民族的发展潮流，对社会发展产生重大而深远的影响。[①] 改革开放初期，经济发展速度过快导致生态环境问题出现，中国共产党在总结发展经验的基础上，结合国际国内发展趋势

---

① 丰子义. 发展实践呼唤新的发展理念[J]. 学术研究，2003(11).

和理论，对发展理念进行了调整，逐渐形成了可持续发展观、科学发展观、五大新发展理念等发展理念。这些不同的发展理念成为各个不同时期引领我国发展实践的核心发展理念，指引我们处理好经济发展与环境保护的关系，推动着中国化马克思主义生态理论不断形成和发展，成为社会主义生态文明建设实践的科学指南。

(一) 可持续发展观

中国"可持续发展观"是由江泽民在 1996 年提出的。"可持续发展，就是既要考虑当前发展的需要，又要考虑未来发展的需要，不要以牺牲后代人的利益为代价满足当代人的利益。实现可持续发展，是人类社会发展的必然要求……"①"可持续发展观"的出发点与落脚点是"以人为本"，这与在工业文明社会中形成的"极端人类中心主义"有根本的区别。

"极端人类中心主义"只关注人类的利益与价值，将自然界视为满足人类需求的附属物，自然界存在的意义就在于满足人类的需求，割裂了人与自然的内在联系，使得人类为实现对物质利益的满足而对自然界进行疯狂的掠夺，其结果就是自然资源的日益短缺、环境污染的日益加剧、生态系统的日益退化，生态危机已经不是人类社会发展的一种未来情景，而已经成为人类社会的现实威胁。从这个角度来看，"极端人类中心主义"看似在维护人类的利益，实际上却将人类推向了更加危险的地步，因为人类与自然界是有机整体，人类生存离不开自然界的支持，对自然界的伤害最终会伤害到人类的生存发展。

在反思经济发展所带来的环境问题时，不难看出"极端人类中心主义"思维的危害性。江泽民指出，人与自然并不是对立或者征服与被征服的关系，而是"协调与和谐"的关系，二者在根本上具有统一性。"可持续发展观"的"以人为本"是在人类尊重自然、维护生态平衡规律的前提下，实现人和自然的协调与和

---

① 江泽民文选(第 1 卷)[M]. 北京：人民出版社，2006：518.

谐，实现人类社会的全面进步和人的全面发展。实际上，"可持续发展观"在不断"解构"传统工业文明发展观，又在不断"建构"新的发展观的过程中实现了发展理念的转变。

首先，"可持续发展观"对传统发展观"物的本质"追求进行了批判，实现了发展对"人的本质"的追求。

传统发展观，尤其是工业文明社会发展观，将"发展"等同于"经济增长"，认为经济增长比不增长好，经济增长快比经济增长慢好。这种发展观将人的丰富多元的追求简化为对经济增长的追求，使原先作为人发展手段与途径的对"物"追求变成了人发展的目的。这一发展观的实践结果就是，人们饱尝"有增长无发展"以及"增长与发展负相关"的恶果，导致物质富有和精神空虚、经济繁荣和道德堕落、技术进步和生态恶化的共存并生。传统发展观将发展的目的与手段本末倒置，将财富、财富的增长甚至财富的增长速度视为发展的基本尺度。它意识不到发展的前景和过程与发展主体的价值选择密切相关，意识不到发展的真正的价值基础——对人的本质的追求。

在马克思主义看来，人的本质是一切社会关系的总和，即人的本质是体现在一系列的社会关系之中的，既包括社会经济关系、政治法律关系、思想文化关系、伦理道德关系，也包括人与自然的关系（本质上是人与人的关系）。简言之，人的本质是"一切社会关系的总和"，在社会之外是不存在人的，人的本质同社会的本质不可分割。"可持续发展观"继承马克思主义思维范式，主张从现实的人及其历史发展出发，从人的内在矛盾以及由此构成的人与世界之间的内在矛盾出发，去理解人与世界的关系，去探讨人类解放的价值追求。

马克思指出，实践是主体与客体之间具体而现实的双向对象化过程，是人所特有的存在方式。这一过程内含有机统一的两个方面：一是客体的主体化过程。人来自自然存在，受到客观世界的制约，需要不断地认识事物的客观规律，不断地改变自身，即客体作用于主体的过程。二是主体的客体化过程。人是具有能动性的主体，能够突破自然与社会的限制，改变周围的环境，按照自己的需求、目的创造出属于人的对象世界。即人类在适应自然与改造自然中不断成长，对"物"的追求只会带来生态危机，而对于人的本质的追求则使人与自然处于良性的互动之中。

其次，"可持续发展观"批判了传统发展观对"生产力标准"的狭隘界定，关注"生产的自然条件"，丰富了生产力的生态维度。

生产力即劳动生产力，是劳动者运用劳动手段加工劳动对象以生产使用价值的能力。生产力标准，也就是用生产力的发展状况，作为衡量社会发展和社会制度进步的尺度。① 传统发展观只看到了人类劳动所导致的生产力发展状况，并将其作为评价社会发展的唯一标准，只要劳动能够推动生产力发展，采取任何办法都是天然合理的。所以，其结果就是以发展社会生产力为目的，人类可以随心所欲地对自然界进行改造，也可以将生产、生活产生的废弃物排放到自然界，其结果必然导致生态失衡，进而破坏人类生存的自然根基。

马克思将物质变换与劳动概念进行关联，指出"劳动首先是人和自然之间的过程，是人以自身的活动来中介、调整和控制人和自然之间的物质变换的过程"②。在马克思看来，生产力不是单纯追求"人类对自然控制、统治、占有"的单向度征服型的生产力，而是追求人与自然协调发展、共同进化的双向度和谐型的生产力。

"可持续发展观"是在吸收借鉴马克思生产力发展观点的基础上发展起来的，它将"生产的自然条件"纳入人类生产力的构成要素，认为劳动与"生产力的自然条件"所形成的生态平衡格局，也是生产力发展必不可少的要素。③ 江泽民提出，"要使广大干部群众在思想上真正明确，破坏资源环境就是破坏生产力，保护资源环境就是保护生产力，改善资源环境就是发展生产力"④。衡量一个地区的经

---

① 王正萍，罗子桂. 生产力标准研究[M]. 北京：中共中央党校出版社，1989：1.

② 马克思恩格斯选集(第2卷)[M]. 北京：人民出版社，2012：169.

③ 胡建. 马克思生态文明思想及其当代价值[M]. 北京：人民出版社，2016：261.

④ 中共中央文献研究室. 江泽民论有中国特色社会主义(专题摘编)[M]. 北京：中央文献出版社，2002：282.

济发展情况，不仅要看生产工具的先进程度，劳动生产率的高低，经济增长速度的快慢，创造的物质财富的多少，更要看生产活动是否尊重自然规律、节约资源、保护环境，是否有助于维护和改善生态系统、保持生态平衡，即人的生产活动与周围的生态环境是否和谐以及和谐的程度。

最后，"可持续发展观"批判了传统发展观的发展模式，实现了"高代价"发展方式向"低代价"发展方式的转变。

传统发展观将经济增长等同于"发展"，而经济的快速增长在很大程度上是建立在对资源的过快消耗、污染的迅速加剧等基础之上的，对"高代价"发展方式的依赖使社会发展的可持续性受到威胁。可持续发展观的发展方式与传统发展观迥异——对资源的较少消耗，对环境的较少污染，以较少的投入获得较高的产出。江泽民指出，"在经济社会发展中，我们必须努力做到投资少、消耗资源少，而经济社会效益高、环境保护好"①。可持续发展倡导的是"低代价"的发展模式，在保证经济发展速度的同时，关注经济发展对自然界产生的压力，使生产处于自然界的承载力之内，实现经济发展与人的发展相统一。

在"解构"传统发展观的过程中，我们实现了发展范式的转换，同时也在不断"建构"可持续发展的新观念。邓小平在《正确处理社会主义现代化建设中的若干重大关系》中指出："在现代化建设中，必须把实现可持续发展作为一个重大战略。要把控制人口、节约资源、保护环境放到重要位置，使人口增长与社会生产力发展相适应，使经济建设与资源、环境相协调，实现良性循环。"②这反映了我们党对可持续发展观内涵的科学把握，即生态、经济、社会是可持续发展观的核心要素，只有实现生态的可持续发展、经济的可持续发展、社会的可持续发展，才能推动可持续发展健康、稳定地延续下去。

其一，生态的可持续发展是可持续发展的物质基础。

---

① 江泽民文选(第1卷)[M]. 北京：人民出版社，2006：532.
② 中共中央文献研究室. 改革开放三十年重要文献选编(上)[M]. 北京：中央文献出版社，2008：822.

米都斯在《增长的极限》中指出："地球资源和环境承载力有限性决定了增长是有极限的，人口、经济的指数增长与粮食、资源和环境的有限性矛盾必然带来粮食短缺、资源枯竭和环境污染。"①自然资源和环境承载力的有限性为人类的发展提出了要求：如果继续以往的粗放型、无限制的经济发展方式，人类的未来将失去物质保障。所以，人类活动就成为决定人类未来发展的关键因素，必须治理环境污染，改变以往对自然生态的利用方式，将对自然生态的利用控制在自然生态的承载力以内。换言之，发展经济不应以破坏自然环境为代价。根据可持续发展的要求，要实现生态的可持续发展，必须彻底改变过往对资源粗放的利用方式，从盲目过度开采资源向有规划适度开采转变；控制人口增长速度，提高人口素质，降低对自然资源的压力；采用新技术提高资源的利用率，最大限度地对资源进行回收利用，使自然资源的耗竭速度低于再生速度，以维持其可持续性。

其二，经济的可持续发展是可持续发展的核心内容。

提升人类生活水平、增加人类福祉是经济发展的目标，也是可持续发展所要达成的目标，因而保持经济的持续发展是可持续发展的核心内容。中国可持续发展所追求的经济可持续发展，并不是否定发展，而是发展必须兼顾质量与速度。作为世界上最大的发展中国家，如果单纯重视经济发展的质量而忽视经济增长速度，则会使人民的合理物质需求得不到满足，发展停滞不前，社会就会陷入不稳定之中；中国现实的资源状况，尤其是水资源、矿产资源、森林资源等形势并不容乐观，如果单纯追求经济发展的速度而忽视经济发展的质量，继续走粗放式发展的老路，人与自然之间的对立冲突会更加尖锐。所以，我们在发展经济，进行生产的过程中，不仅要关注物质资料的生产，保持经济发展的速度，还要关注发展的质量，进行生态化生产，以利于生态环境的维护、修复和重建。生态生产是一种与传统工业生产不同的新型生产模式，从缓解生态压力出发，生态生产要求采取集约型的生产模式，走内涵式发展道路。也就是通过技术创新、制度创新和

---

① ［美］丹尼斯·米都斯，等. 增长的极限——罗马俱乐部关于人类困境的报告［M］. 李涛，王智勇，译. 长春：吉林人民出版社，1997：56.

管理创新，节约资源、减少污染，实现生态效益、经济效益和社会效益的综合提高。

其三，社会的可持续发展是可持续发展的根本目标。

经过改革开放数十年努力，我国经济总量跃居世界前列，从世界政治、经济的边缘走向中央，国际话语权与国际地位不断提升。如果发展建立在资源过度消耗和生态环境破坏的基础上，那么这种发展是不可持续的。我国面临工业化、城市化和现代化多重任务，若不改变粗放发展模式，很可能还未实现工业化、现代化，就已经付出无法承受的代价。因此，必须正确协调生态可持续发展与经济可持续发展的关系，使社会的发展拥有良好的物质基础和充足的发展动力。江泽民同志在庆祝中国共产党成立八十周年大会上的讲话中指出："坚持实施可持续发展战略，正确处理经济发展同人口、资源、环境的关系，改善生态环境和美化生活环境，改善公共设施和社会福利设施。努力开创生产发展、生活富裕和生态良好的文明发展道路。"①

(二) 科学发展观

科学发展观所追求的发展，是经济、政治、社会、文化、生态的全面发展和共同进步，它摒弃了过去那种仅仅以经济增长衡量社会发展的片面发展观，克服了传统发展观的"物本性"和"发展与可持续不可调和的矛盾"，坚持以人为本，强调人与自然和谐相处，追求人与自然、人与社会的协调发展。胡锦涛指出："增长是发展的基础，没有经济的数量增长，没有物质财富的积累，就谈不上发展。但增长并不简单地等同于发展，如果单纯扩大数量，单纯追求速度，而不重视质量和效益，不重视经济、政治和文化的协调发展，不重视人与自然的和谐，就会出现增长失调、从而最终制约发展的局面。"②

回顾改革开放以来中国的社会发展状况，国家经济确实取得了举世瞩目的成

---

① 中共中央文献研究室. 改革开放三十年重要文献选编(下)[M]. 北京：人民出版社，2008：1184.
② 中共中央文献研究室. 十六大以来重要文献选编(上)[M]. 北京：中央文献出版社，2005：484.

就。但是发展面临的不可持续性，如环境污染、资源浪费、能源消耗、贫富差距等问题，都倒逼我们重新审视过去的发展理念、发展模式和发展战略。中国到底需要什么样的发展？中国该怎样进行发展才能应对生态危机的挑战？可以说，生态文明建设不到位，中国的发展就面临挑战。生态文明需要我们科学地发展，科学发展天然是生态文明的题中之义，科学发展观指导人们进行生态文明建设，促进人与自然生态和谐共生，二者是紧密相关、不可分割的有机体。

2007 年 10 月 15 日，在党的十七大会议上，胡锦涛同志集中中国共产党集体探索的智慧，对科学发展观作出了深刻阐释："科学发展观，第一要义是发展，核心是以人为本，基本要求是全面协调可持续，根本方法是统筹兼顾。"①这就启示我们，掌握科学发展观的生态意蕴，发挥科学发展观对社会主义生态文明建设的指导作用，需要从"以人为本"的生态本质，"统筹人与自然和谐发展"的生态目标，"全面、协调、可持续"的基本生态内涵三大方面着手。

1. 科学发展观的生态本质体现是以人为本

科学发展观旗帜下的"以人为本"主张在处理"人与物的关系"时以人为根本，人是目的和动力，发展是为了满足人的身心健康和全面发展的需要，并且是靠人的积极性、主动性、创造性的充分发挥去实现的。这与重经济增长、轻社会公平，重物质消费、轻身心健康，重物轻人、重利轻义的"以物为本"的思维方式有着本质上的区别。以人为本，意味着在处理"人与人的关系"中，要求以民为本，并以此作为一切事情的出发点和归宿。只有人民才是推动社会发展的强大动力，才是历史的创造者和历史的主人。只有在社会的政治、经济、文化生活的各个方面都实现人民当家做主，才能体现以民为根本的要求。科学发展观所提倡的"以人为本"，不仅承认人与其他生物的差别，同时优先考虑人类的基本需求，这与"以人为中心"，与封建等级观、英雄创造历史观，上智下愚、官贵民贱的

---

① 中共中央文献研究室. 十六大以来重要文献选编（上）［M］. 北京：中央文献出版社，2005：1719.

陈旧思维方式有着本质的区别。

胡锦涛提出建设生态文明必须坚持"三个着眼于","人口资源环境工作，都是涉及人民群众切身利益的工作，一定要把最广大人民的根本利益作为出发点和落脚点。要着眼于充分调动人民群众的积极性、主动性和创造性，着眼于满足人民群众的需要和促进人的全面发展，着眼于提高人民群众的生活质量和健康素质，切实为人民群众创造良好的生产生活环境，为中华民族的长远发展创造良好的条件"[①]。由此可见，生态文明建设天然地需要坚持以人为本的价值取向，应该从以下两个方面把握。

第一，"以人为本"要求我们在进行生态文明建设时必须依靠人民，发挥人在处理人与自然关系时的主体性。

社会主义生态文明进入新时代，是一个极其漫长而复杂的过程，具有长期性、复杂性、艰巨性，必须依靠人民群众提供全方位的支持。进行生态文明建设，需要处理人口、资源、环境和生态等问题，这些问题与生活紧密相连，必须借助广大人民群众的力量，发挥人民群众的主体能动性，正确处理好人与自然的关系。科学发展观的"以人为本"并没有否认自然存在的意义，以人为本并不是指在人与自然之间存在着从属关系、统治与被统治的关系，以人为本中"以人为主体"只是表明两者在主体和客体上的相对性意义，并不是将两者完全对立起来。这是"人类中心主义"无法把握的。

"以人为本"中人的主体性还体现为人也是自然价值的守护者。马克思指出，人类的存在和自然万物的存在具有一致性，和动物一样，人也是自然界的产物，人虽然具有高级生命的意识特征，但归根结底，人与自然万物的属性是具有相同的方面的。当人类掌握了实践的工具，并能够通过理性认识来改造自然的时候，人类的主体性就建立起来了。但是，不应忽视的是，这仍然无法改变人类自身来源于自然、属于自然的不可或缺的本质特征。

---

① 中共中央文献研究室. 十六大以来重要文献选编(上)[M]. 北京：中央文献出版社，2005：852-853.

由此看来，人类对自然价值的尊重，实质上也是对人自身价值的尊重。因此，对自然价值的守护成为科学发展观"以人为本"这一本质意蕴，超越于"人类中心主义"的基本点。人类在自然客体面前虽然保持着价值主体的地位，但人类主体是能动性与受动性的统一，实践主体力量和自控力量的双重统一。因此，科学发展观的"以人为本"能够体现人类主体性对于自然价值的守护者的责任、义务。当面临越来越严重的生态危机时，人们更应当依照科学发展观"以人为本"的要求，反思人类主体对于自然客体价值的重要责任，依靠广大人民群众发挥建设生态文明的主体性作用，真正落实好生态文明建设工作。

第二，"以人为本"蕴含着生态文明建设成果由人民共享，人是人与自然和谐关系的真正受益者的基本思想。

生态文明建设的目的是为了人民，"我们推进发展的根本目的是造福人民"①。正所谓"取之于民，用之于民"，生态文明建设依靠广大人民群众，其建设成果也理所当然应当由人民群众共享。生态文明建设的主体是人，最终目的是服务于广大人民群众。生态文明建设大多以自然界为最直接的作用对象，眼前目的是合理利用自然资源、有效治理环境污染，这些行为和效果最终都指向造福人民。

生态文明建设成果应当是全体人民永续受益而不是暂时受益。生态文明建设是一项非常复杂的系统工程，要求我们不能只注重眼前利益，而应该做好长远考虑和规划。只有将生态文明建设的成果与民共享，才能切实提高广大人民群众对生态文明建设的积极性，从而更加有效地推进生态文明建设，形成人与自然和谐相处的良性循环。人类的生存环境，既包括社会人文环境，还包含相应的自然环境。人类既需要良好的社会环境，也需要健康宜人的自然环境。从古至今，人们从未改变对健康而美好的自然环境的追求。合理利用自然资源、减少环境污染，是生态文明建设的前提条件，是实现人与自然协调发展的根本保障。只有正确处

① 中共中央文献研究室. 十七大以来重要文献选编（上）[M]. 北京：中央文献出版社，2009：79.

理人与自然的关系，人类社会才能进步，人类文明才得以传承发展，人民的根本生态利益才能得到保障。我们进行生态文明建设不是单纯为了建设而建设，维护人民大众的生态权利和根本利益才是生态文明建设的最终目的。

科学发展观也是一种新型的、以人为本的环境伦理观。随着社会的发展、科学的进步，人们终于清醒地认识到人根本不可能征服自然。人类的明智选择就是与自然和睦相处，与自然和谐发展。当然，这种和谐不是被动不作为，自然界并不会因为人类的意愿就处处表现出与人类的和谐。因此人类为了创造和谐，必须按照自己的理性对自然进行能动的改造。人类改造自然的目的不是为了征服自然，而是为了更好地在自然界中生存、发展。抽象表述就是以人为本，它是科学发展观的本质内涵。

2. 科学发展观的生态目标和方法是统筹人与自然和谐发展

人与自然关系的和谐与否，直接关系人类发展的进度。为了达到人与自然和谐发展、共生互荣的目的，科学发展观要求我们通过把握人与自然关系的客观规律，统筹人与自然和谐发展。统筹兼顾是一个非常典型的中国化马克思主义科学概念，它是事物的整体和部分、平衡和非平衡的辩证法在发展观和方法论上的创造性的发展，是中国的具体实践和马克思主义的价值观、思想观和工作观有机统一的结果。在生态文明建设过程中，只有坚持运用统筹兼顾的根本方法，从战略思维的高度处理好人与自然的关系以及各种利益关系，才能真正促进我们走上生产发展、生活富裕、生态良好的文明发展道路。

回顾波澜壮阔的发展历程，可以清醒地看到，发展中如果只追求经济总量的增长，人民的生活质量和水平难以真正提升，发展的成效很低甚至为负数，最终会得不偿失。但在实际工作中，人们往往只顾眼前利益，大肆开发和破坏资源，这样只会加剧生态资源破坏和自然环境恶化的程度。为避免重蹈"先污染、后保护"的覆辙，要求统筹好经济发展和生态环境平衡、统筹利用自然资源和保护生态资源的矛盾问题，归根结底，就是要统筹好人与自然之间的关系。

统筹人与自然之间的关系，就是指以全面平衡的观点为指导，努力协调人与自然之间的发展关系，达到人与自然和谐共生的目的。科学发展观对统筹人与自然关系的规定具有丰富的内涵，它要求在实现经济发展的合理速度和质量、效益的统一中，努力构建人与自然和谐发展的生态循环，促进政治、经济、文化、社会、生态全面而协调地发展。

统筹人与自然和谐发展是科学发展观的生态目标，具体说来，它的主要内涵有以下几方面：

第一，统筹人与自然的关系体现了整体与部分的辩证关系，反映了生态系统中的普遍联系性、整体性和互利性。

整个世界，无论是主观还是客观世界，无论是实体还是抽象的关系，都是由整体和部分组成的有机整体，因此，"不同要素之间存在着相互作用。每一个有机整体都是这样"①。我们在认识世界和改造世界的过程中，要正确处理好整体和部分之间的辩证关系，坚持统筹兼顾，处理人与自然的关系当然也不例外。一方面，我们要统筹抓住自然生态系统这一整体对人类作为自然界组成部分的制约，始终以全局性的视野统筹人与自然的关系，不能只看到人类的利益，而无视整个自然界的整体利益。另一方面，我们要看到部分对整体的影响，兼顾方方面面，不仅重视人的发展，还要照顾自然界中其他生物的利益；不仅要重视经济利益，还要重视生态利益。过去，人们往往只看到自然对于人类的影响和限定，因而拼命想打破这种限定，而对于人类主体对自然的利益，则完全视而不见。事实上，由于生态系统具有整体的性质，这些要素之间又存在着相互依赖的关系，要素之间的普遍影响便构成了对整体的影响。对照到人与自然的关系中来，利己和利他是可以互相统一的。因此，为了实现人与自然的和谐发展，科学发展观要求人们树立起生态系统的互利性观念，强调生态系统的整体性对人类主体发展影响的同时，也反省人类对自然界的影响。

---

① 马克思恩格斯选集(第2卷)[M]. 北京：人民出版社，2012：699.

第二，兼顾人与自然，使之和谐发展，体现了事物之间均衡与非均衡的辩证关系，反映出生态系统中矛盾的普遍性。

矛盾促进事物的变化发展，事物之间的矛盾总是表现为均衡与非均衡或此消彼长，人与自然之间的关系也是如此。一方面，整个生态系统只有保持均衡状态，其各部分事物才能维持稳定与发展，人类社会的稳定与发展离不开人与自然之间的和谐均衡关系。另一方面，均衡是相对的，只有不断打破原来的均衡状态，事物才能向前发展。比如，在原始社会，人与自然是一种看似"均衡"的稳定状态，但是人类社会生产力只能缓慢发展；而在资本主义工业时代，由于人类对整个自然界的"无所不能"，导致自然界和人类关系恶化，人类面临生存危机，人类又开始在这种"不均衡"的关系中寻求"新的均衡"，以期实现整个生态系统内各部分之间的均衡发展，表现为生态系统的良性循环。比如生物多样性的保持、自然资源的有效保护利用和自然环境的健康新陈代谢，这些是生态文明的重要内容和具体表现。生态文明要求建立一种兼顾人与自然，使二者共同和谐发展的均衡关系。

贯彻统筹人与自然和谐发展的目标，必须统筹经济发展、人口发展、环境承载力之间的关系，三者不可偏废。既要考虑到整体与部分的辩证统一，还要考虑到三者之间的均衡协调，实现生态效益、社会效益和经济效益的统一。能否妥善处理生态效益、社会效益和经济效益三者之间的关系，不仅会影响、制约经济增长的质量，而且会影响、制约整个社会发展的质量。

生态效益也称环境效益，它反映了人类活动尤其是在经济建设中对能源资源的集约利用程度和人类生产、生活对生态环境的损益情况。我们要追求用尽可能少的能源消耗获得尽可能多的产出，或者在同样产出的情况下产出较少的废弃物、污染物，这些都是生态效益好的表现。社会效益指的是人类活动促进人的发展、社会进步的情况，表现为产品和服务对社会产生的增益。经济效益指通过商品和劳动的对外交换取得的社会劳动节约，通常表现为占用资金少、支出成本少、有用产品多、有效服务多。在社会现实中，上述三者之间往往是不一致的，甚至是冲突的。其关键取决于经济增长的目的，是为了增长而增长，还是为了发展而增长，要看其落脚点是否是把保障、提升人民的福祉作为经济建设的最终目标。

在资本主义制度社会，社会生产的目的是保证资本家尽可能多地获得剩余价值，因此，在资本家所谓的提高经济效益的过程中，一切社会进步都成为榨取工人血汗技巧的提高，同时也成为剥削和掠夺自然的技术进步。显然，在资本主义社会，经济效益严重背离生态效益和社会效益，生态危机的产生也就不难理解了。在社会主义生产条件下，社会生产的目的是满足人民群众日益增长的物质文化需要，满足人民日益增长的美好生活需要，生态效益、社会效益和经济效益之间是统一的，在现实的制度上三个效益的统一有坚实的保障。但是，即使在社会主义条件下，三个效益之间的统一也不可能自发地实现，需要我们自觉地调控三个效益的关系，统筹兼顾就是实现三个效益相统一的科学方法。

尽管生态效益是实现社会效益、经济效益的基础和条件，但它并不是生态建设的唯一目的和方向。将追求单纯的生态效益作为生态文明建设甚至是整个社会发展的唯一和最终目的是错误的倾向。当代中国仍然处于社会主义初级阶段，生态建设也要讲求经济效益。生态建设在提高自身生态效益的基础上，也应该注意提高自身的经济效益。生态建设的经济效益是指采用控制人口、节约能源资源、保护环境、治理生态、防灾减灾等生态建设的具体措施后，自然生态环境质量得到改善所带来的经济效益。

要提高生态文明建设过程中广大人民群众生态建设的积极性，一个重要的方法就是让大家从生态建设中得到切实可见的、直接的经济利益、社会效益。只有把经济效益和生态效益统一起来，才能充分调动人民群众参与生态建设的积极性、能动性和创造性。提高经济效益，可以提高投资效益和资源利用效益，从而有利于缓解我国人口多与资源相对不足、资金短缺等种种现实矛盾。

生态建设也有其社会效益，生态建设活动可以取得直接的社会效果，这种社会效益能为人民提供直接的利益。现在，生态建设在增加社会就业岗位、改善人们生产和生活环境、陶冶人们热爱自然的情操等方面，都有其固有的、不可替代的社会效益。

总之，不能将生态建设看作一个单纯的保护环境、建设生态的活动，而应该看作一个促进生态效益、社会效益和经济效益相统一的过程，一个由人民参与、人民共享的有机统一的过程。

在科学发展观中，统筹兼顾的总要求是：总揽全局，统筹规划；立足当前，着眼长远；全面推进，重点突破；兼顾各方，综合平衡。可以看出，无论在哪一个方面，统筹兼顾都适用于人与自然的关系领域，即生态文明建设的领域。将统筹兼顾的目标运用在生态文明建设上，就是要自觉树立和运用科学的战略思维，从总体上来看待和处理人与自然的多方位关系，在各项工作中努力实现生态效益、经济效益和社会效益的统一。

3. 科学发展观的生态内涵是全面、协调、可持续

在工业文明社会，人类社会发展片面追求物质财富的积累和增长，造成人与自然的关系危机四伏，社会发展困难重重。中国化马克思主义生态理论是马克思主义理论应用于中国当代实际问题的理论创新，科学发展观是其重要的指导理念之一。而全面、协调、可持续的发展作为科学发展观的基本要求，是我国生态文明建设的重要指导方针和基本内涵。全面、协调、可持续的发展理念旨在调整和修复人与自然、人与人之间的关系，实现人与自然和谐统一，人与社会全面发展，经济社会与自然生态协调、可持续发展，最终走向经济社会与自然协调互动、持续发展的绿色发展新时代——社会主义生态文明新时代。

科学发展观的提出，是对传统发展观的反思与纠正，也是对人自身认识的更理性、更科学的表现，是人类发展观的一次巨大进步。在认真总结经验的基础上，科学发展观对传统发展观进行了扬弃，在人与自然的关系上，摒弃了过去的"以人为中心"的思想，提出人与自然和谐相处的理念。

人与自然的共处，是全面、协调、可持续的，必将推动人类社会的政治、经

济、文化、生活各领域活动向更高要求迈进，要求人们在这些活动中必须考虑所有活动给自然环境的承受力和发展的延续性带来的影响。从这个关系上来看，我们的发展是一种综合性发展，既要考虑经济效益、社会效益，还需要进一步考虑生态环境持续发展、永续发展的问题，考虑自然环境的持续性。必须吸取教训，不能因为眼前的利益而破坏长远利益的实现，发展虽是科学发展观理论的首要任务，但关键点还在于"科学"二字。和谐的人与自然关系是推动科学发展的重要基础，建设生态文明以经济、政治、社会、文化与生态的协调发展为基本内容，是完全符合全面、协调、可持续发展的内在要求的。

科学发展观强调全面发展、协调发展和可持续发展，从广义上说，本身就是强调发展的均衡性。全面发展指的是经济建设、政治建设、文化建设、社会建设和生态建设实现全面进步。协调发展指的是经济、政治、文化、社会、生态等方面的发展相互适应以及人与自然的和谐发展。可持续发展指的是在加快发展经济的同时，必须充分统筹考虑生态环境、资源能源的负荷能力，始终保持人与自然的和谐发展，实现社会发展、资源利用永续化。站在科学发展观的角度看，全面发展、协调发展与可持续发展是有机统一、相辅相成、不可分割的。因而，科学发展观全面、协调、可持续的要求，也是生态文明建设的根本要求。

一是生态文明建设要坚持全面发展。

中国特色社会主义事业是全面发展的事业，生态文明建设必须坚持全面发展的指导方针。全面发展有两层含义，从具体层面来看，指的是社会的各个方面共同发展。生态文明建设遵循的"全面发展论"是指物质文明、精神文明、政治文明、社会文明以及生态文明的全面进步，就是要将科学发展观作为指导思想，按照中国特色社会主义事业总规划，以"经济建设"为中心，全面推进"五位一体"的总体布局。"五位一体"相互统一、缺一不可，在社会主义现代化建设过程中不能彼此脱离、孤立、片面地发展，要坚持以整体的、联系的观点对待生态文明建设与其他事业之间的相互关系，用整体的观点看待生态文明建设的发展和进步，要把生态文明建设融入经济建设、政治建设、文化建设、社会建设各方面和全过程，促进现代化建设各方面相协调、统一，促进生产关系与生产力、上层建筑与经济基础相协调、统一，努力开拓生产发展、生活富裕、生态良好的文明发展道路。只有实现"五位一体"的全面发展，才是中国特色社会主义生态文明目标的具体体现。

全面发展，从抽象层面来讲，是指人与自然、社会的全面发展。自然是人类表现和确证他的本质力量所不可缺少的重要对象，人只有通过劳动与自然相联系、相作用，才能实现包括愿望、价值和追求等在内的自身发展。而人的发展成果也将直接体现于自然，自然资源与生态环境的状况客观上反映了人类发展与文明程度。也就是说，自然发展包含人的发展和社会的发展，也只有通过具有主观能动性的人的全面发展，才能推动进而实现自然的发展。

社会与人、自然是须臾不可分的，"社会是人同自然界的完成了的本质的统一"①，因此，人类在现实实践中要通过优化人与自然的关系，改善不合理的社会关系，实现人与自然的和谐，人与人、人与社会的和谐。马克思就曾指出，人们通过"一定的方式共同活动和互相交换其活动，才能进行生产"②，可见，"人们在生产中不仅仅影响自然界……只有在这些社会联系和社会关系的范围内，才会有他们对自然界的影响"③。人是经济社会发展中最具有能动性、最积极的因素，他不仅作用于自然界，也联系着社会，通过劳动者将自然—人—社会联系了起来，三者成为有机联系的统一体。人与人之间的社会经济关系，只有通过人与自然的相互作用才能实现，人与自然的关系是人与人的社会关系的基础。所以，要走向社会主义生态文明新时代，实现社会的进步和发展，就必然实现人与自然、人与社会的全面发展。

二是生态文明建设要坚持协调发展。

协调发展指的是经济、社会与自然之间的协调发展。经济、社会、生态环境

---

① 马克思恩格斯文集(第1卷)[M]. 北京：人民出版社，2009：187.
② 马克思恩格斯文集(第1卷)[M]. 北京：人民出版社，2009：724.
③ 马克思恩格斯文集(第1卷)[M]. 北京：人民出版社，2009：724.

是人类社会生存演进的三大系统，三者之间存在着物质循环、相互制约的统一关系。人类生产实践从自然系统中获取生存和发展所需的资源、能量，而人类的生产、生活等又将自然系统提供的资源转化为经济和社会发展的投入要素。当上述相互关联的三者之间为实现系统整体发展的优化而相互促进、有效调整、互相作用，并且形成持续不断的良性循环态势，这就是协调发展。

经济、社会、生态环境之间的协调发展，其实质在于寻找这三大系统之间的最佳组合和结构。我们对于协调发展的认识，经历了一个相对变化的过程。从"经济发展与保护环境"到"经济又好又快发展""既要金山银山，又要绿水青山"，再到"保护绿水青山优先于经济发展"，这些表述的变化标志着中央领导人逐渐从经济优先论转向生态优先论，使社会各个方面的发展彼此适应，促进经济、政治、文化、精神、生态建设的各方面协调发展。我国的生态与经济协调发展是由我国的实际情况决定的，生态保护优先于经济发展，符合我国当前社会发展状况，是中国社会主义生态文明建设的新布局。

三是生态文明建设要坚持可持续发展。

人类的代代相传是社会发展的基本前提。推进生态文明建设，必须充分考虑资源和环境的承载能力，在注重经济增长的同时加强环境建设，在满足人们物质文化需要的同时不损害后代子孙的利益，突出表现为处理好人与自然关系的可持续发展。人与自然关系的可持续发展是实现科学发展观的重要基础，是整个社会发展可持续的基础。人与自然之间的可持续，就是要正确认识到人与自然的相互依赖关系，人类社会发展与生态保护之间的关系，科学认识和正确运用自然规律，学会按照自然规律办事，更加科学地利用自然为人们的生活和经济社会发展服务。不是把自然当作人的奴隶，而是在尊重自然界发展规律的过程中，合理计划生产的规模与速度，让生产与生态达到和谐，人的发展与自然的发展达到和谐。

(三) 五大新发展理念

理念决定方向，方向决定行动。发展理念是发展行动的先导。发展理念科学与否，从根本上决定着发展的功效乃至成败。在党的十八届五中全会上，习近平总书记指出："破解发展难题，厚植发展优势，必须牢固树立创新、协调、绿色、开放、共享的发展理念。"①首次系统论述创新、协调、绿色、开放、共享五大新发展理念。党的十八届五中全会提出的新发展理念，是针对我国经济发展进入新常态、世界经济复苏低迷开出的药方。新发展理念切合中国发展的实际，回应了人民群众的关切，集结了我们党经济新常态视域下的发展新思路，彰显了以习近平同志为核心的党中央治国理政新理念，引领"十三五"乃至更长时期发展新变革，是对中国特色社会主义发展理论的重大创新。

我们应当充分认识，践行创新发展、协调发展、绿色发展、开放发展、共享发展的现实紧迫性和历史深远性。立足当下实际需求，破解发展难题，突破发展瓶颈，厚植发展优势，必须坚定贯彻五大新发展理念。在全面建成小康社会目标的战略决胜期，它既是我们攻城拔寨、"啃下硬骨头"的行动指南，是中国化马克思主义生态理论最新的思想基础，也是实现中华民族伟大复兴中国梦的思想指引。

1. 创新发展理念

创新发展理念着眼于发展的动力，是对原有思想的突破、体制机制的改革、理论和实践的超越。党的十八届五中全会提出，"必须把创新摆在国家发展全局的核心位置，不断推进理论创新、制度创新、科技创新、文化创新等各方面创新"②。可见，创新发展理念中的"创新"包括理论、制度、科技和文化等四个层面为主的各方面创新，是一个全局性的宏观概念，体现了立体化、全方位、覆盖广的特点。四大创新是一个有机统一的整体，各有其侧重点，它们之间互相促进、互相影响，共同推进社会实践不断发展。其中，科技创新是核心，理论创新是先导，制度创新是保障，文化创新是动力。具体来说，科技创新是核心和关键

---

① 中共中央文献研究室. 十八大以来重要文献选编（中）[M]. 北京：中央文献出版社，2016：792.
② 中共中央文献研究室. 十八大以来重要文献选编（中）[M]. 北京：中央文献出版社，2016：792.

点，它是国家核心竞争力的集中体现，在全面创新中起非常重要的引领作用。推进创新发展，不仅要高度重视科技创新这个关键部分，而且不能轻视制度创新、理论创新和文化创新的保障和支撑作用。理论创新在社会变革发展中一般起先导作用，它通过崭新的理论打破过去思想的禁锢，是创新改革的排头兵和先锋号。制度创新在社会变革发展中具有不可替代的制度保障作用，它通过良好的制度体制来激发科技创新主体活力。文化创新是社会变革发展中的精神动力，它通过文化思想、价值观念等深层次因素的潜移默化影响，对内向创新主体提供不竭的思想资源，对外形成一种大众创业、万众创新的良好的社会文化氛围，以此促进社会全面创新。

创新发展理念居于五大发展理念之首，是引领发展的第一动力。我国推动两个一百年伟大目标实现，必然倚重创新引擎。放眼整个世界，综合国力竞争说到底是创新的竞争，"要深入实施创新驱动发展战略，推动科技创新、产业创新、企业创新、市场创新、产品创新、业态创新、管理创新等，加快形成以创新为主要引领和支撑的经济体系和发展模式"①。说到底，以科技创新为核心的全面创新，乃是大国竞争决定谁主沉浮的内核驱动力。纵观国内，经济发展新常态正在进行时，我国经济体量大但还需做强，速度快但还需优化，关键领域核心技术受制于人的格局尚未根本改变。未来要跨越"中等收入陷阱"，扭转传统要素增长效力递减的局面，缓和经济下行压力，推进产业结构优化升级，我们的根本出路在于从过度依赖土地、资本等传统要素主导发展，转变为创新驱动发展，开足创新马达，为新常态下的经济发展提供不竭的内生动力。

具体到生态文明建设方面，创新发展理念启示我们，要走一条绿色创新之路。当今全球范围内的新一轮科技革命和产业变革正蓄势待发，生物技术、信息技术、新能源技术、新材料技术在各行各业广泛渗透，带动了以智能、绿色等为特征的高新技术突破，成为重塑世界经济结构和竞争格局的关键所在。为了在绿

---

① 中共中央文献研究室. 习近平关于社会主义经济建设论述摘编[M]. 北京：中央文献出版社，2017：144.

色发展的国际竞争新赛场中取得一席之地，必须将绿色科技、绿色创新作为我们绿色发展源源不断的内生动力。当前，我们的经济增长、产业发展、文化教育应对绿色发展的内生动力还需要加强；绿色农业、绿色制造业、新能源环保产业、绿色服务业、绿色消费等绿色产业体系还没有形成；具有竞争力的绿色产业优势还不明显，产业绿色化水平较低。总之，绿色科技创新这个主要引擎还需要充分"发力"。

创新发展理念指导下的绿色创新，一是要建立绿色创新体制。加快绿色体制改革步伐，建立并完善理论、制度、科技、文化协调发展的绿色创新体系，形成一批具有国际竞争力的绿色行业，推动跨领域、跨行业绿色协同创新，用绿色体制为绿色创新保驾护航。二是要增强绿色创新能力。加强绿色基础科学研究，实现绿色原始创新、集成创新和引进消化吸收再创新融合，形成一批真正具有突破性的绿色技术创新成果。注重优化绿色创新成果转化渠道，重视绿色创新成果推广与应用，使其快速向绿色经济和绿色产业转化，实现绿色创新成果的经济效益。三是要加强绿色创新人才培养。人才是创新发展的第一资源，创新驱动的实质是人才驱动，绿色创新要有人才支撑。培养大量绿色科技人才、提高全民绿色科技素质要靠绿色教育，需要现代教育面向生态文明建设，建立健全人才教育体系。

2. 协调发展理念

协调发展理念着眼于发展的方式，旨在解决发展的整体性、均衡性问题。它置于五大发展理念的第二位，以决战制胜要诀的新高度来考量社会进步。"如果说增长是一个非均衡的状态，那么发展就必须是一个协调的状态。否则，增长就会失去本来意义。"①协调发展关乎发展的平衡性、整体性、健康性，是我国经济社会蹄疾步稳、行稳致远的内在要求。

---

① 李拓. 五大发展理念新常态下发展的战略驱动力[J]. 决策信息，2015(12).

协调发展理念是针对现实中的不协调、不和谐的社会因素所提出来的，具有很强的现实针对性。协调发展理念具体包括如下四个方面的内容：城乡区域协调发展、经济建设与社会发展相协调、经济发展与生态建设相协调、经济建设与精神文明建设相协调。我国已经处于全面建成小康社会的决胜期，不能仅仅以经济增长作为追求目标，发展的不协调、失衡问题需要引起我们足够的重视。缺失"全面、协调"的社会，终将成为牵制良性发展的"软肋"。当下城乡二元结构、区域发展不平衡、社会文明程度和经济社会发展不匹配等突出问题，是影响我国发展效力最大的"短板"。"千钧将一羽，轻重在平衡"，事实上，越是短板，从某种意义上讲，越具后发优势。我们越在薄弱环节上发力，越能起到"四两拨千斤"的良效。协调发展的目的就是要弥补差距、补齐"短板"，促进平衡、全面的发展。

具体到生态文明建设方面，要求我们必须坚持区域协同、城乡一体、物质与精神并重，通过加强薄弱环节与落后领域建设，来增强美丽中国的发展后劲，走一条均衡、健康的绿色协调发展之路。

一是要促进区域协调发展，统筹东中西、协调南北方。自然资源的总量是有限的，协调发展要做的就是统筹谋划，充分发挥相对优势，使资源配置更加合理。以发达地区带动欠发达地区，以城市带动农村，以工业带动农业，以硬实力带动软实力发展，相对强大的一方要积极进行反哺。同时，还要实现弱势一方由被动接受到主动发展的转化，这就需要从中国特色社会主义事业总体布局出发，充分考虑弱势一方的需求，选择适合它们的发展道路，汲取国内外的发展经验，实现又好又快发展。我们要以西部开发、东北振兴、中部崛起、东部率先的区域发展总体战略为基石，响应"一带一路"倡议，重点实施京津冀协同发展、长江经济带战略，培育若干区域协同发展增长极，消弭地区间发展隐性壁垒。生产要素跨区域自由流动是推动区域发展的关键一环。中西部地区资源优势突出，有条件形成要素注入的洼地，助推其后发优势扩大，形成区域协调发展新格局。

二是要推动城乡生态协调发展，促进城乡发展绿色化。美丽中国不仅要有美丽都市，还应该建设美丽乡村。大力建设美丽城市，我们要走集约、绿色、低碳发展的绿色之路，应该结合城市资源环境的生态承载能力调节城市规划，依据城市本身的地理环境优化城市形态和功能，做到绿色规划设计、绿色建设施工、绿色居住。绿色城市不能只有高楼大厦的现代化形象，还应该有绿色城市的精神风貌，居住环境、人文氛围、教育经济等都应该是绿色的、健康的。同时，我们要时刻牢记，中国除了城市，还有偌大的"美丽乡村"需要我们去"绿化"。城市和乡村本来就是一个不可分割的生态系统，二者相依相存。建设美丽都市的同时，绝不能疏忽美丽乡村的建设，不能让农村成为人们不愿回去的落后乡村、记忆中的故园。"只有将城市和乡村看作是一个完整的社会生态系统，才能结合方方面面，挖掘自身特点，创造出一个和谐、高效、绿色、城乡共荣的人类栖居环境。"①坚持环境建设、治理城乡并举，不能只建设、绿化城市，还应该开展农村居住环境改善活动，加大美丽乡村的建设力度，推动新型城镇化、新农村建设并驾齐驱，让美丽乡村与美丽城市各美其美、美美与共，才能切实提高生态文明建设整体水平。

三是要促使物质文明和生态文明协调发展，坚持"两手都要硬"。这"两只手"没有哪只是多余的，本质是"硬实力"和"软实力"的协调问题。一段时期以来，我国对 GDP 总量、城市基础设施、军事实力等"硬实力"偏爱有加，对绿色价值观、绿色文化、公民绿色素质等"软实力"重视不够。"硬实力"提高靠物质文明的发展，"软实力"提升必然依赖生态文明、绿色文化的建设。绿色文化或生态文化是指导人与自然和谐相处的文化，是解决人与自然关系的思想、观点和理论的总和。绿色文化是文化创新的重要体现，是生态文明新时代的先进文化，将为生态文明建设提供思想保证、精神动力、舆论支持、文化条件。建设社会主义生态文明必须加强生态文化建设，重点要建设生态文明的核心价值体系，包括坚持马克思主义生态理论指导、坚定生态文明的共同理想、弘扬民族与时代绿色

---

① 九溪翁，王龙泉. 再崛起：中国乡村农业发展道路与方向[M]. 北京：企业管理出版社，2015：70.

精神、树立与践行生态荣辱观、培育生态文明核心价值观；创作优秀生态文化作品，加强生态舆论宣传工作，创作更多优秀生态文艺作品；发展生态文化事业，包括构建公共生态文化服务体系、发展现代生态传播体系、传承优秀生态文化传统；大力发展生态文化产业，包括构建生态文化产业体系、形成生态文化产业格局、推进生态文化科技创新、扩大和引导生态文化消费等。① 总的来说，需要我们提高绿色文化与精神文明水平，推动绿色经济与绿色文化共同发展，可以有效减轻资源环境生态压力，满足人们日益增长的绿色文化精神需要。

3. 绿色发展理念

绿色发展着眼于发展的方向，解决发展的永续性问题。它首次列入五大发展理念，与党的十八大生态文明建设总体布局一脉相承，是保障永续发展的必要条件。走进社会主义生态文明新时代，关键是要处理好人与自然的关系，具体来说就是要处理好"金山银山"与"绿水青山"之间的关系。绿色发展理念，继续秉承"人与自然和谐相处"的生态指导思想，旨在走出一条绿色生产、绿色生活、绿色消费的绿色发展之路。"十三五"规划指出："绿色是永续发展的必要条件和人民对美好生活追求的重要体现。必须坚持节约资源和保护环境的基本国策，坚持可持续发展，坚定走生产发展、生活富裕、生态良好的文明发展道路，加快建设资源节约型、环境友好型社会，形成人与自然和谐发展现代化建设新格局，推进美丽中国建设，为全球生态安全作出新贡献。"②可见，绿色发展理念与过去的生态思想相比，更加关注人类的健康和福祉，更加关注社会的公平和进步，更加关注生态系统的服务功能和生态价值，更加关注技术创新、高效管理获得的新的增长点。③

绿色发展理念的内涵体现在以下三个方面：

---

① 黄娟. 生态文明与中国特色社会主义现代化[M]. 武汉：中国地质大学出版社，2014：112-116.
② 中共中央文献研究室. 十八大以来重要文献选编(中)[M]. 北京：中央文献出版社，2016：792.
③ 杨朝飞. 绿色发展与环境保护[J]. 理论视野，2015(12).

第一，打破人类中心主义，实现人与自然和谐共生。在农业文明时期，人还处于一定的"蒙昧"状态，严重依赖自然，人对自然更多的是敬畏、依赖，因而人与自然之间的关系原始而简单。在工业文明时期，倡导人的解放和独立，人类在改造自然的实践活动中以人类利益为中心，形成了人类中心主义，人与自然的交往以人的统治、控制与自然的被统治、被控制为显著特征。在与自然的相处中，人把自己看成唯一的主体，自然只是客体，主体主宰和统治着客体，为了满足自身利益，人类不惜破坏、掠夺自然。绿色发展理念则具有与此完全不同的价值取向，着力推进人与自然和谐共生。它主张人与自然平等，二者"同呼吸共命运"，主张在生产、交换、分配、消费等各环节尊重自然、顺应自然、保护自然，实现人和自然共同发展、和谐发展。

第二，摒弃消费主义，追寻人的自由而全面发展。以美国为代表的资本主义"消费型社会"，它以资本的逻辑支配社会，产生了各式各样的异化。其中，"物支配人"的异化最为严重。人被异化之后，整个社会物欲横流，并且产生了"新穷人"——因为贫穷而在精神或心理上感觉被排除在"正常生活""快乐生活"之外。① 由于资本主义工业生产的发展引发了全球的消费异化，资本主义国家在这一过程中攫取利润从而进行扩大再生产，不仅加剧了生态危机，而且进一步扭曲了人的价值观念和价值取向，其消费主义当代危害是世界性的。与之相反，绿色发展理念坚决抵抗现代社会形形色色对人的"物化"、异化，呵护人的自由发展，把人从异化的"奴役"状态中解放出来，从而使人的自由全面发展成为可能。一个被物欲所奴役的人、一个视金钱为人生唯一价值的人，显然是与人的全面发展格格不入的。绿色发展理念强调以人为本，向更符合人性发展内在要求的、重精神发展的生存方式转型，以"人的全面发展""生活幸福"为社会生活价值标准，追求使人成为人，使生活成为不被"遮蔽"的生活，追寻人自由、诗意的生活。

第三，拒绝个人中心主义，寻求人类共同福祉。人类只有一个地球，人类同

---

① ［英］齐格蒙特·鲍曼. 工作、消费、新穷人［M］. 仇子明，李兰，译. 长春：吉林出版集团有限责任公司，2010：83-85.

处一个世界，坚持绿色发展，是为了建设美丽中国，也是对全球环境治理的积极贡献。人类自进入工业时代以来，空气恶化、水体污染、森林土地破坏、生物多样性减少等问题日益严重，加之经济全球化、社会信息化趋势深入发展，国与国之间已经形成"你中有我、我中有你""一荣俱荣、一损俱损"的命运共同体，这使得发展问题的解决愈加复杂和棘手，需要人类以共同的智慧来共同找寻新的、多元的、开放的发展途径。因此，坚持绿色发展、建设生态文明逐渐成为越来越多国家和人民的共识，成为新时期世界发展的潮流所向。中国共产党对于这一形势变化有着深刻的认识，与大多先发资本主义国家的掠夺式的"个人利己主义"不同，中国选择了一条追求人类共同福祉的绿色发展道路。自党的十八大以来，习近平总书记关于坚持绿色发展、建设生态文明的讲话、论述、批示有 60 余次，他强调："建设生态文明关乎人类未来。国际社会应该携手同行，共谋全球生态文明建设之路。"①中国作为负责任的大国，提出绿色发展理念的目的之一，就是为解决全球性的生态危机问题承担应有的责任和义务，为世界可持续发展作出应有的贡献。

绿色发展理念追求的不仅是经济领域发展观的科学转变，更体现出社会价值观的生态化趋向以及公众绿色意识的觉醒，它以保护环境、自然资源为发展的前提，强调发展的整体性、全面性、综合性、长远性，实际上反映了人们对更高层次的文明形态的追求。其本质可以归结为"人何以成为人""人的生活何以成为生活"，它的核心是为人的生活赋予绿色、发展和文明的价值，树立起全民族的绿色价值体系。

4. 开放发展理念

开放发展理念着眼于发展的环境，解决发展内外的联动性问题。它是国家繁荣发展的必由之路，也是我国提高生态文明建设水平的必由之路。从字面上理

① 习近平. 习近平谈治国理政(第 2 卷)[M]. 北京：外文出版社，2017：525.

解，开放就是解除封锁、限制、禁令，寻找发展的新环境、新方向、新维度。绿色开放是指与生态文明建设相关的开放，包括不断丰富绿色开放内涵，推动"一带一路"国际合作中的绿色合作，积极承担国际生态责任，走一条内外联动、合作共赢、互利进步的绿色开放之路。

五大新发展理念中"开放发展理念"是对过去开放思想的发展，它具有更加主动、更高水平的双向开放以及共赢开放的新内涵。开放发展理念要求主动开放，将开放作为发展的内在要求，更加主动地扩大对外开放、积极踊跃参与全球治理，"顺应我国经济深度融入世界经济的趋势，奉行互利共赢的开放战略……发展更高层次的开放型经济，积极参与全球经济治理和公共产品供给，提高我国在全球经济治理中的制度性话语权，构建广泛的利益共同体"①。开放发展理念要求双向开放，十八届五中全会提出"完善对外开放战略布局。推进双向开放，促进国内国际要素有序流动、资源高效配置、市场深度融合"②。坚持"引进来"和"走出去"并举，统筹国际国内两个市场、两种资源，既引资也引智引技，追寻一种更加均衡、全面的发展。开放发展理念要求把互利共赢作为开放发展的最终目的，加强国际交流合作，在对外援助、全球治理、应对全球性问题等方面，积极推动国与国之间互助共赢、互惠互利，推动经济全球化向共赢普惠的方向发展，为实现人类命运共同体的世界梦贡献力量。

具体到生态文明建设上，开放发展理念表现为"绿色开放"。绿色开放，就是由主要依赖自然资源、传统市场向利用好国际国内两个市场、两种资源转变，更加自觉地统筹国内发展与对外开放，积极主动地参与国内外经济技术合作竞争。在绿色发展成为全球发展大趋势的时代背景下，努力建设绿色贸易大国和绿色贸易强国，加大双向投资力度，坚持绿色进口与绿色出口相平衡，引进绿色资本、绿色技术、绿色人才。高度关注环境资源保护，扩大减灾防灾、生态治理、野生动植物保护等领域的对外合作与援助。新时代，提出"一带一路"倡议是中

---

① 中共中央文献研究室. 十八大以来重要文献选编(中)[M]. 北京：中央文献出版社，2016：792.
② 中共中央文献研究室. 十八大以来重要文献选编(中)[M]. 北京：中央文献出版社，2016：808.

国构建开放型经济新体制、实施全方位对外开放的重要举措，同时也是与国际社会进行绿色开放合作的重要举措。它涉及多个国家地区在经济、政治、贸易、能源资源、生态环保、文化交流等各个领域的国际合作，需要我们以绿色开放为指导。只有推动"一带一路"建设走绿色发展之路，才能化解周边国家对中国可能转移过剩产能的担忧，才能在开放发展中赢得绿色发展的先机。建设生态文明本身就是一项有利于全人类发展的重大工程，这是中国应对全球气候变化、承担负责任大国义务的重要举措，是中国"为全球生态安全作出新贡献"承诺的具体落实，也是承担绿色开放发展生态责任的力举。

5. 共享发展理念

共享发展理念着眼于发展的目的，注重解决社会公平正义问题。共享发展理念以"共享"作为所有发展方式的落脚点，是五大发展理念的归宿。共享发展是一种"人人参与、人人尽力、人人享有"的发展，这种发展理念坚持了人民主体地位和公平正义的价值取向。共享发展理念就是"坚持发展为了人民、发展依靠人民、发展成果由人民共享，作出更有效的制度安排，使全体人民在共建共享发展中有更多获得感，增强发展动力，增进人民团结，朝着共同富裕方向稳步前进"[1]。十八届五中全会提出共享发展理念是中国特色社会主义的本质要求，是构建社会主义和谐社会的现实要求，也是全面建成小康社会的重要衡量标准。

共享发展理念以人民群众为主体。共享发展的主体是全体人民，它以广大"人民群众"为主体，以实现全民共享为目标。共享发展理念的"人民主体"思想充分体现出发展为了人民、发展依靠人民、发展成果由人民共享，表明中国共产党已经充分认识到"人民是推动发展的根本力量，实现好、维护好、发展好最广大人民根本利益是发展的根本目的"[2]。共享发展的人民主体既包括代内绝大多数社会成员，也包括代际潜在的社会成员。从代内角度，共享发展理念主张要为

---

① 中共中央文献研究室. 十八大以来重要文献选编(中)[M]. 北京：中央文献出版社，2016：793.
② 中共中央文献研究室. 十八大以来重要文献选编(中)[M]. 北京：中央文献出版社，2016：789.

绝大多数人谋福祉，只有做到共享，社会发展在其价值主体上才是完整的；从代际角度，共享发展理念主张要将今天的发展和将来的发展统一起来，坚持了发展的可持续性。

共享发展理念以公平正义为核心。具体而言，就是要使人民群众公平合理地享有发展的权利、机会和成果。共享发展是一种追求公平正义的发展，公平性是共享发展的灵魂。社会公平包括权利公平、机会公平、规则公平和资源分配公平等。权利公平是承认并保证所有的社会公民都拥有不可剥夺的生存权和发展权。权利一般要通过机会加以实现，机会的公平性是指起点的平等性，必须保证广大人民群众在教育、医疗、公共服务、就业和社会保障等方面的基本权利，重视机会的平等性，这是共享发展的起码要求，因为有机会才会有动力，公平的机会为每一个社会成员施展才能、实现自身价值提供了可能性平台。在社会生活中，人们通常以收入分配是否公平合理作为评判社会公平度的直接和直观的依据，所以，从某种意义上说，分配公平是社会公平的根本内涵和最高层次，也是共享发展的基本体现。

十八届五中全会提出的"创新、协调、绿色、开放、共享"五大新发展理念，单独看都不是新提法，但作为整体发展理念推出，则体现了我党不断开拓新境界的智慧、勇气和担当。它是马克思主义关于发展理论中国化的最新成果，是对我党"发展是硬道理"、"发展是执政第一要务"、"科学发展观"理论的继承、丰富、完善、发展，彰显我党对共产党执政规律、社会主义建设规律、人类社会发展规律认识的拓展深化。五大新发展理念之间相互贯通、契合实际，内在具有高度一致性，是一个不可分割的集合体。从内容维度讲，五大新发展理念着力点既并联相关，又各有指征，分别着眼于发展的动力、方式、方向、环境、目的，有机统一、密不可分。从逻辑维度讲，五大新发展理念剑指发展难题，各具针对性，分别解决发展的革命性问题、整体性问题、永续性问题、联动性问题、公平性问题，逻辑清晰、层层递进。从功能维度讲，五大新发展理念主体定位准确、各司其职，分别呼应发展的动能、基调、底色、大势、目标，紧密相连、交相辉映。

从践行维度讲，五大新发展理念定当统一贯彻、同时发力，既不能顾此失彼，也不能相互代替。五大新发展理念之间的内在一致性也充分说明，我们可以将其与生态文明建设有机结合，就有了绿色创新、绿色协调、绿色发展、绿色开放、绿色共享，成为中国化马克思主义生态理论的重大创新点。

三、中国化马克思主义生态理论的演进动力分析

恩格斯曾指出："无论历史的结局如何，人们总是通过每一个人追求他自己的、自觉预期的目的来创造他们的历史，而这许多按不同方向活动的愿望及其对外部世界的各种各样作用的合力，就是历史。"①作为"历史的结果"的中国化马克思主义生态理论，实际上是由"无数互相交错的力量"形成的"合力"所推动的。当然，诸多推动马克思主义生态理论与中国生态实践有机结合的"力量"的作用力是不同的。分析推动中国化马克思主义生态理论发展的动力构成，主要包括马克思主义与时俱进的理论品质、中国生态实践的现实需要、中国共产党"以人民为中心"的价值取向等。

(一)马克思主义与时俱进的理论品质

马克思主义具有与时俱进的理论品质，马克思主义生态理论作为马克思主义理论的重要组成部分，同样继承和发扬了马克思主义这一科学理论品质。马克思主义生态理论承袭了这一优秀品格，并以自己的方式彰显了这一品格——不断推动马克思主义生态理论与中国生态实践结合，形成具有中国特色的马克思主义生态理论——中国化马克思主义生态理论。要更好地推进马克思主义生态理论与时俱进地发展，实现马克思主义生态理论的中国化，必须处理好以下几对关系：

---

① 马克思恩格斯选集(第4卷)[M]. 北京：人民出版社，2012：254.

　　首先，处理好马克思主义生态理论与中国化马克思主义生态理论的关系。

　　恩格斯指出，"我们的理论是发展着的理论，而不是必须背得烂熟并机械地加以重复的教条"①，那种"认为人们可以到马克思的著作中去找一些不变的、现成的、永远适用的定义"是一种"误解"。马克思主义生态理论是科学的理论。一方面，它是在分析西方资本主义生态问题的基础上，批判吸收达尔文的进化论、李比希的农业化学思想、摩尔根的人类学思想、马尔萨斯的人口论以及伊壁鸠鲁、黑格尔、费尔巴哈的自然观的基础上形成的。另一方面，马克思主义生态理论具有与时俱进的理论品质，能够与各个国家具体国情进行结合，并随时代发展而发展。中国化马克思主义生态理论正是这一过程的产物。

　　马克思主义生态理论对中国化马克思主义生态理论来说是"根"与"源"，中国化马克思主义生态理论则是马克思主义生态理论结出的丰硕"成果"。从毛泽东时期处理生产力发展与环境保护的关系，开始了马克思主义生态理论中国化的历史进程；到邓小平、江泽民时期正确处理经济发展与环境保护的关系，对马克思主义生态理论中国化进行初步探索；到胡锦涛时期，我们已经不局限于运用马克思主义生态理论指导中国的生态实践，并且已经形成科学发展观、生态文明理念等成熟的中国化马克思主义生态理论成果；党的十八大以后，中国化马克思主义生态理论走向全面成熟，在制度建设、理念转变、行动原则等方面取得了前所未有的发展，形成了习近平生态文明思想。世界在发展，时代在变化，在马克思主义生态理论的科学指导下，马克思主义生态理论的中国化进程将与时俱进，不断丰富和发展。

　　其次，处理好马克思、恩格斯生态理论科学方法与具体观点的关系。

　　马克思被称为"千年思想家"，但这并不意味着马克思的所有具体观点都可以穿越时空而成为永恒的真理，其某些观点是针对当时资本主义发展的具体情况而提出的，随着资本主义的发展，某些具体观点过时、失去指导意义是正常的。

---

　　①　马克思恩格斯选集(第4卷)[M]．北京：人民出版社，2012：588．

但是，马克思之所以能够被称为"千年伟人"，就在于他发现了隐藏在社会现象背后的规律，科学揭示了人与自然、人与社会、人与人的辩证关系。马克思主义生态理论也是如此。马克思、恩格斯生活的年代，资本主义社会的生态危机并没有完全爆发，其对于某些具体问题的论述带有那个时代的特质是正常的。我们要实现马克思主义生态理论的中国化，就必须剥开马克思、恩格斯对资本主义生态危机的现象描述，找出他们分析资本主义社会生态危机所采用的科学方法，挖掘马克思主义生态理论中对自然的价值、人与自然关系的科学的规律性认识。这些抽象的认知才是马克思主义生态理论的生命力所在，也是它能够指导马克思主义生态理论不断与中国具体国情结合，推动马克思主义生态理论中国化，形成中国化马克思主义生态理论的关键。

最后，处理好马克思主义生态理论与中国传统生态思想的关系。

马克思主义生态理论中国化是在中国这一具体情境之中进行的，必然受中国传统文化的影响和制约。中国传统文化与马克思主义生态理论存在诸多契合点，比如中国传统文化倡导的"天人合一"与马克思主义人与自然和谐思想，中国传统唯物论思想与唯物主义思想，大同社会与共产主义理想等。中国传统文化中的生态思想为马克思主义生态理论的中国化提供了适宜的文化土壤，为中国化马克思主义生态理论的生成提供了动力。

理论只有掌握群众，才能变成物质力量。马克思主义生态理论在西方语境中产生，其话语体系、表达方式与中国生态思想的表述存在差异。即便二者之间在理论上存在诸多契合之处，要真正实现马克思主义生态理论的中国化、时代化、大众化，除了进行理论灌输之外，还必须改变理论的传播方式，以中国人民喜闻乐见的形式表现出来。实际上，党在领导中国人民实现马克思主义生态理论中国化的过程中，一直都在试图运用中国传统文化的话语来表达马克思主义生态理论的科学思想，使其具有中国特色、中国风格、中国气派。比如习近平总书记在论述人类要对自然界取之以时、用之有度，与自然和谐共生时，就巧妙引用荀子的话语："草木荣华滋硕之时则斧斤不入山林，不夭其生，不绝其长也；鼋鼍、鱼鳖、鳅鳝孕别之时，罔罟、毒药不入泽，不夭其生，不绝其长也。"(《荀子·王制》)因此，在实现马克思主义生态理论中国化的过程中，必须寻找马克思主义生态理论与中国传统生态思想的契合点，处理好与中国传统生态思想的关系，并用中国式话语表达出来，获取人民群众的认可与支持。

(二) 中国生态实践的现实需要

马克思主义唯物史观认为，一个时期的政策导向与思想是由其当时所处的生产力发展水平和特定的历史条件所决定的。马克思主义生态思想的中国化进程，紧密结合着每一阶段实践发展的需要。不同时期的生态实践，为马克思主义生态理论的中国化提供动力支持；每一时期的生态思想，也因其所产生的历史时期不同，而有了不同的时代内涵和意义。

以毛泽东同志为核心的党的第一代中央领导集体为新时期开创中国特色社会主义提供了宝贵经验、理论准备、物质基础。中华人民共和国成立之初，以毛泽东同志为核心的党中央领导集体面临着战火与革命所遗留下的百废待兴的现实国情，因而让人民群众过上能吃饱穿暖的温饱生活，满足人民群众的生存需求，是其执政的主要任务。由于当时生产力发展水平较低，向自然索要资源，通过改造自然以适应社会主义建设则成为必然选择。党的第一代中央领导集体通过植树造林、兴修水利、开发可再生能源等措施，在一定程度上改善了当时生态环境趋于恶化的局面。这一时期生态建设的经验教训，使我们党对生态环境保护进行探索，开始重视对马克思主义生态理论的学习与思考，同时也为马克思主义生态理论中国化提供了丰富的养料。

以邓小平同志为核心的党的第二代中央领导集体成功开创了中国特色社会主义。邓小平时期，中国开启了改革开放新征程。以经济建设为中心，不断解放和发展生产力，最终使全国人民享有更为丰富的物质生活。由于以往过于单一的所有制结构和僵化的经济体制严重束缚了生产力和社会主义商品经济的发展，人民生活水平还较为落后，通过发展市场经济改善人民群众的物质生活是这一阶段的主线。面对经济发展中的环境污染问题，尝试将经济发展与生态环境保护相结合，从科学技术与制度层面保护生态环境。

以江泽民同志为核心的党的第三代中央领导集体成功把中国特色社会主义推向 21 世纪。江泽民时期，以经济建设为中心，大力发展生产，促进经济发展水平的提升仍是国家发展的主线。这一时期，国际国内环境发生了许多新变化。在国际层面，全球资源、能源消耗和环境污染的形势日益严峻，如何治理资源环境问题以实现人类经济社会可持续发展，已成为国际社会共同关注的话题。在国内，一系列生态环境问题开始凸显；人民群众的温饱问题已经基本得到解决，人民的需求逐步由生存需要转向生活需要，对生态环境的需求已经开始显露。以江泽民同志为核心的党中央领导集体，制定了本国的可持续发展战略，着手建设国内生态文明。

江泽民时期的生态思想较邓小平时期有了更进一步的发展。在协调经济发展与环境保护关系的基础上，拓展为协调人口、资源与环境的关系；同时，将"生态良好"上升到"文明发展道路"的高度，进一步拓展了中国化马克思主义生态理论的内容。

新世纪新阶段，以胡锦涛同志为总书记的党中央成功在新的历史起点上坚持和发展了中国特色社会主义。胡锦涛时期，中国发展进入一个新阶段，无论是经济实力、人民生活水平还是社会保障水平，都有了极大提高。由于粗放型的经济增长方式并没有从根本上转变，国内的环境污染、生态退化、资源浪费等问题愈加突出。在当时，我国的"七大江河水系中劣五类水质占 41%，城市河段 90% 以上受到污染"①。环境污染加剧的同时也激化了人民群众之间因环境污染而引发的社会矛盾，环境群体性事件频发。现实的环境污染与民生矛盾使党中央下决心从更高层面进行生态建设，不仅提出生态文明理念，还将"生态文明建设"作为全面建设小康社会的新目标。这一时期，中国化马克思主义生态理论进一步丰富

---

① 蒋秧生. 论科学发展观提出的时代背景[J]. 经济与社会发展，2006(5).

发展，在继承江泽民所提出的可持续发展思想上，进一步提出了发展的具体方式，即通过发展循环经济、低碳经济等科学的发展方式，既发展经济以满足人民群众的物质需求，也在该过程中实现人与自然的和谐相处，满足人民群众的生态环境需求。

以习近平同志为核心的党中央，开启了坚持和发展中国特色社会主义的新阶段。党的十八大以来，以习近平同志为核心的党中央更加重视对生态文明建设的领导作用，主动发挥党在建设生态文明过程中至关重要、无可替代的地位。先后于 2013 年 9 月 10 日发布了《大气污染防治行动计划》，于 2015 年 4 月 2 日发布了《水污染防治行动计划》，于 2015 年 4 月 25 日发布了《中共中央、国务院关于加快推进生态文明建设的意见》，于 2015 年 9 月 21 日发布了《生态文明体制改革总体方案》，于 2016 年 5 月 28 日发布了《土壤污染防治行动计划》，于 2016 年 11 月 24 日发布了《"十三五"生态环境保护规划》等一系列对我国生态文明建设有重要指导意义的文件。

习近平总书记还多次在不同场合、不同时间对生态文明建设中一些紧要和关键的问题进行了特别论述和阐发，例如系统、形象、生动、通俗地阐明了经济社会发展和生态环境保护之间关系的"两山论"等。2015 年 10 月党的十八届五中全会创造性地提出了创新、协调、绿色、开放、共享五大发展理念，将"绿色"作为我国经济新常态下发展方式和发展模式转型的指导理念之一。中国化马克思主义生态理论在中国共产党的领导下，在理论创新与实践创新中不断升华。

(三) 中国共产党"以人民为中心"的价值取向

马克思主义生态理论的中国化进程有一个鲜明的主线，即从"人民"出发，以"人民"为一切理论的逻辑出发点，这也是历届党中央领导集体的生态理论始终坚持的基本观点。以人民为中心，是坚持马克思主义生态理论的必然选择，也是由中国共产党"立党为公，执政为民"的性质所决定的。以人民为出发点表现为两个方面：一是以谋求人民的福祉为出发点；二是以依靠人民群众的实践力量为起点。

为人民谋求福祉是中国化马克思主义生态理论一以贯之的理念和追求。毛泽东时期，植树造林、兴修水利的着重点在于促进国家的经济发展，以利用和改造自然来为社会主义建设服务，最终目的在于改善人民群众的物质生活；尤其在后期环境污染问题受到重视时，直接提出环境保护的目的在于造福人民。邓小平时期，在继承毛泽东"植树造林，绿化祖国"思想的基础上，进一步提出"造福万代"的口号，将为民造福的范围从代内扩展至代际，即生态环境保护不仅是为当代人谋利，也是为后代人造福。江泽民时期，社会主义市场经济不断发展，环境污染问题逐步凸显，江泽民直指环境问题直接关系到人民群众的正常生活和身心健康，要求重视环境保护问题；同时提出可持续发展战略，指明后代人的利益也是当前发展所要考虑的问题。胡锦涛时期，科学发展观作为党的指导思想，明确提出"以人为本"，强调要始终把实现好、维护好、发展好最广大人民的根本利益作为党和国家一切工作的出发点和落脚点，生态文明建设的最终落脚点在于改善和提升人民群众的生活质量。进入新时代，以习近平同志为核心的党中央，在"以人为本"的基础上，更为明晰地提出了"以人民为中心"的生态民生思想，把人民对美好生活的向往作为党的奋斗目标。在生态环境建设上始终站在人民群众的立场上，提供更多优质生态产品以满足人民群众日益增长的优美生态环境需要，坚持生态惠民、生态利民、生态为民。习近平同志不仅关注当代人的生态需求，也照顾到未来子孙后代的环境需求；不仅关注国内人民群众的需求，还提出人类命运共同体思想，将生态环境建设的目的延伸至为整个人类服务。在马克思主义生态理论中国化这一过程中，"人民"的主体身份不断丰富，不仅从"代内"维度延展至"代际"维度，也从国内维度扩展至国际视野。其核心依然是以人民为中心，为人民谋福祉。

依靠人民群众是马克思主义生态理论中国化的实践动力。马克思主义的唯物史观指出，人民群众是历史的真正创造者，是社会物质财富和精神财富的创造者，是社会变革的决定性力量。中国共产党人历来尊重人民群众的主体地位，并将人民群众创造历史的观点运用于生态文明建设的实践中。马克思主义生态理论中国化的过程，就是人民群众不断建设生态文明的实践过程。毛泽东时期，植树造林、兴修水利等工程都依靠人民群众的力量而完成；邓小平时期，无论是植树造林还是通过科学技术来改善生态环境，都依靠着人民群众无穷的力量和智慧；江泽民时期，通过控制人口以协调人口、资源、环境三者关系的措施，依然建立在每一户家庭实际履行计划生育政策的基础之上；胡锦涛时期，资源节约型、环境友好型社会的构建，是由人民群众在日常生活中通过实际节约、环保行动等一点一滴推进而成的；新时代，以习近平同志为核心的党中央领导集体，尤为强调人民群众在生态文明建设中的作用，倡导人民群众在日常生活中形成绿色生产生活方式，在衣食住行等消费上适度简约，发挥人民群众的实践力量以推进生态文明建设。

经过 30 多年的计划生育，中国人口过快增长的势头得到有效遏制，极大地缓解了人口对资源环境的压力，推动了经济发展和人民生活水平及人口素质的提高。世界发达国家普遍生育水平较低。随着我国城镇化、工业化、现代化水平不断提高，高等教育普及，社会保障完善，少生优生成为社会生育观念的主流。但如今，人口形势发生了重大变化。生育率持续低于更替水平，人口老龄化加速发展，劳动力长期供给呈现短缺趋势，出生性别比失衡，这些导致家庭养老和抵御风险能力有所降低。为了适应已经变化了的人口形势，促进人口长期均衡发展，需要对计划生育政策作出完善和调整。新形势下需要深化国家人口中长期发展战略和区域人口发展规划研究，促进人口长期均衡发展。

党的十八届三中全会《决定》提出：坚持计划生育的基本国策，启动实施一方是独生子女的夫妇可生育两个孩子的政策，逐步调整完善生育政策，促进人口长期均衡发展。党的十八届三中全会决定启动"单独"生育二孩政策，是过去十几年以来对计划生育政策重大的、战略性的调整。政策实施后，虽然出生人数和人口总量有一定程度的增加（5 年内每年新增出生人数为一两百万），但都在可控可承受范围内，不会对经济社会发展和公共服务产生大的震荡和冲击。2015 年

10 月 29 日，党的十八届五中全会允许实行全面二孩政策。全面二孩政策，是指所有夫妇，无论城乡、区域、民族，都可以生育两个孩子。实施全面二孩政策，是继"单独二孩"政策之后生育政策的进一步调整完善，这是党中央基于我国人口与经济社会发展的形势做出的重大战略决策。实施全面二孩政策、改革完善计划生育服务管理，是促进人口长期均衡发展的重大举措。为了积极应对人口老龄化，我国又接续出台重大政策举措。2021 年 5 月 31 日中共中央召开会议，会议指出，进一步优化生育政策，实施一对夫妻可以生育三个子女政策及配套支持措施，有利于改善我国人口结构、落实积极应对人口老龄化国家战略、保持我国人力资源禀赋优势。国家相关部门召开会议，听取"十四五"时期积极应对人口老龄化重大政策举措汇报，审议《关于优化生育政策促进人口长期均衡发展的决定》，提出进一步优化生育政策，实施一对夫妻可以生育三个子女政策及配套支持措施。对全面二孩政策调整前的独生子女家庭和农村计划生育双女家庭，要继续实行现行各项奖励扶助制度和优惠政策。

回顾中国化马克思主义生态理论的发展历程，分析其理论创新的内在机制与动力，可以得出的结论是，我们必须坚持马克思主义生态理论与时俱进的科学理论品质，把握时代发展的生态实践需要，维护和发展好人民的生态权益，持续推进马克思主义生态理论的中国化进程。

四、中国化马克思主义生态理论的基本特征分析

中国化马克思主义生态理论是党和人民长期实践经验和集体智慧的结晶，也是马克思主义中国化的最新成果，呈现出一系列崭新的理论特质和时代特征。把握中国化马克思主义生态理论的基本特征，对于我们更深刻地理解中国化马克思主义生态理论的内涵，全面贯彻生态文明理念，积极践行习近平生态文明思想，具有十分重要的意义。

（一）科学性与创新性

1. 科学性

第一，其科学性体现在对生态文明建设的目标、手段、主体等多层次、全方位的创新上。

中国化马克思主义生态理论是社会主义的生态理论，是建立在中国特色社会主义实践中的生态理论。与西方传统生态理论不同，中国化马克思主义生态理论将"社会主义"和"生态文明"相结合，体现了中国化马克思主义生态理论最为重要的科学性。"资本主义"和"生态文明"是有根本性的矛盾的，这一点已经得到了普遍的认同。因为"资本主义"是由资本主导和统治的，资本本身具有"逐利性"的特征，资本需要不择手段地实现自我扩大和自我增殖。在这样的逻辑下，资本便需要降低成本、提高利润，而自然资源和生态环境就成了资本首先"开刀"的对象——生态环境成了资本"廉价的"甚至"免费的"原料厂和排污地。随着资本主义的发展，生态环境越来越恶化了。直到自然生态环境恶化到其无法自我修复、无法为资本主义世界的人们提供基本的生存环境的时候，资本才开始受到社会的责难、受到环境规则的"管制"，开始收敛自己肆意破坏自然环境的脚步。从近代以来人类对待生态环境的历史中可以看到，"资本"是环境问题最重要的元凶，对生态环境的保护与改善恰恰是人类运用各种手段和途径对资本进行限制、管控和转移的结果。也就是说，"资本主义"和"生态文明"之间既存在着修辞矛盾，同时也存在着逻辑矛盾，"资本主义"和"生态文明"是不可共存的。

马克思主义中国化的重要成果——中国特色社会主义理论体系始终坚持其理论和实践发展的社会主义性，同属于马克思主义中国化成果队伍中的中国化马克思主义生态理论对这个问题有着同样的坚持——坚持国家生态发展的社会主义性。首先，我国始终坚持自然资源的国有属性，《中华人民共和国宪法》第九条就自然环境和生态资源的所有权进行了社会主义的规定。条文规定：矿藏、水流、森林、山岭、草原、荒地、滩涂等自然资源，都属于国家所有，即全民所有；由法律规定属于集体所有的森林和山岭、草原、荒地、滩涂除外。对自然资源的所有权进行了严格而合理的规定之后，我国就可以采取恰当的措施开展保护和维护。光有对所有权的规定不足以形成科学的生态环境和自然资源的使用和保护网络，还容易导致"公地的悲剧"。因此，中国化马克思主义生态理论，在生态领域坚持社会主义原则的基础上，提出"健全自然资源资产产权制度和用途管制制度"，要形成"归属清晰、权责明确、监管有效的自然资源资产产权制度"；还提出要"试行资源有偿使用制度和生态补偿制度"，加快自然资源及其产品的价格改革，全面反映市场供求、资源稀缺程度、生态环境损害成本和修复效益。这些提法是将社会主义原则和市场手段完美结合的体现。资本主义国家可以通过利用国家内的社会主义因素和计划手段对资本进行限制和管理，实现不完全的生态化；社会主义国家同样也可以利用市场手段对自然资源进行管理和使用，这有利于生态文明发展。中国化马克思主义生态理论将社会主义的根本原则与市场经济的有效手段结合起来，是中国化马克思主义生态理论科学性的体现。

第二，其科学性体现在包容经济社会与生态环境的共同发展上。

中国化马克思主义生态理论一贯坚持经济社会与生态环境的协调、同步发展。毛泽东曾指出，森林也是农业的重要部分。一些干部群众一度对生态环境保护和经济社会发展的关系存在错误看法，江泽民在第四次全国环境会议上对此进行了批判，他旗帜鲜明地指出，经济发展要坚持以生态环境良性循环为基础。生态环境保护与经济社会发展的关系不应该是有我无你、有你无我的关系，也不应当是你让位与我或者我让位与你的关系。生态环境保护是经济社会发展的基础，生态环境保护与经济社会发展相互促进。江泽民讲话中经常可以听到关于生态环境保护和经济社会发展辩证关系的先进思想。之后的可持续发展战略中，江泽民进一步指出，只有保护了生态环境，经济社会的发展才是可持续的。新时代，习近平总书记又将这一问题更加生动而形象地向大众进行了普及，在理论和实践层面对这个问题进行了进一步的阐述。"我们既要绿水青山，也要金山银山。宁要绿水青山，不要金山银山，而且绿水青山就是金山银山。"①习近平总书记用这样通俗易懂的语句向公众展示了最先进的生态文明理念，顺利实现了将深奥的"理论语言"变为通俗的"大众语言"的转化。这样的转化不仅体现了中国化马克思主义生态理论对于经济社会发展和生态环境保护之间张力的科学认识，也体现了中国化马克思主义生态理论在创新中前进、在创新中进步的理论特性，体现了中国化马克思主义生态理论对马克思主义发展的观点的严格秉承。

第三，其科学性体现在其将理论与实践相统一的马克思主义科学研究范式上。

康德说过：没有理论的事实是模糊的，没有事实的理论是空洞的。中国化马克思主义生态理论有着将理论与实践统一起来的科学范式。首先，中国化马克思主义生态理论来源于实践；同时，中国生态文明建设的实践受到中国化马克思主义生态理论的科学指导。从毛泽东时期开始，中国共产党人就在执政期间，对生态问题做出了一系列实践和理论的探索。毛泽东以后，历代中国共产党领导人，都对生态问题做出了进一步的实践和理论上的探索。

例如毛泽东强调反对铺张浪费，在中华人民共和国成立之初就发动了反贪污、反浪费和反官僚主义的"三反"运动，以及反行贿、反偷税漏税、反盗骗国家财产、反偷工减料和反盗窃国家经济情报的"五反"运动。毛主席还号召国家公务人员"打掉官气"，而"打掉官气"的关键就是要"打掉"国家公务人员铺张浪费的现象。邓小平对植树造林大力支持，正是因为邓小平的支持，中国植树造林事业才得到了蓬勃的发展，全国人民代表大会也审议通过关于开展全民义务植树运动的议案；推动了《中华人民共和国环境保护法》的颁布实施。江泽民提出"可持续发展"，将我国的环境保护法制推向一个新高度，同时强调处理好人口、资源、环境三者之间的相互关系。胡锦涛提出建设两型社会和科学发展观，将生产方式的转换提升到更高的境界。习近平总书记提出绿色发展，积极参与国际生态

---

① 中共中央文献研究室.习近平关于全面建成小康社会论述摘编[M].北京：中央文献出版社，2016：171.

环境合作与机制建设，将绿色发展彻底作为一种社会发展方式、存在方式和交互方式，嵌入中国社会发展和中国梦的实现方式当中。

正是在这样的生态实践和生态理论的相互作用过程中，中国化马克思主义生态理论不断进步、充实，不断使自己的理论更加贴近于社会主义生态文明建设目标、中国特色社会主义建设实际、生态规律和人类社会发展规律，使理论更好地指导实践；同时，中国化马克思主义生态实践也在理论的指导下，不断调整自己实践的步伐与步频，不断提升自己的实践效率，更好地驱动我国这样一艘巨轮，驶向社会主义生态文明新时代，实现理论和实践的双重升华。

2. 创新性

中国化马克思主义生态理论的创新性，主要体现在对传统生态理论的三种路径的创新上。生态环境的相关理论都需要对一个共同的问题作出各自的回答，那就是：如何解决人与自然环境的关系不断恶化以及生态环境状况日益糟糕这一现实问题？传统的生态理论主要通过三种路径探索解决这一问题的终极答案。首先，从"技术"上入手。采用这种路径的生态理论对技术的态度大多是乐观的，多认为技术的进步可以填补人类不断扩张的需求，可以提高有限资源的利用率，既达到人类的要求，又逐步减少对自然界产生的破坏，最后从技术上实现人和自然界的共同发展、共生共存——选取这种路径的学者多数拥有技术背景。其次，从"人性"上入手。坚持这种路径的学者希望从价值观上对人性的"贪婪"进行改造，企图实现人类从"自发地"到"自觉地"保护环境的转变。最后，从"社会制度"上入手。坚持这一路径的学者认为当今世界生态环境不断恶化、自然灾害频仍的罪魁祸首在于统治当今世界的"资本主义"。资本主义使人性泯灭、道德沉沦，使人们忘却了保护环境的重要性，用"增殖"统御了整个世界的运行逻辑。"资本主义"与"生态文明"或"生态文明的时代"是根本对立的，只有推翻当今的"资本主义"的统治，用新的社会制度来建设全新的社会，才能实现真正的生态文明。

这三种传统路径代表了当今世界绝大多数传统生态理论的基本方向。这三种路径都用自己的方式，开辟了自己的理论道路，建立了各自的理论体系。中国化马克思主义生态理论不同于这三条路径，它将这三条路径的长处都吸收过来，结合自身的理论传统，建立了自己的一整套生态理论。首先，不同于从"技术"入手的生态理论，中国化马克思主义生态理论，既充分肯定了技术在解决人与自然矛盾、建设生态文明过程中的重要作用，也摆脱了"技术"导向的生态理论对于"技术"这一"双刃剑"的盲目崇拜；其次，不同于从"人性"入手的生态理论，中国化马克思主义生态理论，既承认人性的弱点，即"贪婪"等，又充分肯定人性的优点，即人们对美好生活——包括生态良好的生活——的普遍向往等；最后，不同于从"社会制度"入手的生态理论，中国化马克思主义生态理论本身就是在社会主义制度下开展的生态文明建设实践，中国化马克思主义生态理论着重于论述在中国特色社会主义的制度安排下建设生态文明的优越性。由此可见，中国化马克思主义生态理论是超越了以往生态理论的一种更高层次的生态理论，其创新性主要体现在对传统生态理论的三种路径的创新上。

中国化马克思主义生态理论，坚持马克思主义生态理论的科学内核，批判性借鉴与吸收古今中外的生态理论成果，去粗取精、去伪存真，其科学性和创新性是二元一体的。其科学性离不开其创新性，其创新性离不开其科学性；其科学性寓于其创新性之中，其创新性体现在其科学性之中。正是因其既有科学性，又有创新性，才能正确指导中国生态文明建设实践，将有别于西方传统生态化道路的中国绿色发展道路更好地向前推进。

(二) 体系性与开放性

中国化马克思主义生态理论具有体系性与开放性的特点。

1. 体系性

中国化马克思主义生态理论既强调了目标的体系性，又强调了手段的体系性，还强调了中国特色社会主义总体布局的体系性。

第一，其体系性体现在生态文明建设目标上。

中国化马克思主义生态理论强调目标的体系性。它既强调生态文明的微观目标，又强调其宏观目标；既强调生态文明的近期目标，又强调其远期目标。

中国化马克思主义生态理论强调了其微观目标。2013 年习近平总书记在海南考察时睿智地指出："良好生态环境是最公平的公共产品，是最普惠的民生福祉。"①这一论述向我们展现了中国共产党对自然生态环境和人民生活即民生状况之间关系的深刻认识。习近平总书记在这番论述中对生态文明的民生意义进行了阐述，展现了中国共产党对切实提高人民生活水平作出了思考和科学的回答。也就是说，光有先进的生产力、丰富的物质条件是不够的，再发达的生产力，生产出来再丰富的物质产品，都会因为糟糕的自然环境抵消掉它们的贡献，再充分的物质条件也会因为恶劣的自然条件而消弭，这是社会发展规律。以习近平同志为核心的党中央充分认识到了这个社会发展规律，对生态环境的民生价值进行了充分而科学的论述，展现了中国化马克思主义生态理论"以人为本"的先进理念。

中国化马克思主义生态理论也强调了其宏观目标。2013 年 7 月 18 日，习近平总书记在致生态文明贵阳国际论坛 2013 年年会的贺信中写道："走向生态文明新时代，建设美丽中国，是实现中华民族伟大复兴的中国梦的重要内容。"②中国化马克思主义生态理论将走向生态文明新时代、建设美丽中国作为实现中华民族伟大复兴的中国梦的重要内容，也作为其宏观层面的理论目标。在这封贺信中，习近平总书记还进一步强调，生态文明不仅仅是中国的事情，更是应该由全球共同承担的责任。可见，其宏观目标不仅包含国内，还放眼世界。

第二，其体系性体现在生态文明体制改革的体系性上。

2015 年 9 月，中共中央、国务院印发了《生态文明体制改革总体方案》，文件规定了生态文明体制改革的目标是建立"系统完整的生态文明制度体系"，而

---

① 中共中央文献研究室. 十八大以来重要文献选编（中）[M]. 北京：中央文献出版社，2016：493.
② 习近平. 习近平谈治国理政[M]. 北京：外文出版社，2014：211.

这一体系包括：权责明晰的自然资源资产产权制度；改变我国当前因过度开发和无序开发导致的优质耕地浪费、环境污染严重的国土空间开发保护制度；以空间结构优化和空间治理为主要内容的空间规划体系；科学严格的资源总量管理和全面节约制度；充分体现市场供求和自然资源价值的生态补偿制度；执法严明的环境治理体系；充分调动经济杠杆进行生态保护和环境治理的市场体系；客观反映生态效益和环境损害状况的生态文明绩效评价考核和责任追究制度。在环境政策法规方面形成了由环境法律、环境法规、环境规章、环境经济政策和政策法规解读构成的中国特色社会主义生态文明的环境法律法规体系。

第三，其体系性体现在总体布局的体系性上。

中国化马克思主义生态理论坚持生态文明是中国特色社会主义五位一体总体布局的一部分，还坚持要将生态文明的工作贯穿到社会主义经济建设、政治建设、文化建设、社会建设的全过程当中。唯有这样，中国特色社会主义生态文明才能够真正实现，中国特色社会主义才能完全实现。中国特色社会主义建设需要中国特色社会主义生态文明的实现，中国特色社会主义生态文明是中国特色社会主义建设整体的重要一环。没有生态文明作为搭建中国特色社会主义大厦的重要支柱，中国特色社会主义整体就会出现问题。

2. 开放性

中国文化向来极具包容性和开放性。从汉代丝绸之路到明朝郑和下西洋，再到今天"一带一路"伟大倡议的实施，无不展现了中华文化中博大精深、包容互鉴的优良传统。由于现代化产生的各种问题——包括污染问题——最早出现在先发的西方资本主义国家，因此也是这些国家最先开始实施传统生产方式和生活方式的生态化转型。这些国家经过"先污染、后治理"的路径，最早实现了自然环境的改善以及人类社会和自然环境的和谐相处。尽管西方发达资本主义国家的生态化道路充斥着对欠发达国家和地区的经济剥削、生态剥削和生态压迫，但在它们的国境之内，确实实现了对生态多样性的保护，其生态环境状况较之于发展中国家好上许多，人与环境之间的关系似乎更加从容与和谐。因此，中国化马克思主义生态理论不可避免地会借鉴西方发达国家在生态化转型过程中形成的理论、采取的措施、实施的手段等，其中有很多因素是人类发展过程中的进步要素。中国化马克思主义生态理论的开放性也体现于斯。

"社会主义"与"生态文明"具有内在逻辑的同一性，中国化马克思主义生态理论并不拒斥资本主义国家的生态理论和实践中的精华，因为资本主义国家内部同样拥有社会主义因素，同样拥有和生态文明内在统一的积极因素。中国化马克思主义生态理论正是这样一种开放而包容的理论形态，是一种充满活力的理论体系，是一种注重创新、注重吸纳一切人类优秀的生态理论与实践的理论。

第一，其开放性体现在对中国传统文化中生态因素的积极吸收上。中国化马克思主义生态理论的来源之一是中国传统文化中与生态相关的思想。中国传统文化是中国当前一切思想生长的文化土壤，脱离了中国传统文化这个生态土壤，任何文化产品、文化现象都无法健康成长，这一点是任何人都无法否认的。

第二，其开放性还体现在对西方各种生态理论和实践中的积极因素的充分学习吸纳上。西方国家较早开启了工业化和现代化进程，较早地享受了工业化和现代化带来的进步与飞跃，同时也较早地遭受到随之而来的环境污染等问题，因此，其较早地投入对环境污染和生态破坏的应对和处理工作中，较早地形成了相关的生态理论和实践。例如，于1987年联合国"世界环境与发展委员会"提交的《我们共同的未来》报告中提出的"可持续发展"的概念；于1989年出版的英国经济学家皮尔斯的著作《绿色经济蓝皮书》中提出的"绿色经济"概念；联合国秘书长潘基文提出的"绿色新政"概念；由一批柏林自由大学和社会科学研究中心的学者，如约瑟夫·胡伯、马丁·耶内克等提出的"生态现代化"理论……这些人类优秀的生态环境理论成果，都以一种理论养分的形式，被吸纳进中国化马克思主义生态理论中。中国化马克思主义生态理论秉承马克思主义的理念，将人类一切积极的、优秀的思想、理论或是实践财富，以一种兼收并蓄的态度吸收进来，既丰富了自身的理论，又可以使这些生态理论的精华在中国化马克思主义生态理论、中国特色社会主义理论体系的框架下发挥更大作用，实现更大价值。由于资本主义和生态文明之间的根本对立性，资本主义的现实土壤可能会限制这些理论的实践价值，使其难以发挥真正的效力。一旦将这些理论嵌入中国化马克思主义生态理论的框架，处以中国特色社会主义的改造，将它们改造为适应中国特色社会主义实践的样式，它们极有可能取得更大的成果，发挥更大的作用。

(三) 应用性与共享性

1. 应用性

中国化马克思主义生态理论是一套实践导向的生态理论，它肩负指导中国生态文明建设实践的重要任务。它是建立在中国特色社会主义实践之上的理论体系，它是来源于中国特色社会主义实践的理论体系，它是用来指导中国生态文明实践的理论体系。因此，中国化马克思主义生态理论具有对实践的指导性和很强的理论应用性。

2. 共享性

中国化马克思主义生态理论立场坚定地反对所谓的"生态殖民主义"或"生态帝国主义"，这一点是根植于中国传统文化和中国特色社会主义性质当中的。西方传统生态化道路遵循市场导向，通过经济剥削和污染转移来实现西方国内生态环境的良好化。中国绿色道路完全不同于西方传统生态化道路。中国化马克思主义生态理论的最终目标是实现世界范围的"两个和解"，在世界范围内实现人与人的和解以及人与自然的和解，实现生态领域的"世界大同"。因此，中国化马克思主义生态理论和中国化马克思主义的经济、政治、文化、社会等理论一样，具有共享性的特征。

第一，其共享性体现在对中国国内各个地区采取不同的生态策略，意图实现各个地区共同的生态进步上。

不论是毛泽东思想还是中国特色社会主义理论体系，中国化马克思主义理论成果都有着对马克思主义共同富裕、共同发展的向往和追求。中国化马克思主义生态理论也不例外。它对"共同富裕""共同发展"的追求体现在中国化马克思主义生态理论不仅拒斥国际生态剥削和压迫，同时也注意防范国内出现生态剥削和压迫的状况，尽力实现处在不同发展阶段、不同发展状况的不同地区实现差异化的生态环境良好化和经济社会发展进步。经济发达地区发展高新技术，淘汰落后产能；经济欠发达地区发展差异化产业，如第三产业等，充分发挥自己的比较优势，保护自身令人艳羡的蓝天白云。不仅仅实现经济社会上的共同富裕，还实现生态环境上的"共同富裕"，真正实现生产进步、生活富裕、生态良好。

第二，其共享性还体现在世界大同、命运共通的崇高理想上。

千百年来，"世界大同，天下一家"的梦想始终是人类心中长明的灯火。当今世界处于百年未有之大变局，"人类向何处去"成为时代之问。党的十九大把"坚持推动构建人类命运共同体"纳入新时代坚持和发展中国特色社会主义的基本方略，郑重宣示了中国愿同世界其他各国一道解答时代命题、共创人类美好未来的真诚愿望。

西方发达资本主义在资本主导的全球化背景下，希望将所有因素都置于资本的控制之下。资本在世界范围内肆虐，依然是为创造更多更大的增值。在这样的背景下，全世界都卷入资本的逻辑中。资本压低经济欠发达国家和地区的生态环境资源价格，将这些地方的生态环境资源低价购入；生产完成以后，将剩下的废弃物留在这些地方，有些甚至将本国危害巨大的大量垃圾"出口"到经济欠发达国家和地区。这些低价原料产地是免费的"垃圾场"，成为供西方发达资本主义国家继续发展的"垫脚石"。这样的行为让经济欠发达国家和地区在新的历史条件下，再次沦为西方发达资本主义国家的"生态奴隶"。

在这样的生态压迫和剥削下，西方发达资本主义国家逐渐实现其生态环境的改善，而被剥削对象的生态环境却每况愈下。在这样的既成事实下，西方发达资本主义国家还要制定更加严苛的国际生态秩序，企图用"生态环境"再次作为钳制发展中国家发展的武器，让这些发展中国家更难发展起来。这样的资本逻辑导致了这样一个结果：即使西方发达资本主义国家貌似在本国实现了"生态文明"，它们却使很多地方的生态环境进一步恶化了。它们并没有给全球的生态环境带来"增量"，这样的西方传统生态化道路明显是不具有共享性的。

世界大同、命运共通，是中国特色社会主义在理论和实践两方面体现的鲜明价值导向。中国共产党在十八大报告中首次提出"命运共同体"概念，提倡合作共赢，倡导"命运共同体意识"，"在追求本国利益时兼顾他国合理关切，在谋求本国发展中促进各国共同发展，建立更加平等均衡的新型全球发展伙伴关系，同舟共济，权责共担，增进人类共同利益"①。因为合作共赢的根本价值追求，中国倡导的"一带一路"建设吸引了一大批志同道合的伙伴，秉持命运共同体的理念团结合作，奔向更美好的未来。中国化马克思主义生态理论同样秉承中国特色社会主义的包容性特征，有着坚定的世界大同、命运共通的理想信念。习近平生态文明思想提出坚持共谋全球生态文明建设。生态文明建设是构建人类命运共同体的重要内容。必须同舟共济、共同努力，构筑尊崇自然、绿色发展的生态体系，推动全球生态环境治理，建设清洁美丽世界。中国正在充分发挥作为全球生态文明建设重要参与者、贡献者、引领者的作用，将负责任大国担当与构建人类命运共同体结合起来，建设性参与全球环境治理，利用应对气候变化、生物多样性保护等环境议题对冲"逆全球化"的负面影响，为世界可持续发展提供中国智慧与中国方案。

---

① 中共中央文献研究室. 十八大以来重要文献选编(上)［M］. 北京：中央文献出版社，2014：37.

第五章

中国化马克思主义生态理论的主要内容

中国化马克思主义生态理论是一个完整的理论体系,本书对中国化马克思主义生态理论进行系统分析,将其主要内容概括为生态和谐理论、生态发展理论、生态民生理论、生态系统理论、生态制度理论、生态效益理论和全球生态治理理论。这七种理论,是对生态文明建设的核心要义、基本要求、最终归宿、有效方法、制度保障、现实价值和大国担当的系统理论概括。

生态和谐理论对生态文明建设的核心要义——人与自然和谐共生进行了系统论述,指出新时代生态文明建设要超越生态中心主义和人类中心主义,减少人与自然的对立,实现人与人、人与社会、人与自然的和谐;生态发展理论对新时代生态文明建设的基本要求进行了阐述,指出生态文明建设必须避开"先污染、后治理"的发展道路,走绿色、低碳、循环的发展道路;生态民生理论是关于生态文明建设最终归宿的理论,回答了中国特色社会主义生态文明建设为了谁、依靠谁的问题;生态系统理论是对生态文明系统性的科学认识,为生态文明建设融入政治、经济、文化和社会建设提供了系统的方法论指导;生态制度理论是建设生态文明制度过程中经验教训的理论升华,为新时代生态文明制度建设提供科学指导,为生态文明建设提供制度保障;生态效益理论回答了新时代生态文明建设的现实指向问题,为发挥生态文明建设综合效益指明了发展方向;全球生态治理理论体现了中国共产党人的责任与担当,为全球生态危机的解决提供中国智慧和中国方案。中国化马克思主义生态理论,对指导新时代生态文明建设,增进中国人民和世界人民的生态福祉具有重要的意义。

一、生态和谐理论

生态和谐理论是关于生态文明建设过程中人与人、人与社会,尤其是人与自然关系的科学认识,是对自然资源与人类需求关系认知的理论升华。生态和谐理论继承和发展了马克思主义生态理论对人与自然关系的科学论述,指出了实现经济发展和环境保护内在统一、相互促进、协调共生的方法论，是马克思主义中国化在人与自然和谐发展方面的集中体现，也是社会主义和谐社会理论在中国的进一步丰富和发展。

(一) 生态和谐理论的生成

首先，中华文化具有倡导人与自然和谐共生的传统。

自古以来，我国就有追求人与自然和谐统一的文化传统。道家提出的"以道观之，物无贵贱；以物观之，自贵而相贱；以俗观之，贵贱不在己"(《庄子·秋水》)实际上已经有了人与自然平等，不应将人类需求置于自然万物之上的思想雏形。道家代表人物庄子认为"人与天一也"，人与自然是合一的，人应该顺应自然，合理利用自然资源，但也必须尊重自然界的内在运行规律。"草木荣华滋硕之时，则斧斤不入山林，不夭其生，不绝其长也"(《荀子·王制》)，儒家将"仁者爱人"思想扩展到"仁民爱物"，不仅要爱惜自然，更要以"仁"来对待自然。爱护自然、保护生物繁衍成为儒家的一种理论与实践自觉，"钓而不纲，弋不射宿"(《论语·述而》)，不用渔网网鱼大小通杀，不射归巢的鸟，体现了对自然万物的"仁"。同时，儒家将对人、自然的态度与个人的修养相关联，"君子之于禽兽也，见其生，不忍见其死；闻其声，不忍食其肉。是以君子远庖厨也"(《孟子·梁惠王上》)，使得对自然的"仁"成为"君子"修养的组成部分，成为历代文人志士的不懈追求。中华传统文化表达了人应该与自然保持友好关系的观点，强调人类从自然界获得物资，必须以尊重和保护自然为前提，否则，违背了自然规律，必然要危及自然的发展，最终危及自身的生存。

其次，人类中心主义与生态中心主义发展的弊端呼唤一种新的倡导生态和谐的理论。

人类中心主义产生于工业革命时期，其主张主客二分的自然观导致人与自然关系的对立，无限扩大人的需求与价值，从而造成对于自然生态的严重破坏。西方生态问题频发的近现代历史已表明，人类中心主义这一条路是走不通的。生态中心主义产生于对人类中心主义的反思，但却走向另一个极端，重视生态的价值而忽视人的价值，人与自然仍然处于对立状态。无论人类中心主义还是生态中心主义都有其无法克服的缺陷，人类中心主义面临只见人不见物以及唯科学主义的缺陷，而生态中心主义则面临只见物不见人的缺陷。西方社会生态中心主义与人类中心主义进行了长期的论争，使西方国家生态环境政策在两个极端之间不断摇摆，难以真正解决日益严重的生态环境问题。无论是在理论还是实践层面都呼唤一种新的理论，既能包容"生态中心主义"重视万物之价值的优长，又能包容"人类中心主义"关注人类福祉、重视科技的优点。但在西方主客二分世界观的主导下，很难产生这样一种人与自然和谐的理论。因此，很多人将目光投向东方的中国，因为在中华传统文化"天人合一""道法自然"之中蕴含着丰富的生态思想，同时也蕴含着丰富的"和谐"思想，"和而不同""万物并育而不相害"，尤其是"中和中庸"的"过犹不及"思想等使人在处理人与自然的关系时能够采取节制的态度，既重视人的权利，也承担起相应的责任。

最后，生态和谐理论是历代中国共产党人艰辛探索的结果。

为实现中国工业化、现代化，中华人民共和国自成立初期就定下了赶超型的现代化战略。在追求经济高速增长的实践中，对自然资源和生态环境的加速开发利用，使得人与自然的矛盾凸显。改革开放以来，对赶超型的现代化模式不断进行调整，一定程度上协调了经济发展与环境保护的关系，改善了人与自然的关系。然而，要从根本上遏制生态环境恶化的趋势，不让可持续发展受到威胁，还需要做出新的思考。因而如何超越工业文明的现代化模式，走出一条新的现代化发展道路，成为中国共产党人的重大历史课题。中国共产党不仅是善于学习的党，也是一个善于反思、不断创新的党。为了推进现代化建设健康良性发展，我们党积极回应时代挑战，与时俱进地在推进现代化进程中实现人与自然、人与社会的和谐发展，逐步推进现代化的生态转向。党的十五大提出实施可持续发展战略；党的十六大以来相继提出走新型工业化发展道路，发展循环经济，建立资源节约型、环境友好型社会等理念；党的十七大明确提出建设生态文明，并将其作为全面建设小康社会奋斗目标的新要求之一。党的十八大将生态文明建设纳入总体布局中，提出建设美丽中国。这既体现了中国共产党对中国特色社会主义认识规律的加深，也体现了中国共产党追求"绿色"现代化的主动抉择和理性自觉。党的十九大提出坚持人与自然和谐共生，并对实现社会主义现代化强国目标进行了顶层设计和战略安排，首次将"美丽"作为现代化强国的目标和标志之一，这是新时代针对我国社会主要矛盾的变化做出的新的部署安排，也表明了我们要建设人与自然和谐共生的现代化的决心和信心。

(二) 生态和谐理论的核心要义是人与自然和谐共生

党的十九大报告指出："我们要建设的现代化是人与自然和谐共生的现代化，既要创造更多物质财富和精神财富以满足人民日益增长的美好生活需要，也要提供更多优质生态产品以满足人民日益增长的优美生态环境需要。"①这标志着生态和谐理论的成熟，开辟了人与自然关系的新境界——人与自然的和谐共生，成为新时代中国生态文明建设的理论指导。那么，我们该怎样认识人与自然和谐共生呢？

其一，人与自然和谐共生为处理人与自然的关系指明了方向。

在马克思、恩格斯看来，人与自然的关系是对立统一的。一方面，人来自自然界，与自然界休戚相关，并且"人作为自然的、肉体的、感性的、对象性的存在物，同动植物一样，是受动的、受制约的和受限制的存在物"②，作为自然存在物的人类是必须依赖自然界的，必须遵循自然界的运行规律，否则人类将无法生存；另一方面，人作为有意识、有能动性的自然存在物，在人与自然的关系中并不是完全被动的，人可以针对需求对自然界进行改造，使自然界打上人的印记，也就是自人类产生以来，自然就不再是"自在的自然"，而是打上了人的实践痕迹的"人化自然"。如前所述，人本身就是自然界的产物，人只有依靠自然

---

① 中共中央文献研究室. 十九大以来重要文献选编(上)[M]. 北京：中央文献出版社，2019：35.
② 马克思恩格斯文集(第1卷)[M]. 北京：人民出版社，2009：209.

界才能够生存和发展。人与自然的关系是人类社会最重要的关系之一，当人类开发利用自然时能尊重、顺应、保护自然，与自然和谐共生，人类就能持续不断地得到大自然的馈赠；反之，过度开发资源和破坏生态环境必然会伤及人类自身，这是不可抗拒的自然规律。习近平同志强调"人与自然是生命共同体"，"人类必须尊重自然、顺应自然、保护自然"，是在吸收借鉴马克思主义生态理论的基础上，分析当前中国社会发展矛盾、问题及经验教训而得出的科学论断，是我们在经济发展过程中处理人与自然关系的根本遵循。

其二，人与自然和谐共生是生态文明的本质特征。

人与自然的关系自人类产生以来就一直存在，其随时代发展有不同的表现形式。进入工业社会，尽管人类对自然界的改造与征服"硕果累累"，自然界却也发生了天翻地覆的变化——资源耗竭、环境恶化、生态失衡。人与自然的关系进入了全面冲突状态，引发出气候变化、臭氧层空洞、生物多样性减少、荒漠化、酸雨、污染等一系列全球性、区域性问题，这些问题纠缠、叠加铸造出"达摩克利斯之剑"高悬在人类头顶，使人类面临着有史以来极其严峻的局面。虽然目前人与自然仍然处于共生的状态，但这一共生建立在人类对地球资源的疯狂掠夺而地球生态环境不断退化的基础之上，人与自然的共生关系是脆弱而不可持续的。生态文明在批判西方工业文明的基础上提出，是人类文明发展的新阶段，是在尊重人与自然和谐相处这一客观规律的前提下，处理人与人、人与社会、人与自然关系过程中取得的物质与精神层面的一切成果的总和。生态文明是对"先污染、后治理"发展道路的深刻反思，也是对社会生产方式、生活方式的深刻变革，更是对人与人、人与社会、人与自然关系的重塑。生态文明追求人与自然和谐共生，强调只有和谐共生，才是真正的共生。和谐共生并不排斥人与自然关系的差异或者竞争，而是在尊重自然、顺应自然和保护自然中实现人与自然关系的平衡，也只有人与自然和谐共生，才会有社会和谐、国家和谐、世界和谐。

(三) 人与自然和谐共生的实现路径

生态和谐理论不仅仅对人与自然和谐共生关系进行了科学论述，也对其实现指明了路径，那就是从主体、手段等维度出发，把握好和处理好政府与公民、观念与制度、国际与国内三对关系。

首先，实现人与自然和谐共生需要依靠政府与公民两个主体。

环境保护问题呈现出典型的眼前利益和长远利益的矛盾，解决这一矛盾必须加强我国政府在环境治理领域的作用。第一，环境保护是一项复杂的系统工程，涉及面广，对于环境领域的"九龙治水"现象，政府具有多方面协调的功能；第二，坚持人与自然和谐共生，就要转变经济发展方式，整合人力和财力资源，使经济发展方式达到效益最优化——政府具有指挥这种转变的功能；第三，环境保护需要法律法规的保障，政府在环境立法、制度构建和监督实施等方面具有其他主体不可替代的作用。

在环境治理工作中，为了避免在某些地方以环境问题解决者出现的"行政权力"同时也是环境问题制造者的尴尬现象，必须在政府治理主体之外引入第三方监督机制——主要指由普通公民以及公民建立的社会团体参与监督。改革开放以来，我国在环境保护领域制定了大量法律法规。我国公民参与环境保护主要涉及《中华人民共和国水法》和新颁布的《中华人民共和国环境影响评价法》。其中，《中华人民共和国环境影响评价法》第6条规定："一切单位和个人都有保护环境的义务，并有权对污染和破坏环境的单位和个人进行检举和控告。"该法首次对公众参与环境保护的程序和方式做了详细规定，将宣言式原则转化为可操作的法律制度。参与决策制定是公众参与环境保护最核心的方面，公众参与相关政策制定过程，对有损环境的决策行使否决权，才能有效监督政府决策制定，更好地发挥公众在环境治理中的积极作用，实现人与自然的和谐共生。

其次，实现人与自然和谐共生需要运用观念与制度两个手段。

20世纪70年代末以来，"发展才是硬道理""科学发展观的第一要义是发展"是我们关于发展的重要论述。世界各国在具体发展过程中，可能出现对发展的片面理解，如过度强调发展速度而忽视发展质量，尤其是忽视与经济发展紧密相关联的自然环境的发展，对生态环境造成巨大伤害。西方国家在20世纪就曾出现过经济发展与生态环境的尖锐矛盾。

中国作为后发国家，应当利用后发优势，汲取西方国家经验教训，跳出"黑色发展"老路，转变发展理念，走新型、绿色发展道路。经过改革开放40余年的发展，我国已成为全球第二大经济体，为生态治理奠定了坚实的物质基础。

要摒弃"唯GDP论"，转变发展理念、发展方式，实现经济可持续发展。习近平总书记在参加河北省委常委班子专题民主生活会时表示，要给地方经济发展去掉紧箍咒，即使生产总值有所下滑，但在绿色发展，治理大气污染、雾霾方面作出贡献，就可以挂红花、当英雄。[①] 习近平的"保护生态环境就是保护生产力，改善生态环境就是发展生产力"和"绿水青山就是金山银山"等论述，都反映了党和国家对人与自然关系、经济发展与环境保护关系认知的转变，不能为了自己的生活而牺牲后代子孙发展的基础。此外，环境治理是一个系统工程，需要系统的各个组成部分协同推进，要实现人与自然和谐共生，还要树立系统治理观念。

治理生态环境，必须依靠制度和法治，要把生态文明的"四梁八柱"建立起来，构建从源头预防、过程控制到损害赔偿、责任追究的一整套生态治理法律制度和体制机制。

一是构建严格的生态治理考核评价制度。考核评价体系发挥导向和约束的"指挥棒"作用。构建生态治理体系评价制度，要把资源消耗、环境损害、生态效益等指标纳入政绩评价体系，改变过往"唯GDP论"的做法，确立绿色GDP的新理念，严格执行生态治理"一票否决"。

二是建立生态环境保护的市场调节机制。建立健全用能权、用水权、排污权、碳排放权初始分配制度，创新有偿使用、预算管理、投融资机制，培育和发展交易市场。目前，我国能源、水资源、土地资源、矿产资源等产品的价格改革和税费改革均已启动，还需努力做到资源有偿使用制度能完全反映市场供求和资源稀缺程度。构建完善的资源有偿使用制度和生态补偿制度势在必行。

---

① 中共中央文献研究室. 习近平关于社会主义生态文明建设论述摘编[M]. 北京：中央文献出版社，2017：21.

三是建立健全生态环境的责任追究制度。2015 年 8 月 9 日施行的《党政领导干部生态环境损害责任追究办法(试行)》，对造成严重生态环境破坏的干部要终身追责，让保护环境成为对领导干部的刚性要求。

最后，实现人与自然和谐共生需要统筹国内与国际两个大局。

我国仍处在现代化进程中，能源需求量巨大，必须有效控制污染气体排放。随着我国发展方式的转变，无论是招商引资还是境外发展，都必须制定严格的环保标准，防止"污染迁徙"，绝不转嫁生态污染。

经济的全球化带来环境问题全球扩散，一国的环境问题不仅是自身的问题，也是全球性问题。西方发达资本主义国家将劳动密集型和资源消耗型企业转移到发展中国家，污染跨境转移，发展中国家和地区深受其害。

气候变化是迄今为止人类遇到的最大危机和最大范围的公共问题。全球气候变化问题的解决，需要在世界范围内建立起全球治理机制。世界各国依据"共同但有区别的责任"原则，在促进各国共同发展的框架内，积极采取有关政策措施。中国必须积极参与全球环境治理，争取有利的外部发展环境。

二、生态发展理论

生态发展理论是中国化马克思主义生态理论的重要组成部分，是对中国经济、社会、环境发展实践所做的理论性概括，也是指导中国经济、社会、环境发展的纲领性思想。生态发展理论突破了西方"先污染、后治理"的发展理念与"就环境治理环境"的环境保护理念，坚定主张转变国家发展模式，将生态发展理念融入政治、经济、文化、社会、生态建设各方面和全过程，通过生态发展的社会主义优越性来探寻解决人类生态危机和发展危机的新方向和新方案。

(一) 生态发展理论的发展历程

生态发展理论的形成过程，既是对社会主义建设规律认识深化的过程，也是一个长期的探索过程，生态发展理论是在中国发展实践的基础上逐渐形成的。

首先，从新中国成立到改革开放之前是生态发展理论的初步探索期。

中国共产党自成立以来，始终以马克思主义理论为指导。中华人民共和国成立后，以毛泽东同志为核心的党的第一代中央领导集体深知科学技术对发展现代农业的重要性，提出了"土、肥、水、种、密、保、管、工"的"农业八字宪法"，提倡科学种田；鼓励全民参与节约资源、利用再生资源、绿化荒山、发展林业的"绿化祖国"行动；同时，兴修了黄河、葛洲坝、三门峡、淮河等水利工程，保护了主要江河流域的生态环境。这些生态思想和生态实践表明我们党对于生态资源与环境的作用有了初步的认识，并且在推动社会主义革命和建设的过程中取得了保护环境、节约资源的有效成果，为生态发展理论的形成奠定了最初的基础。

其次，从改革开放到党的十八大之前是生态发展理论的逐步明确期。

党的十一届三中全会后，以邓小平同志为核心的党的第二代中央领导集体号召"植树造林，绿化祖国，造福后代"[①]，以此来保护森林资源。1989年，我国正式颁行了第一部《环境保护法》，为环境保护问题提供了可靠的法律保障。邓小平强调了科学技术对生态保护的重要性，指出："将来农业问题的出路，最终要由生物工程来解决，要靠尖端技术。对科学技术的重要性要充分认识。"[②]

由于受西方发展方式的影响，在处理人与自然的关系上一度走过一些弯路。因采取粗放式生产经营方式，出现了一些先污染、后治理，边污染、边治理的错误做法。通过实践反思和理论总结，这些做法得到了改变和纠正。1997年，党的十五大正式将"保护环境"列为基本国策，提出要"正确处理经济发展同人口、资源、环境的关系。……严格执行土地、水、森林、矿产、海洋等资源管理和保护的法律"[③]。其间，"保护环境就是保护生产力""环境保护工作是实现经济和社会可持续发展的基础"等生态环境保护思想深入人心。2002年，党的十六大从宏

---

① 邓小平文选（第3卷）[M]. 北京：人民出版社，1993：21.
② 邓小平文选（第3卷）[M]. 北京：人民出版社，1993：275.
③ 江泽民文选（第2卷）[M]. 北京：人民出版社，2006：26.

观整体层面指出，为了实现全面建设小康社会的具体目标，就必须坚持"可持续发展能力不断增强，生态环境得到改善，资源利用效率显著提高，促进人与自然的和谐，推动整个社会走上生产发展、生活富裕、生态良好的文明发展道路"①。2007 年，党的十七大将科学发展观作为指导思想写入党章，要求"坚持以人为本，树立全面、协调、可持续的发展观，促进经济社会和人的全面发展"，"统筹人与自然和谐发展"，提出构建"两型"社会，"把建设资源节约型、环境友好型社会放在工业化、现代化发展战略的突出位置"，② 首次把"生态文明"作为全面建设小康社会的奋斗目标写入了党的报告，遵循经济社会、自然资源和环境协调发展规律，推进生态文明建设。2010 年，在《2010 中国可持续发展战略报告》中正式提出"绿色发展"，并在"十二五"规划中首次阐述了绿色发展问题，这标志着中国进入绿色发展时代。生态发展理论在中国生态文明建设的伟大实践中逐步明晰起来。

最后，从党的十八大至今是生态发展理论的正式确立与坚定执行期。

2012 年，党的十八大提出要"大力推进生态文明建设"，并将生态文明建设纳入中国特色社会主义事业"五位一体"总体布局，表明我国生态文明建设进入纵深发展阶段。2015 年，党的十八届五中全会从国家发展战略的高度正式提出了五大发展理念，其中"绿色发展理念"尤为醒目，标志着生态发展理论的成熟。全会指出绿色生活、绿色消费在生态文明建设中具有重大作用。随后在党的"十三五"规划建议之中，绿色发展理念被全面贯彻、细化，"绿色是永续发展的必要条件和人民对美好生活追求的重要体现。必须坚持节约资源和保护环境的基本国策，坚持可持续发展，坚定走生产发展、生活富裕、生态良好的文明发展道路，加快建设资源节约型、环境友好型社会，形成人与自然和谐发展现代化建设新格局，推进美丽中国建设，为全球生态安全作出新贡献"③。由此可以看出，现代

---

① 中共中央文献研究室. 十六大以来重要文献选编（上）[M]. 北京：中央文献出版社，2005：15.
② 中共中央文献研究室. 十六大以来重要文献选编（上）[M]. 北京：中央文献出版社，2005：18.
③ 中共中央文献研究室. 十八大以来重要文献选编（中）[M]. 北京：中央文献出版社，2016：792.

国家治理，无论是经济、政治、社会、文化还是生态环境的治理，最终目标均是为了追求人的可持续发展、自由、幸福。

回顾生态发展理论的形成历史，可以看出生态发展理论随中国的生态实践不断丰富与成熟，从对于生态问题缺乏科学认知，到逐渐认识到生态的基础性作用而提出可持续发展战略、科学发展观，再到认识到"绿水青山就是金山银山"而提出绿色发展，历经考验、磨砺终于形成了根植于中国现实国情又指导生态文明建设的生态发展理论。这是历史和人民的选择，有着深厚的历史和实践依据。

(二) 生态发展理论对生态文明建设的积极作用

生态发展将污染治理、生态恢复与绿色发展等纳入发展体系，确定了发展的生态导向，并将维护与增进人民的生态权益和民生福祉作为发展的目标。"生态兴则文明兴，生态衰则文明衰"，生态发展关系生态文明建设的成败，关系中华民族能否实现伟大复兴。生态发展促进人与自然和谐发展，实现经济发展与生态保护的协调一致，为生态文明建设明确了主攻方向和精准着力点。

(1) 生态发展为生态文明建设营造良好社会氛围，促进社会各主体参与生态文明建设，优化生态治理格局。

生态发展是我国在不断满足人民群众需求的过程中形成的理念和模式，回应了人民群众对美好生态环境的期待，为社会主义生态文明建设开出发展良方。生态发展反映出我国发展思维的深刻变革，指导个人、社会、政府三元主体充分发挥各自优势，合力构建一种建立在人与自然和谐互动的基础上、以人的自由而全面的发展为旨归、以实现人类共同福祉为目标的发展之路。

其一，生态发展有利于人民群众更好地认识人与自然的辩证关系。

人与自然、社会发展与自然生态系统是处在相互关联的系统之中，割裂彼此之间的整体性与关联性，必然会带来整个系统的变化，进而影响人类的生活。而生态发展有利于人民群众更好地认识这种辩证关系，学会用辩证思维思考人与自然的关系，必须考虑自己行为长远的生态后果和可能对自然界造成的危害，将隐患消灭于未然状态。

其二,生态发展倡导简约适度、绿色低碳的生活方式,带来社会生产的变革。

在社会上存在对生态发展的错误认知,认为应该彻底"返璞归真"、回归自然,这实际上是一种误解。生活品质的改善是人类社会发展的方向与追求,人类社会发展不可能回到原始时代。发展必不可少,关键在于发展的方式,必须坚持人与自然和谐共生的发展。生态发展倡导简约适度、绿色低碳的生活方式,反对奢侈浪费和不合理消费。消费方式的改变必然带来社会生产的变革。太阳能热水、纯电动汽车、公交绿色出行,带动的不仅是消费,也会进一步作用于生产。

(2)生态发展促进生态产品与生态产业发展,为生态文明建设提供充足的发展动力。

为人民提供更优质的生态产品,既是生态发展理念的应有之义,也是社会主义生态文明建设的主旋律。从人民群众的现实生态需求来看,可以划分为必需型的生态需求与一般型的生态需求,进而又产生了必需型生态产品与一般型生态产品的划分。所谓必需型的生态产品,主要是指洁净的空气、干净的水、森林绿地、无公害食品等。这些生态必需品关系到民众的健康与生活的品质,是人民最为关心的民生福祉。能否满足人民群众对必需型生态产品的需求,直接关系到人民群众对中国特色社会主义的信心。满足人民群众对必需型生态产品的需求,有赖于对空气、水体、土壤等污染的治理与对森林、绿地、水体、海洋生态系统的修复,有赖于对绿色、可持续生态发展方式与生活方式的践行。一般型的生态需求则主要指虽然不影响人民生存,但与生活息息相关的对体现绿色、低碳、循环的生态消费品的需求。一般型生态产品供给的增加有赖于多方面的努力:普通民众需要形成对生态产品的消费习惯;企业需要改进生产的技术工艺以生产符合生态需求的产品;政府则需要通过政策、制度等引导发展生态经济,增加绿色生态产品的供给。尤其是政府在生态环境的治理以及生态产业与生态经济的发展过程中发挥着重要作用。

树立生态发展理念,有利于政府从财政、税收等方面加大对绿色发展新业态的扶持力度；有利于引导传统产业跳出产业局限和壁垒，顺应快速发展的产业技术革命趋势，依靠绿色技术主动升级改造，推动行业、产业实现绿色清洁生产；有利于将基于大数据的互联网+、物联网、云计算等新兴互联网技术与传统产业紧密结合，建立绿色产业大数据库、绿色产业智库，发展绿色金融，打造绿色低碳循环产业体系和智能消费体系，引导绿色生产、绿色流通、绿色贸易、绿色消费发展。

无论是必需型的生态需求的提供，还是一般型的生态需求的满足，都离不开生态发展理念对普通公众、企业、政府组织的潜移默化的影响以及生态发展理论对生态文明建设的科学指导。

(3)生态发展是对中国化马克思主义生态理论的丰富与完善，指导新时代生态文明建设沿着绿色、低碳、循环的道路持续推进。

生态发展理论内涵丰富，它是在实践的基础上对中国 70 多年来经济发展与生态环境保护经验的概括性总结，对于政绩观、生产观和生活观的转变具有重要意义，指导着社会主义生态文明建设实践。政绩，是党政领导干部在贯彻执行党的路线方针政策的过程与履行职责的实践中的工作行为、表现及创造出来的成绩和贡献。[①] 领导干部努力创造政绩应该是政府的幸事，然而不科学的政绩观则会浪费国家的人力、物力资源，甚至对国家发展产生负面影响。

在我国经济建设的过程中曾经出现重视经济发展速度而忽视经济发展质量，重视经济积累而忽视自然生态资源的保护的粗放型经济发展观，导致我国生态环境持续恶化并威胁到民众生活质量的提升，一段时间民众对"蓝天白云"非常渴望。从根本上说，这种重视短期利益、局部利益，避实就虚、拈轻怕重的政绩观是不可持续的，必须从狭隘的短视政绩观走向谋求创新、协调、绿色、开放、共享的长远政绩观。习近平同志也指出："要给你们去掉紧箍咒，生产总值即便滑到第七、第八位了，但在绿色发展方面搞上去了，在治理大气污染、解决雾霾方面作出贡献了，那就可以挂红花、当英雄。"[②]

---

① 肖鸣政. 正确的政绩观与系统的考评观[J]. 中国行政关系，2004(7).
② 中共中央文献研究室. 习近平关于全面深化改革论述摘编[M]. 北京：中央文献出版社，2014：107.

生态发展理论关于人与自然、经济发展与环境保护辩证关系的科学论证，有利于我们正确认识发展的目的就是人民群众的生活质量、生活品质的提升，有利于我们正确认识发展的意义不在于 GDP 的增长而在于人的全面发展，为摒弃"黑色"政绩观、转向绿色政绩观提供了理论支撑。

生产观是指人类在自然开发、物质资料生产过程中所形成的价值观念，在不同的历史时期形成了不同的生产观。西方社会在工业文明生产观的影响下，陷入"大量生产—大量消费—大量废弃"的生产逻辑之中，虽然产品数量获得前所未有的增加，但也带来自然界无法降解的污染。生态文明生产观是对工业文明生产观的扬弃，追求的是人类可持续发展目标的实现，既关注人类自身的发展，又关注自然生态系统的稳定。生态文明生产观把生态学原理引入生产领域，生产过程体现生态学的基本特征，保持生态系统的动态平衡，转变高消费、高生产和高污染的生产理念，建立以生态技术为基础的生态化生产方式，使生态产业在产业结构中居于主导地位，成为经济增长的主要源泉。

生态文明生产观是对工业文明生产观下"资源—产品—污染排放"生产模式的批判，主张社会生产应遵循"资源—产品—再生资源"的原则，强调资源的可持续、循环利用开发，追求人与自然的和谐共生。人类从技术生态化的标准出发，合理地改造人与自然之间的关系，使人类通过生态化的技术、手段和生态化的价值观，解决人类生产方式应该是什么的根本性问题。人类在认识自然的过程中，不断进行着创新性发展。随着自然的面纱不断被揭开，生态文明视域内的生产观得到确立，人类更好地实现了改造自然的目标，达成了人类发展史上一次自由而全面的跨越式发展。

生活方式是生态文明建设的重要方面，从生态视域对现代生活方式进行批判反思，探讨生态生活方式的内涵是非常必要的。生活方式作为一个历史性概念，其内涵随社会生产力发展而不断发展。基于不同的生产力，人们采取不同的生活方式。不同类型的人类生存方式和生活方式，对应着不同的人与自然关系状况。

根据对马克思主义生态观以及生态马克思主义，生态社会主义消费观、幸福观的分析，我们逐渐认识到，生态生活方式的基本理念是转变人类中心主义的价值观念，追求人与自然的和谐。在物质消费方面，强调适度消费原则；在幸福观上，要求超越将幸福等同于物质消费的观念，追求人自身的全面发展，重视人与人之间、人与自然之间的和谐，重视精神层面的追求和满足。

现代社会生活方式本质上仍处于工业文明阶段，以工业文明为基础的现代生活方式在带来资源枯竭、环境污染、生态失衡的同时，也给人自身的健康、生活质量带来严重威胁。有学者总结现代生活方式的弊端：一是贪欲无限，二是消费无度，三是缺乏理性，四是远离自然，五是迷茫空虚。现代生活方式的不可持续性要求实现现代生活方式向生态化生活方式的转型。

(三) 生态发展的实现路径是走绿色发展道路

进入工业时代以来，环境问题与生态危机日益严重，表现为空气恶化、水体污染，进而出现森林土地破坏，导致生物多样性减少，甚至出现消费至上、人性异化等精神危机。资本主义的物质文明在带来生产力提高的同时，也带来了难以解决的生存和发展难题。

其一，在人与自然的关系方面，工业文明倡导人的解放和独立，人类在改造自然的实践活动中以人类利益为中心，形成了人类中心主义。

人与自然的交往以人的统治、控制与自然的被统治、被控制为显著特征。在与自然的相处中，人把自身看成唯一的主体，自然只是客体，主体主宰和统治着客体。为了满足自身利益，人类不惜破坏、掠夺自然。

其二，在人与他人、人与自身的关系方面，西方资本主义国家崇尚以资本的逻辑支配社会，产生了各式各样的异化，其中以"物支配人"的异化最为严重。

人被异化之后，整个社会物欲横流、消费异化、金钱至上，交往中以个人利益最大化为标准，人际关系冷漠，并且产生了"新穷人"——因为贫穷而在心理上感觉被排除在"正常生活""快乐生活"[1]之外。因此，资本主义国家为攫取利润

---

[1]　[英]齐格蒙特·鲍曼. 工作、消费、新穷人[M]. 仇子明，李兰，译. 长春：吉林出版集团有限责任公司，2010：83-85.

而进行的扩大再生产不仅加剧了生态危机，而且扭曲了人的价值取向，其消费主义的危害是世界性的。

其三，在国家/民族与世界的关系方面，西方发达国家"就环境治理环境"，普遍走过了一条"先污染、后治理"的发展道路，并且出现了向其他国家尤其是发展中国家转移高污染、高能耗产业的行径，同时还通过经济、文化等"看不见的手"来控制、干涉甚至阻碍其他国家的治理、发展。总的来说，这根源于资本主义的本质，它以资本的逻辑支配一切，在此价值取向的主导下，资本主义社会永远跳不出人与自然、人与他人、人与自身、国家与世界关系中的控制、异化、欺压的"怪圈"。

中国选择绿色发展道路，正是因为社会主义本身就意味着对于更好发展道路的探索。资本主义作为一种现代化方案，曾在人类告别封建社会、迈向现代社会的进程中发挥了重要作用，但它绝不是唯一的发展道路。特别是在当代，资本主义社会本身发展的问题进一步凸显。中国作为社会主义国家，走绿色发展道路，其基本着眼点一开始就在于针对资本主义发展模式的弊端，批判和破坏一个旧世界的同时建立一个新世界，实现对资本主义环境治理模式和发展道路的扬弃与超越，这体现了绿色发展所深蕴的科学性和正义性。归纳起来，中国绿色发展道路的比较优势主要体现在以下三个方面：

第一，在人与自然的关系方面，提出打破人类中心主义，实现人与自然和谐共生。

中国坚持绿色发展道路，着力推进人与自然和谐共生，主张人与自然平等，二者"同呼吸共命运"，主张在生产、交换、分配、消费、生活等各环节尊重自然、顺应自然、保护自然，并且发展自然，实现人和自然共同发展、和谐发展。

第二，在人与他人、人与自身的关系方面，摒弃消费主义，追寻人的自由而全面的发展。

中国绿色发展道路呵护人的自由发展，把人从异化的奴役状态中解放出来，实现人与自然的和解以及人与自身的和解，从而使人的自由全面发展成为可能。

一个被物欲所奴役的人、一个视金钱为人生唯一价值的人，显然是与人的全面发展格格不入的。面对西方资本主义社会的消费主义在我国大众生活中"崭露头角"，绿色发展坚决抵抗现代社会形形色色对人的"物化"、异化，强调以人为本，以"人的全面发展""生活幸福"为社会生活价值标准，倡导平等、和谐，追求使人成为人，使生活成为不被"遮蔽"的生活，成为自由、和谐、诗意的生活。

第三，在国家/社会与世界的关系方面，主张拒绝个人中心主义，寻求全人类共同福祉。

人类只有一个地球，人类同处一个世界，中国坚持走绿色发展道路，既是为了建设美丽中国，也是为全球治理贡献力量。随着经济全球化、社会信息化趋势的深入发展，国与国之间已经形成"你中有我、我中有你""一荣俱荣、一损俱损"的命运共同体，这使得发展问题的解决愈加复杂和棘手，需要人类共同的智慧来共同找寻新的、多元的、开放的发展途径。

党的十八大以来，习近平总书记多次做出关于坚持绿色发展、建设生态文明的讲话、论述、批示，他强调："建设生态文明关乎人类未来。国际社会应该携手同行，共谋全球生态文明建设之路。"①与大多先发资本主义国家的掠夺式的"个人利己主义"不同，中国选择了一条追求人类共同福祉的绿色发展道路。中国作为负责任的大国，提出绿色发展的目的之一，就是为解决全球性的生态危机问题承担大国责任，为世界可持续发展和全球治理作出中国贡献。

绿色发展对于可持续发展观、科学发展观等的超越与提升，主要在于绿色发展对绿色这一发展底色也是发展本色的强调与坚持。与农业时代的"黄色文明"和工业时代的"黑色文明"不同，绿色发展的最终目标是建立一种同农业文明、工业文明不同的生态文明。这种新的文明形态的核心是"绿色"的生活方式，并有一整套全新的"绿色"思想观念、社会制度、政治体制与其相适应。

绿色发展认为人类文明如果要摆脱人与自然关系的恶化，就必须对生活方式

---

① 习近平. 习近平谈治国理政(第2卷)[M]. 北京：外文出版社，2017：525.

和生产模式进行革新，实现绿色增长，积聚绿色财富，共享绿色福利。绿色发展道路的"绿色"特质，要求人们用生态理性反思和改良经济理性，以人与自然的和谐关系为价值标准对生产、交换、分配、消费等环节进行"绿色化"，发展循环经济系统、高效能源系统以及绿色科技产业，实现物质生活、生产的低污染、低能耗和低排放。

绿色发展的"绿色"特质追求的不仅是经济领域发展观的转变，它的最终目标是人的发展，并且强调"人与自然和谐"与"人的进步"是一体两面的关系，认为人与自然关系的合理调整有待于在实践中解决人与人关系的不平衡。因此，绿色发展主张在经济、政治、文化、社会建设各方面和全过程中积极主动地融入生态文明建设，强调绿色发展的整体性、全面性、综合性、长远性。实现绿色化发展，从实质上反映了人们对更高层次生态文明形态的追求。"绿色是永续发展的必要条件和人民对美好生活追求的重要体现。必须坚持节约资源和保护环境的基本国策，坚持可持续发展，坚定走生产发展、生活富裕、生态良好的文明发展道路，加快建设资源节约型、环境友好型社会，形成人与自然和谐发展现代化建设新格局，推进美丽中国建设，为全球生态安全作出新贡献。"①

可见，绿色发展道路更加强调发展而非简单的资源节约与环境保护，更加突出在可持续性基础上的"可发展"；更加强调行动而非理念，更加具有实践的可操作性；更加强调整体协调而非局部改善，是一个经济、社会、环境协同作用和政府、企业、公众等不同主体共同发展的过程，兼顾各方利益，促进发展的整体协调。其"绿色"本质旨在使"人成为人"、使"人的生活成为生活"，即为"人"和"人的生活"赋予绿色、发展和文明的价值。

生态发展理论的形成是时代发展的必然，但是也离不开中国共产党的艰辛探索，尤其是可持续发展观、科学发展观、绿色发展理念在生态发展理论的形成过程中起到了关键性的作用。同时，生态发展理论要发挥在生态文明建设过程中的

---

① 中共中央文献研究室. 十八大以来重要文献选编（中）[M]. 北京：中央文献出版社，2016：792.

指导作用，需要从观念转变、实践践行、理论完善等多方面持续努力，将生态发展理念真正转变为政府的生态政绩观、生产观与生活观。

三、生态民生理论

解决好广大人民群众最关心、最直接、最现实的民生问题，是中国共产党的重要使命和任务。在物资匮乏的年代，如何带领人民解决温饱问题、生存问题，是中国共产党执政初期艰巨的历史使命。此时，推进民生事业，就是要为人民提供足够的物质生活资料。随着经济发展和社会生活水平的提升，人们在这一过程中不仅产生了对精神文化产品的需求，也对美好生态环境产生了迫切的需求。但现实中雾霾肆虐、植被破坏、水质污染、土壤污染等生态环境问题日益凸显，生态环境恶化的现实不仅给人民群众造成了巨大的经济损失，还让人民群众的身体健康和生命安全受到了严重威胁。更为严重的是，我国生态环境的恶化还影响到政治稳定和社会和谐。据统计，"进入 21 世纪以来，环境污染引发的群体性事件以年均 29% 的速度递增"①。近年来，因生态环境而引发的群体性事件此起彼伏。例如，"重庆开县高升煤矿事件、四川什邡钼铜项目、江苏启东王子制纸排海工程项目、宁波镇海 PX 项目和厦门 PX 项目引发了大规模群众抗议"②。在"群体性环境事件"的规模上，有的甚至高达数万人。为了有效缓解生态压力以及由生态压力而引发的政治压力，我们在处理生态问题时，必须关心人民群众的生态利益。面对严峻的生态退化形势和生态环境引发的政治问题，国家须要将生态问题作为一项重要的民生建设任务予以对待。民生事业不仅仅是为人民提供优质的物质资料和生活资料，为人民生产生活提供优质的生态环境，也成为党推进民生事业进程中的一项重要工程。

① 赵建军. 建设生态文明的重要性和紧迫性[J]. 理论视野，2007(7).
② 余永跃，王世明. 论增强生态文明建设的政治保障[J]. 中州学刊，2013(12).

党的十八大以来提出"大力推进生态文明建设"的任务，要求"把生态文明建设放在突出地位，融入经济建设、政治建设、文化建设、社会建设各方面和全过程，努力建设美丽中国，实现中华民族永续发展"①。习近平总书记在全国环境保护大会上深刻指出："生态环境是关系党的使命宗旨的重大政治问题，也是关系民生的重大社会问题。"②因此，生态民生就是从生态层面关注人民的生计问题，在推动社会生产和经济发展的同时，创造出优良的生态环境以改善和提高人民的生存、生活质量，满足人民对美好环境的需求和向往，从而实现人与自然的和谐共生。

（一）生态民生理论的生成

1. 生态民生理论的理论渊源

生态民生理论有着深厚的理论渊源。恩格斯在《英国工人阶级状况》中曾细致描述了英国工人阶级恶劣的生存环境："这里的街道通常是没有铺砌过的，肮脏的，坑坑洼洼的，到处是垃圾，没有排水沟，也没有污水沟，有的只是臭气熏天的死水洼"③；"一切腐烂的肉类和蔬菜都散发着对健康绝对有害的臭气，而这些臭气又不能毫无阻挡地散出去，势必要造成空气污染"④。他还指出当时工人普遍患上肺病的重要原因正是工业污染产生的废气。由于人与生态环境之间的矛盾在那个时代还未激化，马克思、恩格斯也更关注于无产阶级在经济和政治上被压迫、被剥削的问题，因而他们的经典著作里鲜有着重且系统地对生态环境与人民生计之间的紧密联系做出论述，"生态民生"这一概念没有被明确提出。但是，在马克思、恩格斯以辩证唯物主义和历史唯物主义对人类社会发展规律进行揭示时，其中涉及的人与自然关系、人与社会关系的论述却间接蕴含着"生态民生"

---

① 中共中央文献研究室. 十八大以来重要文献选编（上）[M]. 北京：中央文献出版社，2014：30-31.
② 中共中央文献研究室. 十九大以来重要文献选编（上）[M]. 北京：中央文献出版社，2019：448.
③ 马克思恩格斯全集（第2卷）[M]. 北京：人民出版社，1957：306-307.
④ 马克思恩格斯文集（第1卷）[M]. 北京：人民出版社，2009：410.

的理念，是中国化马克思主义生态民生理论的重要来源。

第一，生态环境是"现实的人"的基本需要。

马克思、恩格斯对民生问题的探讨从"现实的人"的需求出发，将需求的满足程度作为衡量民生状况的尺度。① 他们指出"现实的人"的需求是丰富多样的，但大体可以归类为四种需求：物质需求、社会需求、精神文化需求和生态需求。其中，物质需求是最基本的需求。因为"人们首先必须吃、喝、住、穿，然后才能从事政治、科学、艺术、宗教等等"②，只有首先满足了基本的物质需要，维持人的生存底线，进而才能要求生活与发展，才能产生社会需求、精神文化需求以及生态需求。马克思、恩格斯指出，人的全部物质生产生活资料都源于自然。自然界先于人而存在，人是自然界的产物，"我们连同我们的肉、血和头脑都是属于自然界和存在于自然界之中的"③。

一方面，自然界作为"人的直接的生活资料"，为人类最基本的生存需求提供了物质生活资料和适宜的生存环境；另一方面，自然界则成为"人的生命活动对象(材料)和工具"，人通过对自然的改造使得自然又为人类的生产发展需求提供了物质生产资料。这意味着人类的生存与发展不可能超脱于自然界而存在。因此，在生态环境作为物质生产生活资料的这一意义上，它是"现实的人"的基本需要，是民生需求不可或缺的构成。不过，随着社会经济的不断发展，生态环境对于人的需求来说也不再局限于它为人类提供物质基础的层面，人类对美好生活环境的需求也成为生态环境的价值意义所在。因而生态之于民生含有两种意义：满足基本的物质需要、满足人对美好生活环境的需要。

第二，生态民生需求具有阶段性特点。

依据唯物史观，"现实的人"的需要是一个动态的、历史性的范畴，即民生的内涵和外延会随着社会生产力的进步而不断拓展出新内容。恩格斯将物质资料

---

① 杨静，周钊宇. 马克思恩格斯民生思想及其在当代中国的运用发展[J]. 马克思主义研究，2019(2).

② 马克思恩格斯选集(第3卷)[M]. 北京：人民出版社，2012：1002.

③ 马克思恩格斯选集(第3卷)[M]. 北京：人民出版社，2012：998.

划分为生存资料、享受资料和发展资料，"现实的人"的需要也相应地分为生存需要、生活需要和发展需要。在生产力较为落后的时期，生存需要是最主要的民生需要，只满足于基本的吃喝穿住，维持人的生存和繁衍，是最低层次的需要。生活需要是生存需要的进阶，它是"已经得到满足的第一个需要本身、满足需要的活动和已经获得的为满足需要而用的工具又引起新的需要"①，主要表现为人们在基本生活得到保障后，对衣食住行等物质需要有了更高品质的追求，更加注重社会的公平正义、更丰富的精神文化以及更为美好的生态环境需要。生态民生需求便处于这一阶层。发展需要是更高层次的民生需要，这一阶段是人不断实现自由而全面发展的时期，劳动成为自我实现的手段。

第三，遵循自然规律是保障和改善民生的前提。

马克思、恩格斯指出，人具有主观能动性，可以"通过他所作出的改变来使自然界为自己的目的服务，来支配(改良)自然界"②。恩格斯又指出："我们不要过分陶醉于我们人类对自然界的胜利。对于每一次这样的胜利，自然界都对我们进行报复。每一次胜利，起初确实取得了我们预期的结果，但是往后和再往后却发生完全不同的、出乎预料的影响，常常把最初的结果又消除了。"③在此基础上，恩格斯进一步指明："我们决不像征服者统治异族人那样支配自然界，决不像站在自然界之外的人似的去支配自然界……我们对自然界的整个支配作用，就在于我们比其他一切生物强，能够认识和正确运用自然规律。"④因此，人类只有在尊重自然规律的前提下发挥主观能动性，在自然环境所能承载的范围内改造自然，以满足人的生存和发展需求，否则，人类最终必将受到"自然界的报复"。

2. 生态民生理论的探索过程

生态民生理论是中国共产党领导全国各族人民，进行伟大的理论和实践探索

---

① 马克思恩格斯选集(第1卷)[M].北京：人民出版社，2012：159.
② 马克思恩格斯选集(第3卷)[M].北京：人民出版社，2012：997-998.
③ 马克思恩格斯选集(第3卷)[M].北京：人民出版社，2012：998.
④ 马克思恩格斯选集(第3卷)[M].北京：人民出版社，2012：998.

中提炼和总结出来的治国理政智慧。1949 年中华人民共和国成立后，中国共产党始终坚持全心全意为人民服务的宗旨，带领人民在建设和改革时期进行了伟大探索。中国共产党人认识到，环境是人民群众生活的基本条件和生产的基本要素，是最广大人民群众的根本利益所在，生态环境好，人民就受益，生态环境被破坏，人民的生存状态和质量就受直接影响，因此我们党始终把生态文明建设摆在突出位置。

在中华人民共和国成立之初，在北戴河召开的中共中央政治局扩大会议上，毛泽东就强调，要使我们祖国的河山全部绿化起来，要达到园林化，到处都很美丽，自然面貌要改变过来。1956 年 4 月，毛泽东在《论十大关系》的报告中也提道：“天上的空气，地上的森林，地下的宝藏，都是建设社会主义所需要的重要因素。”①以毛泽东同志为核心的党的第一代中央领导集体带领人民进行了植树造林、兴修水利、计划生育、治理污染等具有开创性的实践，对我国生态文明建设做了奠基性的探索。进入改革开放时期，以邓小平同志为核心的党的第二代中央领导集体继承和发展了第一代中央领导集体的生态民生建设思想。邓小平在毛泽东“绿化祖国”的思想基础上，提出了“植树造林，绿化祖国，造福后代”②的号召。1983 年，他到北京十三陵参加义务植树劳动时提出：“植树造林，绿化祖国，是建设社会主义，造福子孙后代的伟大事业，要坚持二十年，坚持一百年，坚持一千年，要一代一代永远干下去。”③1986 年 8 月，邓小平在天津视察居民小区的绿化状况时说道：“人民群众有了好的环境，看到了变化，就有信心，就高兴，事情也就好办了。”④以邓小平同志为核心的党的第二代中央领导集体继续在植树造林、计划生育、环境立法等方面进行了深入探索，标志着中国特色社会主

① 毛泽东文集(第 7 卷)［M］. 北京：人民出版社，1999：34.

② 邓小平文选(第 3 卷)［M］. 北京：人民出版社，1993：21.

③ 中共中央文献研究室. 邓小平年谱：一九七五——一九九七(下)［M］. 北京：中央文献出版社，2004：895.

④ 中共中央文献研究室. 邓小平年谱：一九七五——一九九七(下)［M］. 北京：中央文献出版社，2004：1130.

义生态文明建设道路逐步形成。进入 20 世纪 90 年代，以江泽民同志为核心的党的第三代中央领导集体进一步发展了生态民生理论，依据国内外背景，提出可持续发展战略，在推进西部大开发战略、综合治理人口问题、防治污染等方面取得了巨大成就，我国生态文明建设进入探索阶段。党的十六大以后，以胡锦涛同志为总书记的党中央继承并发展了前几代中央领导集体的生态文明建设思想，提出科学发展观。科学发展观强调"以人为本，全面、协调、可持续发展"，把人作为发展的根本目的，在发展中统筹好人与自然的关系，最终实现人与自然的和谐、经济与环境的协调发展。此时，生态民生理论已经基本形成，我国生态文明建设进入了快速发展阶段。

2012 年 11 月 15 日，习近平会见中外记者时指出："我们的人民热爱生活，期盼有更好的教育、更稳定的工作、更满意的收入、更可靠的社会保障、更高水平的医疗卫生服务、更舒适的居住条件、更优美的环境，期盼孩子们能成长得更好、工作得更好、生活得更好。"[1]"更优美的环境"是人民群众对于幸福生活的期盼，美好的愿景是当今社会民生建设新的奋斗目标和不竭动力。

党的十九大报告宣告了中国特色社会主义进入了新时代，我国社会主要矛盾发生了历史性的变化，即由原来的人民日益增长的物质文化需要和落后的社会生产力之间的矛盾，转化为人民日益增长的美好生活需要和不平衡不充分的发展之间的矛盾。这种变化建立在改革开放 40 年来国民经济快速发展的基础上，人民的物质生活水平有了显著的提升，人民的需求从"物质文化需要"质变为"美好生活需求"。以习近平同志为核心的党中央领导集体进一步继承生态民生思想，始终坚持"以人民为中心"，根据生态环境与民生建设出现的新问题、新情况，对中国化马克思主义生态民生理论进行了更为深入的探索，形成了成熟的、完整的、系统的生态民生理论，我国生态文明建设进入了新时代。

(二) 生态文明建设的民生维度

生态问题既是发展问题，也是民生问题。我国生态文明建设的价值归宿就在

---

① 中共中央文献研究室. 十八大以来重要文献选编(上)[M]. 北京：中央文献出版社，2014：70.

于人民群众的根本利益和长远利益，就是要"给子孙后代留下天蓝、地绿、水净的美好家园"①。要实现这个价值目标，在生态文明建设实践中就必须依靠人民群众，把广大人民群众的根本利益和长远利益作为出发点和落脚点，踏踏实实地走为民、务实、清廉的群众路线。因此，将生态环境保护提升到民生重大战略层面，把生态环境保护与人民群众的根本利益联系起来，是中国化马克思主义生态理论的最终归宿。

首先，生态民生理论表明，生态文明建设的根本目的是为了人民群众。

我们党的宗旨是全心全意为人民服务，党大力推进生态文明建设的目的也在于为人民造福。必须在生态文明建设实践中走群众路线，"坚持问政于民、问需于民、问计于民，从人民伟大实践中汲取智慧和力量"②，"始终与人民心连心、同呼吸、共命运，始终依靠人民推动历史前进"③。如果脱离人民，主政官员会搞 GDP 竞赛，以换取个人在政治竞赛中的有利地位；企业会放弃环境保护责任，片面追求集体获得更多利润；个人会失去参与环境保护的积极性，目标更会盯在自己的小私利上。脱离群众路线，官员、企业和个人即使投入生态环境保护活动当中，也只会各唱各的调，各吹各的号。最终只有个人或少数人从中获取局部的和暂时的利益，人民群众的整体和长远利益必将受损。

其次，生态民生理论表明，生态文明建设的依靠力量来自人民。

人民群众是实践的主体，是历史的创造者，也是生态文明建设的依靠力量。生态文明建设事业是亿万人民自己的事业，要尊重人民的主体地位，发挥人民的主人翁精神和首创精神，相信群众，依靠群众，最广泛地动员和组织人民群众参与生态文明建设事业，让人民群众的积极性、主动性和创造性得以充分发挥。只有将环境保护与民生事业紧密联系起来，人民群众才会真正接受党的宣传教育，才会自觉而积极主动地投身到生态文明建设中去。不依靠广大人民群众，仅依靠

---

① 习近平. 坚持节约资源和保护环境基本国策努力走向社会主义生态文明新时代[N]. 人民日报，2013-05-25.
② 中共中央文献研究室. 十八大以来重要文献选编（上）[M]. 北京：中央文献出版社，2014：40.
③ 中共中央文献研究室. 十八大以来重要文献选编（上）[M]. 北京：中央文献出版社，2014：40.

少数社会精英、专家、学者、政府官员和环保人士，人民群众就会认为生态文明建设与己无关而漠不关心，从而消极怠工，甚至积极反抗。这不仅会导致生态文明建设所需求的智慧、创造力和实践力量的缺失，而且在建设的结果上，达不到强化人民群众生态意识和观念的目标，也达不到把人民群众的消费观念由一定程度上的过度消费、虚假消费向理性消费和生态消费转变的目标。

最后，只有践行生态民生理论，才能切实保证生态文明建设的成果由人民共享。

我国生态文明建设的目的就是为了人民的福祉，其建设的成果应该由人民群众共享。良好的生态环境具备生态公共产品的属性以及民生福祉的普惠性与公平性，为人民群众无偿提供生活必需品，可以让广大民众呼吸新鲜空气、饮用干净水源、品尝安全食物、拥有绿色舒适的居住环境，坚持生态惠民、生态利民、生态为民，提升人民群众的生态幸福感。

由于科学技术条件相对不足，经济发展尚不充分，亦不均衡，制造业仍为我国支柱产业，生态文明建设仍然由政府主导，存在着人民群众的生态素养有待提高等因素，我国生态文明建设很可能在当前科学技术和经济条件较好的地区取得良好的效果，而在那些条件较差的地区和生态观念较落后的地区，建设生态文明可能就相对困难。一旦脱离了人民，我国生态文明建设必将成为少数人的乌托邦，生态文明建设就达不到预期的效果，人民群众就无法共享建设的成果。因此，生态文明建设只有与民生事业紧密相连，只有始终坚持人民主体地位，将生态环境保护融入民生事业的方方面面，才能真正确保民生质量，满足人民对美好生活的向往，使良好的生态环境真正成为最普惠的民生福祉。

党的十八大以来，中央已将生态文明建设上升到中国特色社会主义事业五位一体总体布局的高度，要求大力推进生态文明建设。在经济投入上，生态建设的投入不断加大；在领导环保责任上，已建立起"约谈""包产到户"等生态环境保护的责任机制，对造成生态环境破坏的领导和企业责任人加大了处罚力度；在发展方式上，资源消耗型的发展方式不断被资源节约型的发展方式所替代；在消费方式上，人民群众越来越趋向适量消费、环保消费、循环消费；在重大项目建设上，领导干部越来越乐意倾听人民群众的声音，越来越照顾人民群众的生态权益。以上所有作出的努力和取得的成绩，无一不是为了维护人民群众的利益，无一不是贯彻落实生态民生思想的结果。

(三)生态民生的实践路径

生态民生理论作为中国化马克思主义生态理论的重要内容，不仅表明了生态文明建设的逻辑归宿，还有着鲜明的实践指向。当前，要继续贯彻落实生态民生思想，必须继续做好以下工作：

(1)要牢固树立生态红线，为生态民生划定安全底线，这是推进生态民生的前提。

生态红线是继"18亿亩耕地红线"后，在国家层面提出的另一"生命线"。就其基本含义来说，生态红线有四个基本内涵：一是空间红线，指重点生态功能区、生态环境敏感区和脆弱区等区域划定的严格管控边界。二是资源消耗和环境质量红线，指资源消耗指标和上限，各项环境指标，如土壤重金属含量、土地退化指数、植被覆盖指数等。三是为满足空间红线和质量红线而以政策为手段制定的各项法律法规和标准，如《环境保护法》《领导干部自然资源资产离任审计规定(试行)》等，具有较强的工具属性。四是道德红线，对于领导干部来说，就是要把人民群众对美好生活环境的向往放在心上，时时事事以人民群众的根本利益为准绳；对广大人民群众而言，就是要自觉树立起保护环境的道德意识，把保护环境融入生产生活的具体实践。

生态红线的实质，就是要为生态环境安全划定底线，实施最严格的生态保护制度，这也是为保障人民群众最根本的权益画定红线，是民生底线，不能越雷池一步，否则就该受到惩罚。

首先是要确定资源消耗上限，要依据环境承载力和自然资源修复速度，对水、能源、土地、森林等资源消耗总量实施严格管控，制定明确有效的监督管理机制和处罚措施，合理设置资源"天花板"。

其次是要严把环境质量底线。要按照"以人为本、防治结合、标本兼治、综合施策"的原则，建立以保障人民健康为核心、以改善环境质量为目标、以防控环境风险为基线的环境管理体系。坚决打好蓝天保卫战，有效应对重污染天气；着力打好碧水保卫战，推进水资源合理利用和保护；扎实推进净土保卫战，强化土壤污染管控和修复。在此基础上，完善生态环境系统工程建设，严控突发环境风险。

最后，要巩固国土安全格局。要从整体谋划国土空间布局的角度出发，划定并严守"生态红线"，凸显国家生态空间用途管制的作用，坚定不移地实施主体功能区战略，积极开展生物多样性保护，实施保护良好湖泊、建立国家公园体制等举措，打造科学且安全有序的城镇化推进格局、农业发展格局，让人民共享生态民生建设的福祉。

（2）要坚定不移推动经济又好又快发展，促进生产力发展，这是推进生态民生建设的根本保障。没有经济发展，生态民生建设就是无源之水、无本之木。

一方面，我们要保护生态环境，创造美好家园，真正实现天蓝、地绿、水清，就必须要有持久大量的生态投入。这些生态投入必须来源于持续稳定的经济发展。没有良好的经济实力作为保障，生态建设就只能是一句空话，生态民生更是无从谈起。同时，生产力的提高也意味着人类在遵循自然规律和经济发展规律的前提下，利用和改造自然界的能力不断提高。特别是近年来，我国生产力内部已经逐步形成了一种保护自然的能力，如环境监测能力、污染防治能力、资源替代能力等。

另一方面，生态环境是约束经济发展的基本因素。保护生态环境就是保护生产力，改善生态环境就是发展生产力。发展生产力不仅仅是量的扩张，还有质的发展。自然环境为生产力提供了各种自然要素，也直接影响到生产力的结构、布局和规模。在我国经济发展初期，很多地方简单把发展理解为 GDP 数字增长，弱化环境保护力度，无节制消耗自然资源，破坏生态环境，最后只能是竭泽而渔，致使社会经济发展趋于缓慢甚至留下了巨额生态债务，经济从此一蹶不振。相反，如果生态环境优良，环境承载力就强，同时生态优势还能转换为经济优势，通过大力发展生态农业、生态旅游业等，为经济可持续发展提供新的支点。

（3）要深化生态治理，加快建立系统完整的生态文明制度体系，这是推进生态民生建设的有力保障。

尽快建立起生态文明制度的"四梁八柱"，尽快把生态文明建设纳入法制化、规范化轨道。2015 年 5 月，中共中央、国务院发布《关于加快推进生态文明建设的意见》，对生态文明建设进行全面部署，强调加快建立系统完整的生态文明制度体系，用制度保护生态环境。2015 年 9 月，中共中央、国务院发布《生态文明体制改革总体方案》，明确提出到 2020 年，构建起由自然资源资产产权制度、国土空间开发保护制度、空间规划体系、资源总量管理和全面节约制度、资源有偿使用和生态补偿制度、环境治理体系、环境治理和生态保护市场体系、生态文明绩效评价考核和责任追究制度等八项制度构成的产权清晰、多元参与、激励与约束并重、系统完整的生态文明制度体系，推进生态文明领域国家治理体系和治理能力现代化。具体来说，要做到以下六点：

一是要健全自然资源资产产权制度。

建立统一的确权登记系统和权责明确的自然资源产权体系、国家自然资源资产管理体制。要积极探索建立分级行使所有权的体制，对全民所有的自然资源资产，按照不同资源种类和其在生态、经济、国防等方面的重要程度，研究实行中央和地方政府分级代理行使所有权职责的体制，实现效率和公平相统一。要开展水流和湿地产权确权试点，建立国土空间开发保护制度。

二是要不断完善主体功能区制度，健全国土空间用途管制制度，建立国家公园体制，完善自然资源监管体制。

要建立空间规划体系，编制科学合理的空间规划，按国家、省、市县（设区的市空间规划范围为市辖区）三级实现规划全覆盖，形成可复制、能推广的经验。不断创新市县空间规划编制方法。

三是要健全资源有偿使用和生态补偿制度。

不断加快自然资源及其产品价格改革，完善土地有偿使用制度、矿产资源有偿使用制度、海域海岛有偿使用制度。要加快资源环境税费改革。理顺自然资源及其产品税费关系，明确各自功能，合理确定税收调控范围。要完善生态补偿机制和生态保护修复资金使用机制。逐步建立耕地草原河湖休养生息制度。

四是要建立健全环境治理体系。

逐步完善污染物排放许可制，建立污染防治区域联动机制。要建立农村环境治理体制机制，不断健全环境信息公开制度。要严格实行生态环境损害赔偿制度，完善环境保护管理制度。有序整合不同领域、不同部门、不同层次的监管力量，建立权威统一的环境执法体制，充实执法队伍，赋予环境执法强制执行的必要条件和手段。完善行政执法和环境司法的衔接机制。

五是要健全环境治理和生态保护市场体系。

要加快培育环境治理和生态保护市场主体，推行用能权和碳排放权交易制度，积极推行排污权交易制度和水权交易制度。要建立绿色金融体系，建立统一的绿色产品体系，建立统一的绿色产品标准、认证、标识等体系。完善对绿色产品研发生产、运输配送、购买使用的财税金融支持和政府采购等政策。

六是要完善生态文明绩效评价考核和责任追究制度。

加快建立生态文明目标体系。研究制定可操作、可视化的绿色发展指标体系。制定生态文明建设目标评价考核办法，把资源消耗、环境损害、生态效益纳入经济社会发展评价体系。根据不同区域主体功能定位，实行差异化绩效评价考核。要建立资源环境承载能力监测预警机制，不断探索编制自然资源资产负债表。要严格对领导干部实行自然资源资产离任审计，建立生态环境损害责任终身追究制。

(4)要厚植生态文化，引导人民群众自觉投身于生态文明建设事业，这是推进生态民生建设的不竭动力。

由生态实践酝酿生成的个体意识观念，构成了主体在生态民生建设活动中再生产与再实践的精神动力因素，这种精神动力因素经过进一步外化与固化，就会整合形成一个社会特定的生态文化。生态文化与社会主义核心价值观具有内在的高度一致性。

首先是精神层面，包括价值观和伦理观的生态转型，弘扬人与自然和谐相处的主流价值观；其次是物质层面，包括推动科技发展和经济发展的生态转型，以新视角推动科技与生态文化结合；最后是制度层面，生态文化既是一种价值理念，又是一种行为准则，围绕生态文化的核心理念，以法律和制度来规范人、自然、社会之间的关系。通过厚植生态文化，引导人民从内心认同和接受生态文明的理念和思想，自觉在实践中保护生态环境。

具体来说，有以下三点：

其一，要树立以人与自然和谐相处为核心的主流生态民生意识，弘扬生态文明建设主旋律。引导人民群众正确认识人、自然、资源三者的关系，树立尊重自然、顺应自然、保护自然的绿色环保意识和绿色发展意识。要完善生态价值观教育，使人民群众对生态环境的保护实现从自发到自为的重大转变，在社会营造出生态文明建设的积极氛围，激发广大人民群众自觉投身于生态文明建设的伟大实践中。

其二，要推动人民群众形成绿色消费方式和生活方式，让人民主动追求优美的生态环境。鼓励公民积极参与生态民生建设，将良好的生态环境作为每一个公民对美好生活的追求之一。要积极引导消费者购买绿色产品，大力倡导绿色出行和绿色生活，将绿色消费理念贯穿于公民的日常生活中，要倡导资源节约、环境友好的消费理念，把节约意识贯穿始终，回归"真实消费"。

其三，要引导人民群众积极参与绿色实践活动，让人民群众既成为生态文明建设的受益者，也成为生态文明建设的绝对推动者。

中国化马克思主义生态民生理论正是中国共产党在马克思主义生态民生思想的指导下，带领人民进行生态文明建设的具体实践中，形成的治国理政经验和智慧的集中体现。生态民生理论表明，我们党对生态文明建设的认识是与党自身的宗旨和目标高度契合的，是与社会主义建设规律高度吻合的，是合目的性和合规律性的高度统一。生态民生理论进一步丰富了马克思主义关于人与自然的关系的理论，充实了中国共产党关于民生建设的思想，是中国化马克思主义生态理论的重要组成部分，在实践中表现为中国化马克思主义生态理论的最终归宿，为新时代实现人与自然和谐共生、人民群众共享良好的生态环境这一最普惠的民生福祉提供了理论指导和方法遵循，将新时代生态文明建设推行到了更高的阶段。

四、生态系统理论

在很长一段时间内，我国生态治理是中央精神指导下的多部门合作，却因权责划分不明确导致"多头治理"现象，在部门之间、地区治理之间形成了尴尬的"公地悲剧"。生态系统理论的最初出场是为了解决"生态系统整体性"和"行政分割独立性"之间的矛盾，其后吸收借鉴西方生态学理论与中国传统文化生态思想，生态系统理论内涵不断丰富，从单纯强调治理方法的系统性走向对生态系统的整体性、系统性、综合性认识。生态系统理论强调生态系统是一个有机生命体，既要看到人与自然是生命共同体，又要看到山水林田湖草是生命共同体，要用系统论的思想方法统筹人与自然的关系，统筹生态环境治理全过程。该理论回答了生态文明建设怎样运行的问题，是关于建设生态文明良性系统的学说。生态系统理论主要包含两个层面：第一，生态文明是整个社会主义建设系统中的一环，对于建设中国特色社会主义具有重要意义，不能因为其他方面的发展需要损害生态文明的发展；第二，生态文明自身的发展是一个系统工程，需要我们在多个层次、多种维度上建设生态文明。

(一)生态文明是整个社会主义建设系统中的一环

为实现中华民族伟大复兴的中国梦，就必须走中国特色社会主义道路，就必须坚持中国特色社会主义理论体系。中国特色社会主义的建设既包含中国特色社会主义的经济建设、政治建设、文化建设、社会建设，当然也包含中国特色社会主义的生态文明建设。完成形态的中国特色社会主义不应当有贫穷、不和谐、不文明的标签，更不应当有环境污染的标签，完成形态的中国特色社会主义应该是富强、民主、文明、和谐、美丽的社会。

生态文明是中国特色社会主义必要的价值取向和题中应有之义。"不谋全局者，不足以谋一域"，中国化马克思主义生态理论更加重视生态文明在中国特色社会主义生态文明建设总布局中的重要作用。

第一，生态文明建设需要贯穿于经济建设当中。

从具有伟大历史意义的十一届三中全会以来，中国共产党就一直把经济建设当作其工作的中心。几十年过去之后，这个中心依然不变。实现中华民族伟大复兴的中国梦一定需要坚持以经济建设为中心，只有这样，中国特色社会主义的建设才能有坚实的物质基础。在 2018 年全国生态环境保护大会上，习近平总书记指出，经过改革开放 40 年的经济积累，已经到了有条件有能力解决生态环境突出问题的窗口期。只有对生态文明建设给予恰当的重视，在经济建设的过程中同时注重生态效益，才能实现可持续的经济发展。

第二，生态文明建设需要贯穿于政治建设中。

这个政治既包括国内政治，也包括国际政治。政治建构的生态文明导向是生态文明建设的强大助推，也是生态文明建设稳定发展的坚强保障。随着全球生态环境问题日益严重，全人类的生态环保意识都有了很大的提升，发达资本主义国家也意识到了将生态问题作为一个钳制发展中国家的借口具有巨大价值——所以我们经常可以看到发达国家因发展中国家产品不符合相关生态标准而限制其生产、进口、销售的现象。我国作为发展中国家，也因此遭受了很多损失。这不仅是一个经济问题，更是一个生态政治的问题，所以，这样的国际局势要求我们在处理国际政治的时候，也将生态因素考虑在内。

第三，生态文明建设需要贯穿于文化建设当中。

经济建设是生态文明建设的物质基础，文化建设是生态文明建设的精神基础。没有一个环境优美、生态和谐的现代国家是不具备先进的生态文化的，也没有一个具备先进生态文化的现代国家是没有优美的生态环境和和谐的生态状况的。先进的生态文化可以促进生态文明建设的发展——为生态文明建设培育掌握绿色知识的绿色人才，为生态文明建设培育绿色价值武装的绿色新人，为生态文明建设培育绿色氛围主导的绿色社会，同时也可以为中国化马克思主义生态理论构建中国特色社会主义国际话语体系提供源头活水。

第四，生态文明建设需要贯穿于社会建设中。

和谐社会是中国特色社会主义的本质属性，而生态和谐也必然与社会和谐有共融共通之处，社会的和谐必然会促进生态的和谐，生态的和谐也必然会促进社会的和谐发展。因此，生态文明建设是整个社会主义建设系统中的一环，中国化马克思主义生态理论把生态文明建设当作中国社会主义建设一环进行理论构建的论述十分丰富。

(二)生态文明建设本身是一项系统工程

早在 1930 年，毛泽东在农村调查的过程中，就展现了他对生态文明建设本身是一个系统工程的认识。在《兴国调查》中，毛泽东通过对凌源里、永丰圩、三坑、猴迳四地进行实地考察后指出，这其中三个乡村常年遭遇旱灾和水灾，相隔不远的三坑乡却鲜有这种情况，是因为几地植被状况的差异，常年旱涝的乡镇(凌源里、永丰圩、猴迳)的山上植被较少，山上都被沙石覆盖。正是因为没有植被覆盖，山上的沙石一经雨水冲刷，便自然而然地被带入河水中，河床因此会越来越高，久而久之，河水的高度就会超过田地，于是便形成了决堤成涝、无雨则旱的局面。

即使是现在，我们仍然可以在毛泽东的这一调查中看到他对于水土流失的正确认识——水土流失对农业生产造成了严重的破坏。在 1959 年 10 月 31 日的《关于发展畜牧业问题》的书信中，毛泽东援引苏联土壤学家和农学家的话，强调农、林、牧三者相互依赖，缺一不可。毛泽东的这些论述，都展现了他作为一个坚定的马克思主义者在生态环境问题上对马克思主义唯物辩证法的运用，揭示了生态环境对经济社会发展的重要影响，充分体现了"生态系统论"。

1992 年 1 月 9 日，时任国务院副总理田纪云提出林业、水利、农业三者的关系是相互作用，互为因果。搞好林业才能保障水利设施发挥最大效用，搞好林业才能保证农业的稳定高产。林业是整个农业发展的生态屏障，只有把这三者结合起来，才能保证整个农业的健康发展，才能保证整个国民经济的健康发展和生态环境的保护、改善。1994 年，时任全国绿化委员会主任陈俊生，在全国山区林业综合开发和经济林建设现场会上的讲话中指出，山区林业综合开发是一项社会系统工程。单单依靠某一个部门是没有办法把这件事办好的，只有政府加强领导，全社会共同努力，农业、水利、财税等各个部门群策群力、统筹协调、各司其职、各就其位，这样才能把山区林业的综合开发搞好，才能使山区真正发展起来。江泽民还曾在党的十五届三中全会闭幕式上明确提出，切实保护农业资源和农业生态环境是实现我国农业可持续发展的条件。我国地少人多，人均可耕种土地十分稀缺，所以，要实现农业的可持续发展，就必须严格落实科学的土地管理制度，提高植被覆盖率，退耕还林还草，将土地荒漠化、盐碱化和水土流失的趋势遏止下来，用较少的人均土地实现较大的农业效益。1998 年，李鹏在全国人民代表大会环境与资源保护委员会、农业与农村委员会联合举办的生态环境座谈会上的讲话中，还提出了当时环境工作应该着重注意的几个方面。强调的这几个方面中，既有与生态环境直接相关的工作，如保护草原、保护植被、防治水土流失等，也有对生态环境相关执法行动不严、违法不究现象的严肃批评，还有对群众监督作用的重视。这些都展现了党和国家领导人对生态文明建设的系统性的充分认识。2000 年，朱镕基在西部地区开发会议上的讲话中，对西部地区生态环境改善对于全国生态环境改善的重要意义做了论述。他指出，西部地区的植被状况和水土流失情况不单单对西部地区的生态环境有重要影响，还对长江和黄河中下游流域的广大地区的生态状况有着重要影响。如果西部地区的生态环境继续恶化下去，长江、黄河中下游地区就会遭受河床抬高、洪水肆虐的危害，从而对整个中华民族的生存条件带来巨大的威胁。因此，我们必须从现在开始高度重视并抓好西部地区的生态环境工作，把这作为西部大开发的切入点。朱镕基的这番论证向我们展示了党和国家领导人对马克思主义联系的观点的全面运用。他们将系统论应用到了生态环境工作上，从一个地方的生态环境工作联系到了另一个地方乃至全局的生态环境工作。生态环境保护的工作正是这样一个系统，抓好生态环境保护工作必须系统地从多个方面入手，生态环境一旦遭到破坏，其影响也是多方面和多角度的。

胡锦涛在党的十八大提出：当前和今后一个时期，要重点抓好四个方面的工作：一是要优化国土空间开发格局；二是要全面促进资源节约；三是要加大自然生态系统和环境保护力度；四是要加强生态文明制度建设。胡锦涛从多个角度对生态文明建设进行的部署，体现了国家对于生态文明建设系统性认识与实践水平的提升，对促进生态文明建设目标的落实发挥了重要作用。习近平总书记在党的十九大报告中提出"山水林田湖草是一个生命共同体"。山水林田湖草是一个有机生态系统，所以要统筹山水林田湖草系统治理，要将生态环境治理当作一个系统工程来抓。在生态环境保护建设上，一定要树立大局观、长远观、整体观。这就是说，在环境治理、用途管制和生态修复过程中，各有关部门要树立整体意识、全局意识、一盘棋意识、责任共同体意识，要综合运用行政、市场、法治、科技等手段，统筹规划、综合治理、协同作战、整体推进。"要用系统论的思想方法看问题……应该统筹治水和治山、治水和治林、治水和治田、治山和治林等。"①否则，"如果种树的只管种树、治水的只管治水、护田的单纯护田，很容易顾此失彼，最终造成生态的系统性破坏"②。同样，对于大气污染、交通拥堵等突出问题，也要系统分析、综合施策，把它们当作一个个系统工程来抓。

---

① 中共中央文献研究室. 习近平关于社会主义生态文明建设论述摘编[M]. 北京：中央文献出版社，2017：56.

② 中共中央文献研究室. 习近平关于社会主义生态文明建设论述摘编[M]. 北京：中央文献出版社，2017：47.

　　生态文明建设不仅需要在单一层面上开展工作，更需要在多个层面、多个角度推进。只有将生态文明建设贯穿到经济、政治、文化、社会建设的全过程，才能真正做好相关工作，才能真正实现社会主义生态文明的目标。生态文明建设不仅呼吁对遭到破坏的生态环境进行修复和保育，更要对尚未遭受破坏的生态环境进行严格的保护，还要对涉及生态文明建设的相关问题进行充分调查研究并予以立法。生态文明建设不仅是一个横向的问题——包含现实中各种各样的生态问题，更是一个历史性的问题——包含对过去生态问题的补救、对当下生态问题的处理和对将来生态问题的防范。因此，它不仅在横向上是一个系统工程，在纵向上也是一个系统工程。

　　首先从横向上看。中国的现代化速度举世瞩目，中国仅仅花费了30多年的时间，就走过了西方发达资本主义国家数百年走完的现代化道路。因为超高速的现代化过程，中国的"现代病"一点都不比任何一个西方发达国家少。因为中国发展速度快，发展阶段集中，老牌资本主义国家在数百年现代化过程中分散出现、按一定顺序出现的环境问题，在中国呈现集中出现、统一爆发的态势。所以中国的生态文明建设本身就是一项极其复杂的系统工程。从横向上看，中国的生态文明建设亟待开展的工作有重点生态问题的针对性处理、区域生态环境的修复和保护、主体功能区建设、生态文明制度建设等。

　　接着从纵向上看，这里的"纵向"指的是时间跨度上的纵向。生态问题的出现有先有后；生态问题的影响不仅限于它出现的那一段时间；生态问题的出现有其特有的内因、外因、过程、结果和长远影响；生态问题的治理更是可以分为源头治理、末端治理等。可想而知，中国生态问题的处理不仅仅针对生态问题本身，更需要对已经发生的生态污染进行净化、消除影响的处理，还需要找准这个生态问题发生的原因，斩断生态问题的源头。所以对待过去的生态问题，我们需要进行生态治理、生态修复；对待当下正在发生的生态问题，我们需要建立相应的生态制度，研发相应的生态技术；针对将来可能发生的生态问题，我们需要建立预警和预防机制。

现实情况要求我们以系统的方法开展生态文明建设工作，马克思主义原理也要求我们用系统的办法看待和应对生态文明建设工作。

首先，马克思主义关于联系的观点，要求我们从普遍联系的角度审视生态文明建设。生态系统是一个普遍联系的系统，身在其中的动物、植物、水、空气等都处在普遍联系当中。生态系统中的任意一环对整个生态系统的健康运行都有重要意义。一旦任意一环出现了问题，就可能出现"蝴蝶效应"，使整个生态系统陷入不稳定的状态。人类社会是建立在自然界之上的，人类社会的健康发展同样也需要生态系统的健康稳定作为基础条件。马克思说过："自然界，就它自身不是人的身体而言，是人的无机的身体。"①在马克思看来，自然界是人类"无机的身体"，即自然界是人类的延伸，是人类的一部分。人类无法脱离自然界而存在，一旦脱离自然界，人类也就无法生存。人类要想保存自身的生存，必须与自然界进行持续不断的交互，必须保持与自然界在肉体和精神上的联系活动，这样才能保证人类社会的运行与发展。

其次，马克思主义关于发展的观点，要求我们用发展的眼光看待生态文明建设进程。世界不是静止不动的，而是不断发展变化的。从历史发展的历程来看，我国的生态环境遭到破坏，既有古人在人口压力下长期持续过度开垦耕地与战乱频仍等方面的原因，也与近代以来我国在迈向工业化的进程中，因忽视生态文明建设而造成的资源粗放利用与污染治理滞后有密切的关系。2012 年 12 月在广东考察时，习近平总书记回溯历史发展轨迹，分析了形成我国严重生态环境问题的工作教训就在于"欠账太多"，即生态文明建设的工作远远落后于形势发展的客观需要。同时，他还预言，假如不抓紧这一工作，生态恶化的势头必将延续，将会付出更为惨痛的生态代价。因此，他坚决反对不顾未来发展、忽视生态文明建设的短视行为，要求人们要有对未来可持续发展高度负责的态度，搞好生态环境问题。

---

① 马克思恩格斯选集(第 1 卷)[M]. 北京：人民出版社，2012：55.

最后，马克思主义关于矛盾的观点，要求我们用矛盾分析法解决生态文明建设推进过程中出现的问题。唯物辩证法最根本的法则是矛盾的法则，也就是辩证统一的法则，自然和社会最根本的法则同样也是矛盾的法则，"矛盾贯穿于一切过程的始终"，中国化马克思主义生态理论坚持了用矛盾的方法看待生态文明建设过程中的问题。既在对立中把握统一，反对将生态文明建设与经济社会发展对立起来的观点；又在统一中把握对立，树立正确的生态文明认识，反对将错误的生态认识当作正确的生态认识，反对看似有利于生态文明建设、实则有害于生态文明建设的错误理论与实践。

五、生态制度理论

蕾切尔·卡逊说过："不是魔法，也不是敌人的活动，使这个受损害的世界的生命无法复生，而是人们自己使自己受害。"①这表明生态问题表面看是人与自然的关系不和谐的问题，实际上是人与人的关系不和谐的问题。生态问题本质上是社会性问题，也是制度性问题，要实现人与自然关系的和谐，必须构建科学的制度。党的历代领导人将马克思主义的生态理论与中国不同时期的具体国情、主要矛盾相结合，建构了适应我国不同时期发展需要的生态制度，并在实践中形成经验，将经验升格为理论，进而形成了丰富的生态制度理论。

(一)生态制度理论的理论逻辑分析

一方面，马克思主义生态理论是中国生态文明制度的理论根源，对中国生态制度理论的产生和发展具有决定性和指向性的作用。

马克思主义生态理论探究了人与自然的辩证统一关系，为我国生态文明建设

---

① [美]蕾切尔·卡森. 寂静的春天[M]. 吕瑞兰，李长生，译. 上海：上海译文出版社，2011：3.

提供了唯物史观的方法以正确思考人与自然的关系，为我国的生态文明建设思想理论注入了"人与自然和谐相处"的核心理念。这一理论也是我国生态制度理论的核心思想，是生态制度建设的出发点和落脚点。不同时期的党中央领导集体在继承马克思主义生态理论的基础上，结合具体实际，对生态文明制度进行了创造性发展，逐步形成了中国生态文明制度体系。党中央提出的"美丽中国"思想，就是对"人与自然和谐相处"理念的创造性发展，是生态文明建设顶层设计的高度概括，是生态文明制度建设所追求的最终目标，展现了对马克思主义生态理论的创新，以此为中心，构筑了具有中国特色的生态制度理论。

另一方面，中国生态制度理论是中国化马克思主义生态理论的重要内容，是中国特色社会主义理论体系的重要部组成分，三者层层递进、不断上升。党的十八大正式将生态文明建设纳入中国特色社会主义事业五位一体的总体布局之中，将其视为中国发展战略的重要组成部分，明确了生态文明建设与政治、经济、文化、社会建设之间的紧密联系，它们互相渗透、互相促进、不可分割。生态文明建设理论与实践丰富和发展了中国特色社会主义政治、经济、文化、社会建设的理论与实践；同时，政治、经济、文化、社会建设也为生态建设提供了具体的相关保障和落实领域。生态制度建设是对生态文明建设在实践路径、实践方法、具体措施上的制度化体现。因此，生态制度建设理论与实践丰富了政治、经济、文化、社会制度建设理论与实践的内容，政治、经济、文化、社会制度建设理论与实践也为生态制度建设理论与实践提供了发展方向和执行保障，促进了生态制度理论的全面性、系统性和执行力的提升。党的十八大提出坚定理论自信的概念，就是要对马克思主义中国化进程中的重大理论成果有自信，就是要对中国生态制度理论有自信，就是要对中国化马克思主义生态理论有自信，就是要对中国特色社会主义理论体系有自信。

(二) 生态文明建设需要生态文明制度的保障

从人类社会发展历程来看，人类在利用自然并不断从自然获取发展源泉的同时，也在不断破坏自然。这是人类社会特有的矛盾，这个矛盾的根源是经济社会发展过程中人与人之间、个体与社会之间复杂的利益关系。这是因为个体在保护生态环境与自身利益之间进行选择的时候，首选的往往是自身的利益。这是在经济社会发展过程中会出现自然和生态环境问题的根本原因所在。

生态问题这道难题，如果仅仅从人与自然的关系着手，很难从根本上解决。人与自然的关系能否处理融洽，关键在于人的行为，在于人与人之间关系的协调性。人与人的关系问题属于社会问题、政治问题。生态问题从本质上讲也是社会问题、政治问题，必须通过制度对个体与个体之间、个体与社会之间的各种关系进行规范。或者说，生态文明建设处理好人与自然关系的基本途径是解决好经济社会发展过程中的制度建设问题。正如党的十八大报告中所指出的："保护生态环境必须依靠制度。"

第一，通过生态文明制度建设促进生态文明理念的落实。

生态文明理念反映了人们对人与自然关系、绿色发展等相关生态问题的科学认识。但仅有科学的理论认识是不够的，关键在于将理念落实于行动，而制度则充当着理念与行动之间的桥梁。生态文明制度通过政策、法律等将尊重自然、顺应自然、保护自然等理念转化为具有可操作性的具体制度，明确制度之中各类主体的权利义务关系，可运用的政策法律手段，所要达成的政策目标，等等。2013年11月发布的《中共中央关于全面深化改革若干重大问题的决定》指出，建设生态文明，必须建立系统完整的生态文明制度体系，实行最严格的源头保护制度、损害赔偿制度、责任追究制度，完善环境治理和生态修复制度，用制度保护生态环境。例如：健全自然资源资产产权制度和用途管制制度；划定生态保护红线；实行资源有偿使用制度和生态补偿制度；改革生态环境保护管理体制。不以规矩，不能成方圆。完善生态文明制度体系，是对发展理念和决策的细化与升华，是以实际行动践行生态文明理念。

第二，通过生态文明制度建设处理好生态文明建设中的各种复杂关系。

利益多元、价值多元和文化多元是当今中国社会主义现代化建设面临的现状，生态文明建设也不例外。多元化为生态文明建设带来了生机与活力，但也带来了矛盾与冲突。当前，我国生态文明建设面临着两方面的困境。

一方面，生态文明建设主体自身内部的矛盾，表现为环境利益与自身利益的内在冲突，发达地区环保意识的高涨与落后地区民众对发展的需求，企业经济利益与环保利益的矛盾，政府长远的、整体的根本利益与短期的、局部的一般利益的矛盾。

另一方面则表现为不同建设主体的矛盾，不同的主体因为利益追求和文化价值观念的差异而产生行为选择的多样性与差异性。这一矛盾主要表现为生态文明建设的协同问题。生态文明建设是一个复杂的系统性的工程。在这一过程中，政府、企业、公众都发挥着重要的作用，每个主体作用的缺失，都会对生态文明建设目标的达成产生重要而深刻的影响。

协同问题也可以从两个方面来进行认识，一是横向的，二是纵向的。

就横向协同而言，表现为政府、企业和公众的协同，生态文明建设需要政府、企业和公众共同的努力。生态文明建设成功与否，不仅仅在于政府的努力，还需要企业和公众发挥重要的力量。还有就是政府内部不同区域和机构的协同，因为不同区域的地方政府的自然禀赋和经济发展程度以及各地区人民的环境保护意识是不同的。所以不同地区的政府对于生态文明建设的积极性是有差异的。

就纵向协同来说，从中央政府到乡镇政府是垂直纵向行政体制。因中央政府、省级政府拥有丰富的政治经济资源，所以对生态文明建设的积极性更高，而省级以下地方政府——由于所拥有的行政资源比较少——对于生态文明建设的积极性并不是特别高。只有协调好生态文明建设过程中个体与社会整体的关系，生态文明建设才能落到实处。处理各种复杂的关系，必须依靠制度，制度就是处理各种关系的规范。

第三，通过生态文明制度建设规范和约束生态文明建设各主体的行为。

生态文明建设涉及的主体主要包括政府、企业与社会大众。在市场经济背景下，不同的主体在生态文明建设进程中有不同的利益诉求，也有不同的行为选择。

首先，政府在生态文明建设中具有其他主体无法比拟的合法性。事实上政府也确实在政策法规制定与落实、企业经营行为监督和民众生态意识培养方面发挥着重要的作用。然而地方政府在经济考核、民众生活水平提升以及"先污染、后治理"观念的影响下，会对中央环保政策"打折"执行，参与生态文明建设的积极性不高。所以，应完善相关生态文明制度，增加政府参与生态文明建设的内在激励，提高生态文明建设的效率。

其次，企业在政府法律制度、经济因素以及公众社会舆论的监督之下也开始注重生态利益和环境利益，自觉承担起生态责任，在生产过程中注重贯彻绿色发展理念，调整企业生产经营方式。但是，企业绿色生产的动能主要来自外部强制性，内在动能不足，并且企业在成本—收益分析下很可能对政府的监督采取敷衍、逃避和欺骗态度，对社会舆论的监督充耳不闻。因此，需要加强相关环境标准与财政税收等制度的制定，加强对企业的监督，引导企业改变生产经营方式，为生态文明建设作出贡献。

最后，公众在生态文明建设过程中发挥着基础性作用。在美好生态环境需要的内在驱动下，社会大众能够主动转变消费理念和生活理念，为后代子孙留下美好生活环境和发展资源。但是，普通民众在经济利益与社会利益，局部利益与整体利益，短期利益与长期利益中的决策并非都是科学理性的，行为选择也是多样性的。这些决策和选择既有符合生态文明要求的，也有违背生态文明要求的，需要用制度来规范人们的行为。

在经济社会发展中，只有协调好个体利益与社会整体利益的关系，生态文明建设才能落到实处。生态文明建设离不开技术问题，但它绝不是单纯的技术问题，而本质上是社会问题，涉及各方面利益关系。这就比单纯地解决技术问题复杂得多，难度也大得多。生态文明建设要处理好个体与个体之间、个体与社会之间关系的问题，是十分复杂的，从不同的角度和立场来思考问题，就会有不同的观点和结论。但是，要处理好各种关系，必须要有统一的规范和标准，才能使各个方面达成共识，并把这种共识变成具有约束力的制度。凡是涉及复杂利益关系的问题，都必须用制度作为处理这些关系的基本规范。注重制度建设是对生态文明建设认识的深化，也是生态文明建设由理念进入操作性阶段的重要体现。

(三) 生态文明制度构建的原则

1. 坚持系统性与创新性统一

生态环境问题复杂多样。造成生态破坏的原因复杂：既有主观因素，也有客观因素；既有国内因素，也有国际因素等。生态环境治理涉及的主体复杂：既有政府，也有企业，还有非政府组织和个人等。因此，治理生态环境从来不是单向度的，而是一项系统工程，这是在长期治理实践中获得的基本经验。

生态环境问题复杂多样，生态治理思路和制度体系也必须遵循生态系统的特性，进行针对性回应。要把生态文明建设融入经济建设、政治建设、文化建设、社会建设过程中，协调处理社会各领域建设之间的关系，系统推进生态文明建设。习近平总书记指出："生态系统是一个有机生命躯体，应该统筹治水和治山、治水和治林、治水和治田、治山和治林等。"①党的十八届三中全会和五中全会，分别就生态文明制度体系和发展理念进行部署，使之更加系统和完整。党的十九大明确指出，构建政府为主导、企业为主体、社会组织和公众共同参与的环境治理体系，凸显我国制度构建的系统性与整体性。

中国共产党人站在人类生存的历史高度，针对生态问题的系统性和多样性，从制度层面进行创新，以满足生态治理实践需要。随着改革开放的推进，市场作用愈发重要。为适应社会主义现代化建设需要，党领导人民从理论与实践层面对

---

① 中共中央文献研究室. 习近平关于社会主义生态文明建设论述摘编[M]. 北京：中央文献出版社，2017：56.

发挥市场机制进行了探索，建立了环境标志制度、生态补偿制度、排污权交易制度等。由于生态治理的特殊性，政府宏观调控与市场机制要"两手抓，两手都要硬"，并且还需要不断创新。

党的十八大之后，习近平总书记多次强调治理生态环境一定要发挥市场与政府的作用——尤其是在市场作用发挥还不充分的现状下——从顶层设计到具体落实，发挥市场的决定性作用，以市场机制来推进生产方式、生活方式、产业结构的转变，构建良好的生态环境。党的十九大提出要构建市场导向的绿色技术创新体系，发展绿色金融，壮大节能环保产业、清洁生产企业、清洁能源产业。在中国共产党的领导下，我国生态治理体系彰显出系统性与创新性的特色。

2. 坚持主导性与协同性统一

生态环境问题复杂多样，其治理涉及多区域、多部门、多项法规。从治理原则方法来看，治理生态环境既要坚持主导性，又需要坚持协同性。从生态环境治理部门来看，国务院环境主管部门在编制国家环境保护规划，环境保护监督管理，制定国家环境质量标准、国家污染物排放标准，发布国家环境质量、重点污染源监测信息及其他重大环境信息等方面发挥主导作用。生态治理涉及领域多，仅仅依靠国务院环境保护主管部门的主导是不够的，在诸如国民经济及环境保护规划、环保资金保障、环境宣传教育、城市市政建设、防治农业污染等方面则需要其他诸如国家发展和改革委员会、财政部、教育部、住房和城乡建设部等相关部门的协同。从法律领域来看，法律体系的主导与协同也比较明显，以《环境保护法》为主导，污染防治法、资源节约法、绿色发展法等协同推进。

当前我国突出的大气污染、水污染呈现明显的跨行政区域、流域特征，过往污染属地管理模式已经不能满足污染治理的需要。打破行政区划的阻隔，实现区域间政府的协同、政策的协同、执法的协同，是未来生态治理的发展趋势。京津冀、长三角、珠三角在污染治理的政府协调、法律法规协同方面已经积累了比较丰富的经验，为我们完善相关法规提供了实践支撑。

3. 坚持法治与德治统一

生态环境具有公共物品特性，人人都希望享受环境福利，而不愿治理生态环境，希望他人来承担起治理责任。为破解环境治理"搭便车"的困境，既需要刚性的法治，也需要柔性的德治。自 1978 年宪法中确定保护环境条款之后，我国积极推进环境法制工作，同时运用法律对环境保护宣传和教育进行规定，共同促进经济发展与环境保护协调发展。法治意味着政府的责任，意味着自上而下保护环境，德治意味着社会的自觉，意味着自下而上保护环境。以《中华人民共和国环境保护法》的修订完善过程来看，1979 年通过的《中华人民共和国环境保护法（试行）》对政府、企业和个人的环境治理责任作了较为详细的规定，同时在第 30 和 31 条对文化宣传部门和学校环境宣传教育责任进行了规定，比如鼓励在中小学课程中增加关于环境保护的内容。1989 年正式通过的《中华人民共和国环境保护法》则强调普及环境保护科学知识。2015 年通过的《中华人民共和国环境保护法》第 9 条明确规定"各级人民政府应当加强环境保护宣传和普及工作，鼓励基层群众性自治组织、社会组织、环境保护志愿者开展环境保护法律法规和环境保护知识的宣传，营造保护环境的良好风气。教育行政部门、学校应当将环境保护知识纳入学校教育内容，培养学生的环境保护意识。新闻媒体应当开展环境保护法律法规和环境保护知识的宣传，对环境违法行为进行舆论监督"。我国在生态法治方面已经形成较为完善的法律体系，也逐渐在推动环境德治的发展，形成政府与社会共同治理环境的局面。法治与德治结合，一方面加大对环境破坏的惩罚力度，彰显环境法律的威力，另一方面，加强环境保护教育和宣传，弥补环境法治实施过程中存在的不足。

生态文明建设功在当代、利在千秋，是一场攻坚持久战。这要求我们打铁还需自身硬，保持高度警觉性，做强、做实中国特色社会主义事业，夯实生态文明建设的坚实后盾。生态文明制度体系正是生态文明建设的产物，必将经历一个循序渐进、不断完善的过程。要攻坚克难，与经济、政治、文化、社会等领域的各项制度相互衔接，坚持和完善生态文明制度体系，促进人与自然和谐共生。

六、生态效益理论

生态效益理论回答了生态文明在哪些维度上具有其不可替代的价值、生态文明建设的推进会产生怎样的效益等问题，是以人为本思想的生态文明体现。传统观点认为生态保护和经济社会发展是二元对立的关系，一旦强调生态环境，经济社会发展就会陷入减缓甚至停滞状态；反之，如果一个社会急需实现经济社会的快速发展，那就只能舍弃对生态环境状况的关注。中国化马克思主义生态理论对"生态环境和经济社会发展尖锐对立"的观点进行了批驳，对社会主义生态与中国经济发展模式进行了全新的描述。在这些描述中，生态文明建设和经济、政治、文化、社会建设的方向是一致的，生态文明的发展和其他各领域文明的发展相辅相成、相互促进、互为依靠。生态文明的发展对其他各领域文明发展的影响并不是负相关的，而恰恰是正相关的。生态文明的发展不仅可以带来生态效益，而且可以带来巨大的经济、政治、社会和文化效益。

党的十八大以来，习近平总书记关于生态效益的诸多重要论述，完善了生态效益理论，进一步丰富了中国化马克思主义生态理论，对指导我国在新时代推进生态文明建设，充分发挥生态效益提供了根本循序和方向指南。生态效益理论在实践上深刻体现了中国化马克思主义生态理论的现实价值，标志着中国化马克思主义生态理论走向成熟。

(一)生态文明建设的经济效益

生态文明建设具有巨大的经济价值，良好的生态环境不仅是人们愉悦生活的基础，也是人类顺利开展生产的重要条件。马克思对资本主义三大生产条件的概括就包括外部的自然环境。外部的自然环境不仅为资本主义的生产，还为从古至今人类历史的生产提供了物质条件。人类的一切生产实践活动都是建立在自然环境的基础之上的，没有脱离自然环境的生产，也不存在凭空而出的创造。可以说人类文明创造的每一个奇迹，都是建立在自然环境的基础之上的。强盛的古代文明多依山傍水而存在就是这个道理——中华文明建立在黄河之上，印度文明建立在恒河之上，古巴比伦文明建立在底格里斯河和幼发拉底河之上，埃及文明建立在尼罗河之上。每一种文明都是大自然的产物，都离不开大自然的恩典。正是因为这些地区占有优越的自然条件，才催生了其农耕文明的快速发展，率先建立了强大的文明。不得不说，在人类改造和利用自然的能力十分低下的时代，优越的自然条件对人类文明的发展至关重要。彼时的自然条件对人类的生产活动是如此的重要，以至于在失去优越自然条件的时候，人类文明可能就会因此终止——玛雅文明等古代文明的覆灭就证实了这一点。由此可见，在人类生产力还不发达的时代，自然环境和人类生产之间的关系根本不是二元对立的。

自近代以来，受现代科技和哲学的影响，人们逐渐相信生态环境和人类自然发展是简单的二元对立的关系：生态和经济的关系是有你无我、有我无你的——追求经济的发展必然导致生态的破坏，追求优美的自然环境一定会使经济发展停滞不前。这样的观点使得许多后发国家义无反顾地走上了西方发达国家的现代化老路——一条先污染、后治理的道路。然而，这种发展方式的代价是巨大的，西方国家经历了偿还生态债务的过程，在这一过程中，它们的生产活动也蒙上了一层阴影。例如日本20世纪中后期所经历的四大公害事件，这些公害事件对日本的生产造成了巨大的损失，时至今日，它们对日本经济的破坏仍然没有完全消除。

综上所述，生态环境的状态对经济发展的速度、效率、质量都有影响，环境问题也和经济发展的理念、结构、特点密不可分，可以说经济和生态是一个硬币的两面，是不可分割的一对矛盾。一方面，忽视生态环境状况去发展经济是涸泽而渔，是一种不可持续的发展方式。采用这样的发展方式，最终结果必然是一个国家或地区的衰败甚至倾覆。另一方面，不顾经济发展去保护生态环境则是缘木求鱼、投鼠忌器，也会导致人类文明的发展停滞不前。人类文明需要不断发展，斩断了发展的脚步就是退步，这样的保护方式对人类文明来说没有好处，只有坏处。所以，经济发展和生态环境的保护是既对立又统一的关系，二者缺一不可。经济的发展有利于生态环境的保护，生态环境的保护又有利于经济的长期健康发展。

中国化马克思主义生态理论很早就出现了对人与自然关系的思考，对人在自然界中应该处于什么样的地位，以及人应该怎样处理同自然界之间的关系，中国共产党的领导人都已经作出了鞭辟入里的思考。早在毛泽东时期，他就关注到生态环境与经济社会发展是密不可分的。1955 年，毛泽东简要地论述了绿化工程的效益，他指出，"（绿化）这件事情对农业对工业对各方面都有利"。同年，毛泽东对全国涌现出的植树造林典型案例进行认真研究时，对山西省的金星农林牧生产合作社的实践十分赞赏。金星农林牧生产合作社封山育林、种植树木以促进农林牧的全面协调发展，使当地的经济取得了巨大的进步。1958 年 11 月，毛泽东指出，林木具有很大的经济价值，有的树木是化学原料，可以适当多种植一些。之后，他指出，林业将会成为我国经济发展的根本问题之一，林业是建筑工业和化学工业发展的必要基础，其发展必须慎重对待。邓小平同志也十分关注生态的效益问题。邓小平在参观黄山风景区时提出，可以让当地居民通过利用本地林木资源编织旅游纪念品，以实现旅游开发、环境绿化以及改善居民收入三者的共赢。1986 年 8 月，邓小平在天津视察居民小区的绿化状况时说道，人民群众有了好的环境，看到了变化，就有信心，就高兴，事情也就好办了。

1996 年 9 月，江泽民在中央扶贫开发工作会议上对生态环境和经济发展——特别是生态环境和扶贫——的关系有了进一步的阐释。他指出，人民贫困的地方多是自然环境恶劣的地方，有些地方干旱缺水，有些地方土壤贫瘠，有些地方风沙肆虐，有些地方水土流失……这些糟糕的自然环境是当地人民贫困的关键因素。这些地区多集中于大江大河的上游，这些地区因植被稀少和水土流失又极易造成下游地区的灾害，破坏下游地区的发展。这就形成了一个恶性循环：上游地区生态环境糟糕——人民贫困——人民希望脱贫，粗放发展——上游地区生态环境更加糟糕——影响下游地区生态环境——影响全流域生态环境——人民贫困，生态环境更加恶化。要想跳出这样一种生态环境和经济社会状况的恶性循环，就必须对生态环境给予应有的重视，更具有针对性地实施对生态环境不佳地区的扶贫工作，既在经济上扶贫，也在生态环境上扶贫。这样才能实现生态环境和经济社会的和谐发展。江泽民同志在 1998 年 3 月的中央计划生育和环境保护工作座谈会上明确指出，建设和保护良好的生态环境，是功在当代、惠及子孙的伟大事业，"计划生育和环境保护，不仅具有近期效益，更具有远期效益；不仅有经济效益，更有社会效益。各级领导干部要注意算大账，算大账就是算大局、全局之账，这是一个很重要的领导方法和领导艺术。只算局部的眼前的小账，而不算全局的长远的大账，就容易陷入片面性，该花些钱的地方花得少，不该花钱的地方又花得多，甚至于干些急功近利而损害全局、贻误将来的事情"①。2001 年 2 月，江泽民在海南考察时提出，"破坏资源环境就是破坏生产力，保护资源环境就是保护生产力，改善资源环境就是发展生产力"②。他希望破除人们，包括一些领导干部对"保护生态环境"的偏见——认为保护生态环境就阻碍了生产力的发展，保护生态环境就阻碍了经济社会的发展；希望通过转变人们对于保护生态环境的偏见，增强干部群众的生态意识和环境保护意识。胡锦涛在《做好当前党和国家的各项工作》中指出，环境恶化严重影响经济社会发展，危害人民群众的身体健康，甚至还损害我国产品在国际上的声誉。《中共中央关于制定国民经济和社会发展第十一个五年规划的建议》中指出，"我国土地、淡水、能源、矿产资源和环境状况对经济发展已构成严重制约……坚持节约发展、清洁发展、安全发展，实现可持续发展"。可见，在 21 世纪初，中国共产党人就已经清醒地认识到恶化的生态环境状况对我国经济的制约，此时已经容不得我们忽视环境保护工作。粗放式生产进一步发展，生态环境状况就会进一步恶化，经济发展与人口资源环境

---

① 中共中央文献研究室. 江泽民论有中国特色社会主义（专题摘编）[M]. 北京：中央文献出版社，2002：281.

② 中共中央文献研究室. 江泽民论有中国特色社会主义（专题摘编）[M]. 北京：中央文献出版社，2002：282.

不相适应的问题也会更加凸显，这种不适应会显著制约地方经济社会的进一步发展，使经济社会发展陷入停滞甚至倒退。党的十七大首次强调建设生态文明，这是生态文明建设第一次上升为战略任务。生态文明建设的定位是两型社会建设的重要手段，生态文明建设是确保实现可持续发展和永续发展的关键方式，"要把建设资源节约型、环境友好型社会放在工业化、现代化发展战略的突出位置"①。同时应认识到，良好的经济效益是生态环境保护工作持续健康推进的保障。如果不能保证参与生态环境保护工作的人民群众的经济利益，人民群众就不可能对生态环境保护工作持续保有积极性，不利于生态环境保护工作的持续推进。党的十八大报告指出："建设生态文明，是关系人民福祉、关乎民族未来的长远大计。面对资源约束趋紧、环境污染严重、生态系统退化的严峻形势，必须树立尊重自然、顺应自然、保护自然的生态文明理念，把生态文明建设放在突出地位，融入经济建设、政治建设、文化建设、社会建设各方面和全过程，努力建设美丽中国，实现中华民族永续发展。"②中国共产党已经把生态建设提到了与经济、政治、文化、社会建设同等重要的战略高度。

随着中国特色社会主义进入新时代，生态文明建设成为一项关系国计民生的重要事业，中国共产党更加注重生态文明建设的经济效益。其中最典型的就是习近平总书记的"两山论"。2013 年 9 月 7 日，习近平总书记在哈萨克斯坦纳扎尔巴耶夫大学回答学生问题时指出："建设生态文明是关系人民福祉、关系民族未来的大计。……我们既要绿水青山，也要金山银山。宁要绿水青山，不要金山银山，而且绿水青山就是金山银山。"③这一论断既强调了生态环境的优先性，也强调了生态优势可以转变为经济优势，二者是浑然一体、有机统一的关系。"两山论"是对生态效益理论最形象和最直接的表述，也是习近平生态文明思想的核心理念之一。

① 中共中央文献研究室. 十七大以来重要文献选编(中)[M]. 北京：中央文献出版社，2011：531.
② 中共中央文献研究室. 十八大以来重要文献选编(上)[M]. 北京：中央文献出版社，2014：30-31.
③ 中共中央文献研究室. 习近平关于全面建成小康社会论述摘编[M]. 北京：中央文献出版社，2016：171.

2014 年 3 月 7 日，习近平总书记在参加十二届全国人大二次会议贵州代表团的审议时指出，保护生态环境就是保护生产力，"绿水青山和金山银山决不是对立的，关键在人，关键在思路"①。习近平总书记立足于这一核心观念，进行了哲学上的辩证思考，强调要转变发展思路，寻求经济与生态的有机统一。他指出，要创新发展思路，发挥后发优势。因地制宜选择好发展产业，让绿水青山充分发挥经济社会效益，切实做到经济效益、社会效益、生态效益同步提升，实现百姓富、生态美的有机统一。2015 年 1 月 20 日，习近平总书记来到大理白族自治州大理市湾桥镇古生村，同当地干部边走边聊时强调，新农村建设一定要走符合农村实际的路子，遵循乡村自身发展规律，充分体现农村特点，注意乡土味道，保留乡村风貌，留得住青山绿水，记得住乡愁。

一些贫困地区，通过修复和改善生态环境，为生产力发展开辟了更广阔的发展空间和更可持续的发展前景，通过生态环境保护，提高其对生态环境和自然资源的开发能力，发挥贫困地区的后发优势，使得贫困地区的贫困人民从中受益。以贵州省为例，毕节探索了"山顶植树造林'戴帽子'，山腰退耕还林还草'系带子'，坡地种牧草和绿肥'铺毯子'，山下建基本农田'收谷子'，发展多种经营'抓票子'的'五子登科'"综合治理模式；黔西南州的晴隆县，在陡坡岩溶山地通过种草减少水土流失，有效防治石漠化，并将散养和圈养相结合，科学养殖肉羊，探索出石漠化地区草场开发与畜牧业扶贫相结合的草地生态畜牧业扶贫的"晴隆模式"，促进了石漠化治理、扶贫开发和农民增收增能的有机结合；赤水市在水土流失严重的凤凰沟，探索在水系周边植树造林进行生态修复，同时在流域内重点发展杏、桃、李等水果种植以及瓜果采摘农家乐，以发展经济解决贫困，并总结出"水系治理(Water System Regulation)+生态修复(Ecological Restoration)+人居改善(Habitat Improvement)"的 WEH 模式。

此外，生态文明建设还助力经济发达地区实现转变经济发展方式，促进产业

---

① 中共中央文献研究室. 习近平关于社会主义生态文明建设论述摘编[M]. 北京：中央文献出版社，2017：23.

升级。以浙江省为例，浙江省充分发挥生态优势，创建生态省，打造"绿色浙江"，进一步发挥浙江的山海资源优势，大力发展海洋经济，推动欠发达地区跨越式发展，努力使海洋经济和欠发达地区的发展成为全省经济新的增长点，进一步发挥浙江的环境优势，积极推进以"五大百亿"工程为主要内容的重点建设。浙江省不仅以良好的生态环境为依托，大力发展绿色产业，还依托良好的生态环境吸引了大量的优秀人才和现代产业在浙江落户，为浙江经济发展提供了雄厚的物质条件和人才、科技基础，实现了新时代的跨越式发展。

由于生态文明建设具有巨大的经济效益，出现市场倒逼，把优质的生态环境转化成为居民的货币收入，根据资源的稀缺性赋予它合理的市场价格，尊重和体现环境的生态价值，进行有价有偿的交易和使用，即生态的经济化。近年来，我国以结构调整为抓手，转方式，调结构，改导向，提质量，不断推动产权制度化、实施水权、矿权、林权、渔权、能权等自然资源产权的有偿使用和交易制度，实施生态权、排污权等环境资源产权的有偿使用和交易制度，实施碳权、碳汇等气候资源的有偿使用和交易制度等。2017 年 1 月 16 日，国务院发布《关于全民所有自然资源资产有偿使用制度改革的指导意见》，提出了制定全民所有自然资源资产有偿使用制度的三个不同层级的指导原则，填补制度空白。同时针对六类国有自然资源的不同特点和情况，分门别类提出不同的改革要求和措施，并提出力争到 2020 年，基本建立产权明晰、权能丰富、规则完善、监管有效、权益落实的全民所有自然资源资产有偿使用制度。2018 年 7 月，国家发展改革委印发《关于创新和完善促进绿色发展价格机制的意见》，旨在助力打好污染防治攻坚战，促进生态文明和美丽中国建设。该意见提出，到 2020 年，有利于绿色发展的价格机制、价格政策体系基本形成，促进资源节约和生态环境成本内部化的作用明显增强；到 2025 年，适应绿色发展要求的价格机制更加完善，并落实到全社会各方面、各环节。

总体来说，经济发展和生态环境状况作为一对矛盾，是相互作用、相辅相成的有机统一体。经济社会的健康发展带来的应该是生态环境状况的正向发展，而不是生态环境状况的日益恶化。和谐健康的生态环境也必然会促进经济社会的健康发展，这二者并不矛盾。生态文明建设与经济社会发展是一种相生而非相克的关系，完全能够实现相互促进、协调发展。

一方面，经济的发展离不开外部生态环境，生态环境是影响生产力结构、布局和规模的一个决定性因素，它直接关系到生产力系统的运行和效益；另一方面，利用优良的生态环境，可以在保护的基础之上因地制宜地发展生物资源开发、生态旅游、环境保护等产业，使生态优势转变为经济优势。特别是现代经济社会的发展，对环境的依赖度越来越高，环境越好，对于生产要素的吸引力、凝聚力就越强，对于经济社会发展的承载能力也就越强。西方传统主客二分哲学使许多人认为经济和生态是尖锐对立的，这种观点长期占据主导地位，很多地方领导人甚至也坚持这样的观点而选择"不要环境要 GDP"。中国化马克思主义生态效益理论克服了这样的理论缺陷，是对世界生态环境理论的一次正本清源，为新时代社会主义生态文明建设指明了方向。

（二）生态文明建设的社会效益

生态文明建设还具有巨大的社会效益。生态环境优美的社会不一定是社会和谐的社会，但社会和谐的社会具有优美的生态环境的可能性更大。生态环境的恶化显示的是人和自然之间的不和谐，只要我们深入透视人和自然之间的不和谐关系，我们就可以发现，人和自然之间的不和谐蕴藏了人和人之间的矛盾。人和人之间的矛盾是可以体现在人和自然的矛盾之上的。

1997 年 3 月，李鹏在中央计划生育和环境保护工作座谈会上将生态环境质量的提高纳入"人民生活达到小康水平"的目标之中。人民生活达到小康水平，不仅包括衣、食、住、行等物质指标，还包括人民的生活环境。所以，在发展经济的同时也要注意生态环境的保持和改善，这是生态文明社会效益的体现。党的十六大报告在论述全面建设小康社会的目标时指出："综观全局，二十一世纪头二十年，对我国来说，是一个必须紧紧抓住并且可以大有作为的重要战略机遇期。

根据十五大提出的到二〇一〇年、建党一百年和新中国成立一百年的发展目标，我们要在本世纪头二十年，集中力量，全面建设惠及十几亿人口的更高水平的小康社会，使经济更加发展、民主更加健全、科教更加进步、文化更加繁荣、社会更加和谐、人民生活更加殷实。这是实现现代化建设第三步战略目标必经的承上启下的发展阶段，也是完善社会主义市场经济体制和扩大对外开放的关键阶段。经过这个阶段的建设，再继续奋斗几十年，到本世纪中叶基本实现现代化，把我国建成富强民主文明的社会主义国家。"①此时，党中央已经把"社会更加和谐"作为全面建设小康社会一个实现目标，摆在重要位置，这在我们党历次代表大会的报告中是第一次。

党的十六大后，以胡锦涛为总书记的中央领导集体从中国特色社会主义事业的总体布局和全面建设小康社会的大局出发，全面分析新时期新阶段的形势和任务，深刻把握我国经济社会发展的阶段性特征，坚持用发展的办法解决前进中的问题，明确提出了构建社会主义和谐社会的重大战略思想和重大战略任务。胡锦涛在省部级主要领导干部提高构建社会主义和谐社会能力专题研讨班上，在论述第三部分——切实做好构建社会主义和谐社会的各项工作中，就切实加强生态环境建设和治理工作，提出了基本要求。他强调："大量事实表明，人与自然的关系不和谐，往往会影响人与人的关系、人与社会的关系。如果生态环境受到严重破坏、人们的生产生活环境恶化，如果资源能源供应高度紧张、经济发展与资源能源矛盾尖锐，人与人的和谐、人与社会的和谐是难以实现的。目前，我国的生态环境形势相当严峻，一些地方环境污染问题相当严重。随着人口增多和人们生活水平的提高，经济社会发展与资源环境的矛盾还会更加突出。如果不能有效保护生态环境，不仅无法实现经济社会可持续发展，人民群众也无法喝上干净的水，呼吸上清洁的空气，吃上放心的食物，由此必然引发严重的社会问题。要科学认识和正确运用自然规律，学会按照自然规律办事，更加科学地利用自然为人

---

① 中共中央文献研究室. 改革开放三十年重要文献选编(下)[M]. 北京：中央文献出版社，2008：1249.

们的生活和社会发展服务，坚决禁止各种掠夺自然、破坏自然的做法。要引导全社会树立节约资源的意识，以优化资源利用、提高资源产出率、降低环境污染为重点，加快推进清洁生产，大力发展循环经济，加快建设节约型社会，促进自然资源系统和社会经济系统的良性循环。要加强环境污染治理和生态建设，抓紧解决严重威胁人民群众健康安全的环境污染问题，保证人民群众在生态良性循环的环境中生产生活，促进经济发展与人口、资源、环境相协调。要增强全民族的环境保护意识，在全社会形成爱护环境、保护环境的良好风尚。"①这一讲话明确了生态文明建设与和谐社会的重要联系——社会发展到一定程度之后，人们就会开始追求更高的生活质量，生态环境就是生活质量的重要标志。一个没有好的生态环境的社会，人民的生活水平不可能很高，人民对国家方针政策的认同感也不会强烈，这就会直接威胁社会稳定。

党的十八大以来，习近平总书记高度重视生态环境的社会效益，就生态文明建设的社会效益做了许多重要论述。

第一，指出良好的生态环境是最普惠的民生福祉。

环境是人民群众生活的基本条件和社会生产的基本要素，是最广大人民的根本利益所在。环境保护得好，全体公民就受益；环境遭到破坏，整个社会就遭殃。环境的状况，直接影响人们的生存状态，从而左右社会的发展水平，并最终决定文明的兴衰成败。习近平总书记指出："我们的人民热爱生活，期盼有更好的教育、更稳定的工作、更满意的收入、更可靠的社会保障、更高水平的医疗卫生服务、更舒适的居住条件、更优美的环境，期盼孩子们能成长得更好、工作得更好、生活得更好。人民对美好生活的向往，就是我们的奋斗目标。"②"把生态文明建设放到更加突出的位置。这也是民意所在。"③

---

① 中共中央文献研究室. 十六大以来重要文献选编（中）[M]. 北京：中央文献出版社，2006：715-716.

② 中共中央文献研究室. 习近平关于社会主义经济建设论述摘编[M]. 北京：中央文献出版社，2017：19.

③ 中共中央文献研究室. 习近平关于社会主义生态文明建设论述摘编[M]. 北京：中央文献出版社，2017：83.

生态文明建设既关系到发展问题，又涉及民生问题。生态环境，作为最普惠的公共产品，事关每个人的切身利益。目前来看，不同程度存在的重污染天气、黑臭水体、垃圾围城、农村环境问题已经成为民心之痛、民生之患，环境污染成为引发社会不公、诱发社会矛盾的重要隐患。如果我们在发展过程中，继续忽视生态环境，那么政府的权威和公信力将被削弱，这会抵消改革发展成果，造成社会不稳定局面。

第二，指出小康是否全面，生态环境是关键。

全面小康社会是经济、政治、文化、社会、生态全面发展的小康社会。人民的获得感、幸福感不仅仅来源于物质产品和精神产品的丰富，也来源于人们所处的生活环境是否良好。要不断提高人民群众生活水平、改善民生，也要让人民群众享有蓝天绿水。目前，环境公共服务需求的日益增长与供给滞后的矛盾日益凸显。如果失去生态环境的保障，那么在卫生、医疗、养老方面的成本就越来越高，比重就越来越大，幸福感就难以提升。习近平总书记强调："让良好生态环境成为人民生活的增长点、成为展现我国良好形象的发力点，让老百姓呼吸上新鲜的空气、喝上干净的水、吃上放心的食物、生活在宜居的环境中、切实感受到经济发展带来的实实在在的环境效益，让中华大地天更蓝、山更绿、水更清、环境更优美，走向生态文明新时代。"①

为此，我们要坚持预防为主、防治结合，不断完善生态监督机制，敢于划底线、亮红线。特别是针对危害人民群众生产生活的重大污染问题和生态安全问题，要迅速回应，集中力量解决危害群众生命健康的突出问题。要加快转变经济发展方式，大力发展科学技术，促进第三产业发展，带动第一、第二产业优化发展，不断完善资源节约型、环境友好型社会建设，落实各项制度和措施。要推进主体功能区建设，实施重大生态修复工程，提高生态环境系统稳定性，筑牢生态安全屏障。要以"大气、水、土壤"三大攻坚战为抓手，坚决打赢各类污染防治

---

① 中共中央文献研究室. 习近平关于社会主义生态文明建设论述摘编［M］. 北京：中央文献出版社，2017：33.

攻坚战，破除经济社会可持续发展的瓶颈制约。

(三) 生态文明建设的文化效益

生态文明具有其文化价值。首先，自然环境具有不可替代的美学价值。中国的成语中有"鬼斧神工""巧夺天工"，描述的就是人类对于自然界中的天然美的超越。这些成语用在人造物上，都是对工匠们至高无上的赞美，可见天然的美相对于人类自身创造的美来说仍然是难以企及的。自然的美无可取代，人类也无法复制出这样的美。杜牧置身于漫天枫叶的山中，感受到大自然铺天盖地的热情，才能写出"停车坐爱枫林晚，霜叶红于二月花"的热烈诗句；苏轼亲身感受过庐山一步一景、步换景移的奇妙，才能产生"不识庐山真面目，只缘身在此山中"的哲学思考。

可以说，人类的整个文化史，都与自然环境密不可分。没有了蓝天，人们用什么去抒发自己对自然的向往？没有了山脉，人们拿什么抒发自己对奋斗的渴望？没有了月亮，人们又有什么东西可以寄托自己对亲人的思念？

其次，特有的生态环境与特有的人类活动相结合，形成了特有的"乡愁"，成为人们不变的价值追求和精神坚守，饱含着丰富的人文内涵。2013 年 12 月，习近平总书记在中央城镇化工作会议的讲话中发出号召，"完全可以依托现有山水脉络等独特风光，让居民望得见山、看得见水、记得住乡愁"①。

"记得住乡愁"是对中华文化的弘扬，是坚定文化自信所表现出来的深层次的精神追求和坚守。从历史发展的视角看，一个地方的历史总是与该地特有的生态环境紧密联系。乡愁是拥有五千多年不间断文明历史的中华民族的文化积淀与延续，是中国人民特有的精神思维秉性、群体生活特性和区域居住习性的一种人文表达；从人文发展的视角看，乡愁则内化为特有乡村风貌、民族文化和地域文化濡染下的一种习惯、一种记忆和一种精神寄托。

---

① 中共中央文献研究室. 习近平关于社会主义生态文明建设论述摘编[M]. 北京：中央文献出版社，2017：49.

保护生态环境，要坚持对人民负责、对历史负责。建设好美丽乡村，要注重山水行胜。在城乡一体化建设过程中，要注意保留乡村原始风貌，留住地方特有的地域环境、文化特色、建筑风格等基因，尊重地方自然风貌。在城市化建设中，要遵循我国主体功能区划和生态功能区划，遵从自然地域属性，结合历史传承，在城市建设中融入自然元素。要守住耕地等资源红线，适度减少工业用地，形成良好有序的生产、生活、生态空间。要进一步完善城市绿化，加大湖泊、森林、湿地等在城市空间中的比重。

七、全球生态治理理论

人类共有一个地球，建设绿色家园是全球共同的梦想。习近平总书记指出，"建设生态文明关乎人类未来。国际社会应该携手同行，共谋全球生态文明建设之路"①，"以全球视野加快推进生态文明建设，树立负责任大国形象，把绿色发展转化为新的综合国力、综合影响力和国际竞争新优势"②。中国在致力于国内生态文明建设的同时，以负责任大国的形象维护全球生态安全，用先进的理念和积极的行动诠释全球可持续发展观，逐渐成为全球生态文明建设的重要参与者、贡献者、引领者。中国化马克思主义全球生态治理理论为全球生态治理提供了科学指引，是中国化马克思主义生态理论的重要组成部分。

(一)全球生态治理理论的理论根源和实践传统

全球生态治理理论回答了在生态问题跨区域化、全球化的情形下，为什么建设、如何建设、怎样建设生态文明的问题，是关于建立全球生态共同体的理论。全球生态理论是中国共产党在马克思主义的指导下，吸收中国传统文化中的合理

---

① 习近平. 习近平谈治国理政(第2卷)[M]. 北京：外文出版社，2017：525.
② 中共中央文献研究室. 十八大以来重要文献选编(中)[M]. 北京：中央文献出版社，2016：502.

成分，在中国革命、建设、改革过程中，不断深化对共产党执政规律、社会主义建设规律、人类社会发展规律的认识，由此形成的具有中国特色、符合中国实际的生态治理理论。全球生态治理理论进一步丰富和完善了中国化马克思主义生态文明思想，极大地拓展了中国化马克思主义生态理论的深度和广度，为全球生态治理提供了中国智慧、中国方案。

全球生态治理理论有着广泛的理论根源和实践传统。

首先，中国古代有关世界大同的观点是全球生态治理理论的原始形态。对中国传统文化影响巨大的《道德经》有着对"大同"思想的思考和阐释。"故道大，天大，地大，人亦大。域中有四大，而人居其一焉。"（《道德经》第二十五章）老子认为人不是万物的主宰，人只是浩渺宇宙的组成部分之一，整个宇宙由"道""天""地""人"四部分组成。《道德经》对中国几千年以来的文化产生了巨大的影响，之后的中国古代名著中相似的论述比比皆是，从"天人合一"到"天下大同"，无一不彰显出中国传统文化中"天下式"的关切。顾炎武说："保国者，其君其臣，肉食者谋之；保天下者，匹夫之贱，与有责焉耳矣。"到清朝末年民国初年，顾炎武的思想被梁启超浓缩为"天下兴亡，匹夫有责"。

"天下"作为中国特有的概念，既不同于"世界"，也不同于"国家"，是一种特殊的文化表现形式。梁启超甚至认为自古以来中国人的政治观念都将国家和民族视为实现"天下"这个最高目的的一个阶段，中国的生态文明建设当然也要符合自古以来的"天下"观。"天下为公""先天下之忧而忧，后天下之乐而乐""以天下为己任""以天下为一家，中国为一人"等观念，都是中国古代世界大同思想的文字形态，为世界大同思想提供了生长土壤，展现了中国古代士大夫群体的远大目标、终极理想。东方文化注重宏观和整体的特点，不仅在中国古代传统经典中得到了有力体现，还在中国古代传统文学、艺术作品中得到了大量的证明。

其次，马克思主义对全人类解放的关注是全球生态治理理论的基石。马克思的共产主义社会，就是一个"自由的联合体"——每个人在这个联合体中实现自由而全面的发展。资本主义用它低廉的商品价格和摧毁一切的重炮，摧毁了一切阻挡世界连为一体的万里长城；用最先进的交通和通信技术，将世界上的每个角落都纳入了资本主义的势力范围。因此，资本主义打开了世界历史的新篇章。在这样的历史背景下，马克思自然而然产生了对全人类解放的关注。在马克思著作的字里行间，都闪烁着世界主义和全球一体的思想光辉，"全世界无产者联合起来！"更是成为全世界被压迫人民和民族反抗压迫的鲜明旗帜。生态环境是人类发展最基本的条件，没有良好的生态环境，人类自身的发展必然会受到限制。

最后，中国化马克思主义在中国革命、建设、改革过程中对共产党执政规律、社会主义建设规律、人类社会发展三大规律认识的深化是全球生态治理理论的源头活水。中国共产党在领导中国革命和建设的过程中充分认识了中国的社会主义革命和建设与全人类发展和解放的密切联系。

中国社会主义革命不能脱离世界人民革命的潮流。世界人民革命的潮流有力地推动了中国人民实践社会主义革命、解放自身的运动；世界人民发动革命解放自身的运动受到了中国人民革命运动的支持与鼓舞。中国和世界的革命运动相互呼应，相互支援。

到社会主义建设时期，中国社会主义建设也离不开世界其他国家和地区人民的支持，中国人民的社会主义建设同样也对世界其他地区的建设和发展起着持续的积极作用。从亚非拉国家把中国"抬进"联合国，到中国各类项目支援周边国家和其他发展中国家经济社会发展，更加积极主动参与全球建设发展的进程中，无不体现着中国特色社会主义理论体系中关于构建人类命运共同体的理论价值。中国特色社会主义所秉持的发展理念是和平、共赢的发展理念，是中国对"世界主义"的充分实践，中国的历史和现实都要求中国秉持和践行这样的发展理念。

近年来，一方面，世界多极化、经济全球化、文化多样化、社会信息化进一步发展，科学技术发展进入快车道，不同肤色、种族、文化、社会制度等组成了世界，日益形成了你中有我、我中有你的融合局面。另一方面，当前反全球化和逆全球化呼声日益高涨，孤立主义回潮，对全球化发展产生了严重的阻碍作用。特别是在气候问题等一系列全球性生态问题上，部分发达国家妄图逃避责任，对全球生态问题的解决漠不关心，甚至还在试图转移国内生态危机。面对这种复杂局面，党的十八大后，习近平总书记作为党的领导核心，放眼全球，高瞻远瞩，创造性地就全球生态治理提出了一系列新理念，推动中国在全球生态治理中作出新的更大贡献。习近平总书记关于全球生态治理的重要论述，进一步完善和丰富了我们党关于全球生态治理的理论，深刻回答了世界各国为什么要进行全球生态治理，怎样进行全球生态治理的一系列长期以来西方理论界无法真正正确回答的问题，为全球生态治理指明了发展道路。

全球生态治理理论以"人类命运共同体"思想为内核，既有力回击了以"西方中心主义"为价值立场的各类生态思潮，又正确回答了应当秉持怎样的价值立场的问题。党的十九大报告中提出："坚持推动构建人类命运共同体。中国人民的梦想同各国人民的梦想息息相通，实现中国梦离不开和平的国际环境和稳定的国际秩序。必须统筹国内国际两个大局，始终不渝走和平发展道路、奉行互利共赢的开放战略，坚持正确义利观，树立共同、综合、合作、可持续的新安全观，谋求开放创新、包容互惠的发展前景，促进和而不同、兼收并蓄的文明交流，构筑尊崇自然、绿色发展的生态体系，始终做世界和平的建设者、全球发展的贡献者、国际秩序的维护者。"①其中就明确提到，要构筑尊崇自然、绿色发展的生态体系。

"人类命运共同体"是一种超越民族国家和意识形态的国际观。人类命运共同体既是对中国传统文化中"和合"和"大同"等思想的继承，又是对马克思主义"共同体"思想的现实运用，更是对当今全球时代发展现状和走向的深刻把握。"人类命运共同体"既强调同质性，又接纳异质性，主张各国在层次多样、关系复杂、结构变动中用共同目标引领、用共同纽带联结、用共同价值维系，同时积极寻求普遍性，回应各国不同的价值诉求，主张尊重差异、均衡包容、和而不同。"人类命运共同体"既有现实观照，又有终极追求，强调聚焦现实问题，用

---

① 中共中央文献研究室. 十九大以来重要文献选编（上）[M]. 北京：中央文献出版社，2019：18.

共同价值化解冲突、调和矛盾，实现共生共存、共同发展、共享成果，同时从历史发展必然规律出发，放眼未来，呼吁守望相助、休戚与共，饱含着对人类共同价值的向往和追求。应当说，"人类命运共同体"既有宏大叙事，又有细微关切，更有理想担当。2011 年 9 月我国政府发布的《中国的和平发展》白皮书提出："要以命运共同体的新视角，以同舟共济、合作共赢的新理念，寻求多元文明交流互鉴的新局面，寻求人类共同利益和共同价值的新内涵，寻求各国合作应对多样化挑战和实现包容性发展的新道路。"

以"人类命运共同体"思想为内核的全球生态治理理论，不是站在一个国家或者某几个国家的狭隘角度，而是站在全人类命运与共的高度，就生态问题这一全球性问题，提出生态文明建设的中国方案，它正确地回答了"为谁治理"的问题。全球生态治理理论不仅是创设绿色发展国际环境、建设人类绿色家园的时代主题，也是维护全球生态安全、构建人类命运共同体的现实诉求。习近平总书记说："世界命运握在各国人民手中，人类前途系于各国人民的抉择。"①以"人类命运共同体"思想为内核的全球生态治理理念，超越了国界和意识形态的分野，促进了各国文化传统、思想理念和行为方式的融合。只有将人类命运共同体作为全球生态治理的终极目标，用以维护人类的共同利益，才有可能从根源上破解全球生态难题，克服治理失灵现象，最终建立公正包容开放的生态治理体系和世界秩序。诚然，只有实现全球生态治理，才能真正实现国际关系民主化、人类命运一体化。生态是发展之基，没有生态治理的全球化，人类命运与共也就无从谈起。

需要明确指出的是，由于历史地理等各种复杂原因，各国发展层次、速度都有差异。因此，在全球生态治理过程中，各国责任有大小，义务有差异。习近平总书记曾经就全球气候问题指出："发达国家和发展中国家对造成气候变化的历史责任不同，发展需求和能力也存在差异。就像一场赛车一样，有的车已经跑了很远，有的车刚刚出发，这个时候用统一尺度来限制车速是不适当的，也是不公

---

① 习近平. 习近平谈治国理政(第 3 卷)[M]. 北京：外文出版社，2020：47.

平的。发达国家在应对气候变化方面多作表率，符合《联合国气候变化框架公约》所确立的共同但有区别的责任、公平、各自能力等重要原则，也是广大发展中国家的共同心愿。"①因此，在推进全球治理过程中，我们要坚持"共同但有区别的责任"，实现共生共进共存。

(二)全球生态治理理论的实践要求

全球生态治理理论以"可持续发展"为基本要求，深刻回答了全球生态"如何治理"的实践难题。长期以来，人们已经意识到工业文明导向下的粗放型经济发展方式难以为继，西方发达国家"先污染、后治理"的发展道路同样不可取。但实践也证明，良好的生态环境也离不开经济发展、社会进步。因此，如何找到一条平衡经济发展与生态保护的可持续发展道路，成为世界各国在实践过程中遇到的普遍难题。

第一，全球生态治理理论提倡全面的发展。

在全球生态治理过程中，每个国家都不应当也不能缺席。但是，国家发展水平有差异，这是客观事实。因此，我们提倡各国在谋求本国发展的同时，促进各国共同发展。"大河有水小河满，小河有水大河满。"我们要摒弃霸权主义、强权政治的思维，积极帮助落后国家和不发达国家，实现共同发展。以中国为例，我们积极践行"一带一路"倡议，遵循和平合作、开放包容、互学互鉴、互利共赢的丝路精神；通过促进经济要素有序自由流动、资源高效配置和市场深度融合，推动沿线各国实现经济政策协调；通过开展更大范围、更高水平、更深层次的区域合作，共同打造开放、包容、均衡、普惠的区域经济合作架构。中国不搞封闭排外，愿意通过"一带一路"，与各国共同分享中国改革发展红利、中国发展的经验和教训，体现的是和平、交流、理解、包容、合作、共赢的精神。只有解决落后国家和不发达国家的发展问题，实现世界各国全面发展，全球生态治理才能

---

① 中共中央文献研究室. 习近平关于社会主义生态文明建设论述摘编[M]. 北京：中央文献出版社，2017：132.

真正得到世界各国共同力量的推动。

第二，全球生态治理理论提倡协调的发展。

协调发展强调各国在自身发展过程中，要处理好经济社会发展过程中的各个要素均衡协调发展。其中特别是要统筹好人与自然的发展关系。要树立尊重自然、顺应自然、保护自然的理念，将生态保护与经济发展统筹起来，放在一个系统工程中去考量。要树立正确的义利观，在关注经济效益的同时，要把眼光投射到生态环境与民生事业上去，不能以损害环境和损害人民切身利益换取经济增长，反而要遵循自然规律和经济发展规律，充分发挥生态环境对经济社会发展的巨大促进作用，实现经济社会发展与生态环境保护协调推进。

第三，全球生态治理理论提倡经济可持续的发展。

2017 年 1 月 18 日，习近平总书记在联合国日内瓦总部的演讲中提出："我们要倡导绿色、低碳、循环、可持续的生产生活方式，平衡推进 2030 年可持续发展议程，不断开拓生产发展、生活富裕、生态良好的文明发展道路。《巴黎协定》的达成是全球气候治理史上的里程碑。我们不能让这一成果付诸东流。各方要共同推动协定实施。中国将继续采取行动应对气候变化，百分之百承担自己的义务。"①

生态问题归根结底是经济发展问题。绿色循环低碳发展，是新时代科技革命和产业变革的方向，是最有前途的发展方式。要加快对传统产业的升级改造。加强对重点行业、重点企业、重点项目以及重点工艺流程进行技术改造，提高资源能源生产和利用效率。要制定更加严格的资源能源综合利用和消耗的技术标准，严格控制高耗能、高污染工业规模。要及时淘汰浪费资源、污染环境和不具备安全生产条件的落后产能。要把新兴战略性产业作为新的增长点，推动工业朝着高端化、高新化方向发展。要大力发展绿色制造技术与产品。同时，要大力推动新兴产业发展。全球新一轮科技革命和产业变革蓄势待发。科学技术从微观到宏观各个

---

① 习近平. 习近平谈治国理政(第 2 卷)[M]. 北京：外文出版社，2017：544.

尺度向纵深演进，学科多点突破、交叉融合趋势日益明显。各类新兴领域颠覆性技术不断涌现，催生新经济、新产业、新业态、新模式，对人类生产方式、生活方式乃至思维方式将产生前所未有的深刻影响。因此，要大力拓展产业发展空间，大力支持生物技术、信息技术、智能制造、高端装备、新能源等新兴产业发展。大力发展清洁低碳、安全高效的现代能源技术，以技术发展引领产业方式变革。

（三）全球生态治理理论的理论特质

全球生态治理理论既坚持了中国化马克思主义生态理论的一贯立场，也是中国化马克思主义生态理论的实践支点，又是中国化马克思主义生态理论的理论特色，从实践来说更是中国大国担当的现实体现。

（1）全球生态治理理论坚持了中国化马克思主义生态理论的一贯立场。

中国化马克思主义生态理论是中国特色社会主义理论体系和中国化马克思主义理论的组成部分，是中国特色社会主义建设"五位一体"总布局的重要一环。中国特色社会主义理论体系一直都有着国际主义的传统，因此，中国化马克思主义生态理论也必然拥有这样的理论印记。中国化马克思主义生态理论从诞生之日起就深深地打上了"全球治理"的烙印，就拥有对全世界生态环境状况的关切。

（2）全球生态治理理论是中国化马克思主义生态理论的实践支点。

中国化马克思主义生态理论的实践是基于全球生态治理理论进行的，中国在建设自身生态文明的同时，也始终关心全人类的生态环境状况。因此，中国的生态文明建设不仅在理论上，在实践上也始终坚持全球生态治理理论。中国在进行生态实践的过程中始终坚持全球生态治理理论的基本观点，在保护地区环境的同时注重区域环境策略对环境全局的影响，在推动自身环境状况改善的同时不忘周边和全球环境状况的改善，在关注自身经济社会发展的同时不推卸作为最大发展中国家的生态责任。中国一直积极参与国际生态会议，为发展中国家争取现有国际生态规则下的发展权利，构建新型国际生态文明建设秩序。

（3）全球生态治理理论是中国化马克思主义生态理论的理论特色。

全球生态治理理论有着独特的理论来源。它是综合了这些独特的理论来源之后的中国化马克思主义生态理论的表现形式，没有这些特殊的理论来源，就不会有全球生态治理理论。全球生态治理理论的这三个理论来源缺一不可：有了中国传统文化中的"大同"思想，全球生态治理理论才有了生长土壤，才能生长得自然、健康；有了马克思主义的国际主义和世界主义思想，全球生态治理理论才有了持久的养分，才有了对资本主义生产方式的批判视角，才能在现代社会继续发挥作用；有了中国化马克思主义成果，全球生态治理理论才有了实践和现实理论的支撑，才能发展得更加坚实，更加具有说服力。在西方环境下不可能孕育出全球生态治理理论的理论形态，正是因为西方生态环境治理思想是建立在西方传统思想和资本逻辑之上的，它既没有"全球治理"的理论传统，也没有"全球治理"的理论思考。

中国特色社会主义生态文明道路的理论意义在于对资本主义的超越，在于批判和否定将资本主义作为人类重建生态传统的唯一办法的观点。

几百年来，对资本主义的批判，主要将两个方面作为批判的出发点：其一，是将人与人之间的矛盾作为出发点，由此推导、论证出资本主义的根本矛盾、现实危机和其必然灭亡的证据；其二，是从人与自然之间的矛盾出发，探讨人与自然危机出现与激化的内因、外因，以此来对资本主义进行批判。这两种批判路径都对现存的资本主义制度安排展开了猛烈的批判，对资本主义存在的根本性问题提出了有力的挑战。虽然这两种不同的路径在批判手段和侧重点上大相径庭，但是它们在"如何破解资本主义顽疾"这一问题上达成了基本一致的观点：由资本主导的资本主义本身无法克服这些顽疾和矛盾，为解决这些矛盾和问题，只有创造一个更高层次的社会制度，也就是说只有超越资本主义，才能解决资本主义无法解决的问题。

中国特色社会主义生态文明道路的现实意义在于印证社会主义生态文明道路的可行性。西方国家传统的生态化道路主要是将资本逻辑运用到生态问题当中去，用资本逻辑解决生态问题——提高污染环境者污染环境的成本，降低污染环境者在市场上的收益；降低保护环境者保护环境的成本，提高保护环境者在市场上的收益。为了在生态环境问题中落实这样的逻辑，西方国家主要采取了以下措施：建立环境保护的相关机构，对国家亟待解决的环境问题进行立法，建设国家或跨区域的生态机制（如交易机制、补偿机制等），鼓励国内高污染、高能耗、低效益的传统企业转移到其他国家，等等。不得不说，西方国家这样的生态化转型道路十分成功，顺利度过了环境"库兹涅茨曲线"的最高点（污染最严重的时候），进入了"经济越发展，生态环境越好"的阶段。

中国一定不会走西方国家传统生态化道路这条老路。

首先，西方传统生态环境道路都是"先污染、后治理"。

中国不能走西方"先污染、后治理"的老路，有两个原因：第一，中国的生态状况不允许中国继续用污染环境的代价换取经济发展，如果继续这样发展下去，未来中国的生态环境将会给经济社会造成不可弥补的损失。第二，西方老牌发达资本主义国家之所以可以采用"先污染、后治理"的途径，是因为西方国家作为世界政治经济秩序的主导者，可以在生态问题对本国经济社会造成严重负面影响时将环境压力向外转移。在现在的国际政治经济秩序下，中国既没有在外部寻求缓解生态环境压力的弹性空间，也不会通过向外转移来缓解国内环境压力。

其次，西方发达国家在资本逻辑的指导下将污染转嫁国外，中国作为社会主义国家，不能采取同样的方法戕害别国环境。

中国是一个有责任、有担当的社会主义国家，不会将本国的绿水青山建立在别国的污染之上。中国是一个以马克思主义为指导的社会主义国家，中国所走的道路一定是不同于西方国家的和平崛起之路。中国的发展一定是不侵害他国经济、政治、生态利益的发展，既不在政治、军事上称霸，也不在生态上称霸。中国是永远和第三世界国家站在一起的，中国的发展模式是一种可以带动其他国家共同发展的模式，不是损人利己的发展模式。中国可以以这种方式证明西方式的生态化模式不是唯一可行的发展模式，为世界社会主义打上一剂强心针。这就是中国化马克思主义生态理论特色的现实表现。

（4）全球生态治理理论是中国大国担当的现实体现。

资本从诞生之日起，就有着强烈的扩张欲望，它需要获得更广阔的市场、更充沛的劳动力和更自由的生存环境等。正是这样的固有属性，促使资本来到了非洲大陆，挑拨非洲大陆部落之间的战争，通过这样的手段获得价格低廉的黑人奴隶；正是这样的固有属性，使得资本来到了美洲大陆，疯狂开采美洲大陆的金银矿，惨无人道地奴役有色人种；正是这样的固有属性，使得资本来到了亚洲大陆，用坚船利炮打破了亚洲国家的和平，不择手段地对亚洲国家进行掠夺和欺压，给其人民造成了深重的灾难……从那时起，世界就在资本的主导下开始了全球化的进程。

在资本这匹"野兽"主导下的全球化固然具有伟大的进步意义，但人们不能忘记长期以来资本给世界各个角落带来的灾难。时至今日，发达资本主义国家利用自己的经济优势向发展中国家转嫁高污染高能耗产业、转移固体废物与危险废物，疯狂掠夺珍稀原材料的案例仍不鲜见。资本主义一方面主持召开国际环境保护会议，另一方面拒绝承担自己的历史责任，仅仅将生态环境当作钳制发展中国家发展、扩大自身经济优势的工具。在里约热内卢世界环境与发展大会上，发达国家作出了漂亮的承诺，向世界各国人民标榜自己环保急先锋的正面形象——承诺用国内生产总值的0.7%来支援发展中国家的可持续发展事业，但它们并没有兑现它们的承诺，反而让这个承诺成了一句空话。因此，靠资本主义的推进，人类不可能实现世界范围内的生态文明，资本的扩张性和逐利性决定了资本主义的生态文明只能是建立在"损人利己"的逻辑之上。

实现世界范围内的生态治理和生态文明，必须以马克思主义为指导，而中国化马克思主义生态理论就是对资本主义主导的生态文明的最尖锐的批判。全球生态治理理论是中国社会主义理想信念在生态问题上的具体形式。"这种共产主义，作为完成了的自然主义，等于人道主义，而作为完成了的人道主义，等于自然主义。它是人和自然界之间、人和人之间矛盾的真正解决……"①1992年里约热内

---

① 马克思恩格斯选集(第1卷)[M]. 北京：人民出版社，2009：185.

卢联合国环境与发展大会通过的《21世纪议程》是第一份可持续发展的全球性行动计划，但由于设立的目标覆盖面广、关联性差、缺乏量化且没有考虑各国国情，导致执行不力。中国是第一个制定二十一世纪议程的国家，在1994年通过的《中国21世纪议程——中国21世纪人口、环境与发展白皮书（摘要）》中，中国明确地向世界发出声音："中国……将以强烈的历史责任感，主要依靠自己的力量，以积极、认真、负责的态度参与保护地球生态环境，追求全人类可持续发展的各种国际努力。"这是中国主动承担生态责任、践行全球生态治理理论的生动体现，即使彼时的中国生态环境问题还有缓冲空间、中国的经济仍然亟待发展，中国也已经开始贯彻自己一贯的生态治理理念了。2000年联合国千年首脑会议发布《千年宣言》，次年提出八项具体的千年发展目标，集中全球力量来解决减贫等关键问题，各个目标得以量化并规定2015年作为截止时间。据2015年《千年发展目标报告》显示，中国已经基本完成千年发展目标，在减贫、卫生、教育等多个领域取得了举世瞩目的成就。其中主要包括1990—2015年，将每天人均收入不足1.25美元的人口比例减半，确保所有儿童完成初等教育课程，5岁以下儿童死亡率降低2/3，孕产妇死亡率降低3/4，将无法持续获得安全饮用水及基本卫生设施的人口比例降低了一半，等等。在所有国家中执行效果最好，对全球的贡献最大。

党的十八大以来，以习近平同志为核心的党中央领导集体，积极推进中国以负责任的大国形象在实现全球生态治理中发挥引领性作用。2015年9月联合国可持续发展峰会通过的《2030年可持续发展议程》进一步强调环境与经济、社会共同作为可持续发展的支柱地位，同时也纳入执行手段和内容，注重各领域、各目标的关联性和统一性，采用全球性的指标配合以会员国拟定的区域或国家指标来进行衡量和监测，更具普适性和可操作性，引领世界在今后15年的发展中实现消除极端贫困、战胜不平等和不公正及遏制气候变化的目标。该议程提出的"5P"（即People，Planet，Prosperity，Peace，Partnership）愿景体现了以人为中心、保护地球、发展经济、社会和谐与合作共赢的一体化思想，其"绝不让任何一个人掉队""共同但有区别的责任"的意旨为发展中国家深入参与全球可持续发展治理提供了机遇。

2015 年 10 月，习近平总书记在减贫与发展高层论坛主旨演讲中向全世界呼吁："我们要凝聚共识、同舟共济、攻坚克难，致力于合作共赢，推动建设人类命运共同体，为各国人民带来更多福祉。"①随后，中国抓住《2030 年可持续发展议程》提供的机遇，积极参与国际事务、传播生态文明理念，为推动全球可持续发展作出更大的贡献。2016 年 4 月，中国率先公布了《落实 2030 年可持续发展议程中方立场文件》，确立了"协调推进经济、社会、环境三大领域发展，实现人与社会、人与自然和谐相处"的原则。同时，中国在消除贫困和饥饿、加大环境治理力度、推进自然生态系统保护与修复、全力应对气候变化和有效利用能源资源等重点领域也作出了安排。

世界大同是中国先贤的理念志向，实现全人类解放也是马克思、恩格斯、列宁等的理想志向，更是所有中国共产党人的理想志向。中国共产党人一直秉持着这个信念，在生态文明建设上推动人类命运共同体的发展，展现了当代马克思主义者的博大胸襟，展现了中国特色社会主义的科学性，展现了中国特色社会主义理论体系高瞻远瞩的理论视野和理论决心，体现了中国作为一个负责任大国的现实担当，必将引领全人类走向社会主义生态文明的新时代。

---

① 习近平. 携手消除贫困 促进共同发展：在 2015 减贫与发展高层论坛的主旨演讲[M]. 北京：人民出版社，2015：8.

第六章

中国化马克思主义生态理论当代价值

中国化马克思主义生态理论已逐渐发展成熟，其价值所发挥的作用正在融入经济、政治、文化、社会发展的各方面和全过程，为中国的经济社会发展提供了重要的生态理论指导。中国化马克思主义生态理论的提出和发展，具有重大而深远的理论价值和现实意义。明确中国化马克思主义生态理论的当代价值，不仅有利于深化对它的理解和认识，而且有利于在实践中更好地坚持和发展中国化马克思主义生态理论。

一、中国化马克思主义生态理论的理论价值

中国化马克思主义生态理论，是中国共产党人领导中国人民在长期的历史实践中形成的科学的思想，是指导我国生态文明建设的基本遵循，其严谨的内在逻辑、丰富的思想内容体系，使其具有无可替代的理论价值。

(一) 丰富和发展了马克思主义生态思想

马克思主义生态理论以辩证唯物主义和历史唯物主义为哲学基础，对"人与自然关系"问题以及社会制度、社会生产对于环境造成的影响进行了深入思考和富有针对性的批判，是马克思主义理论的有机组成部分。中国共产党以马克思主义生态理论为根本指导，领导中国人民以中国各阶段的具体国情为基础，继承了马克思、恩格斯生态思想的精髓，同时还积极吸收、借鉴传统生态思想精华和西方资本主义关于生态领域的有益思想，在探索经济社会发展和改善环境问题上形成了中国化马克思主义生态理论，它既是对我国发展问题和环境问题的总结，也是对马克思主义生态理论的丰富与发展。这主要表现在以下三个方面：

第一，中国化马克思主义生态理论深化了对马克思主义人与自然关系的认识。

马克思、恩格斯的生态思想主张人与自然之间是辩证统一的关系，我们要正确认识两者之间的关系，就不能将两者割裂，在追求社会发展的同时也要注重保

护生态环境。只有这样才能保证人与自然和谐发展，才能保证社会实践活动顺利开展和人类社会世代延续。马克思主义"人与自然关系"思想的核心即人与自然是和谐一致的。人是自然界的一部分，人依靠自然界而生活。正如恩格斯所言，"我们连同我们的肉、血和头脑都是属于自然界，存在于自然界的"①。人作为活着的有机物，他是外部世界也即自然界的一员，他的生存与发展与外部世界有着千丝万缕的联系。自然界对于人类而言的优先地位客观上印证了自然界是人类生存的基本前提，人类不可能脱离自然界而存在。现代生态危机的本质就是人类的生存危机，人类只有与自然界和谐相处，才能实现人类自身的永续发展。这种对自然界第一性的认识，同样是社会主义生态文明建设的题中之义。

人类不尊重自然界的客观规律，最终必然威胁到人类的生存和发展。马克思、恩格斯曾用历史事实告诫人们，美索不达米亚平原、希腊、小亚细亚以及其他各地的居民，阿尔卑斯山的意大利人，历史上曾过度开垦、乱砍滥伐，结果他们不仅失去了森林，失去了水分的积聚中心和储存库，同时也摧毁了自己生存的根基。可见，只有尊重自然，按照自然的客观规律办事，才可能正确、科学地利用自然、改造自然。生态文明建设中蕴含着对自然规律的尊重，同时也注重对人类主体性的彰显。"在建设生态文明的过程中，人类自身是生态文明的主体，处于主动而不是被动的地位。建设生态文明，绝不是人类消极地向自然回归，而是人类积极地与自然实现和谐。人类既不能简单地去主宰或统治自然，也不能在自然面前消极地无所作为。"②生态文明建设要坚持对自然规律的尊重，正确发挥人的能动性，走"在发展中保护、在保护中发展"的道路。因此，生态文明建设是马克思主义生态理论的当代体现和实践。

当前我国提倡树立生态文明观，题中之意就是要正确把握人与自然之间的关系。不能无限制夸大人对自然的宰制作用，应当自觉地将人与自然视为统一的整体，关注自身价值实现的同时，也要关注自然的存在价值。这既是历代中国共产

---

① 马克思恩格斯全集(第20卷)[M]. 北京：人民出版社，1971：519.
② 俞可平. 科学发展观与生态文明[J]. 马克思主义与现实，2005(4).

党以人为本思想的体现，也是我们寻求人与自然和谐发展的必然选择。中国特色社会主义生态文明建设的出发点是保护自然、尊重自然，其价值基础是"自然是人类生存和发展的前提"，其基本原则是经济发展、社会有序、生活幸福和生态良好，其最终目标是"实现人与自然的和解以致最终实现社会的和谐与人的自由全面发展"。可见，作为生态文明建设的指导理论，中国化马克思主义生态理论无疑是对马克思、恩格斯生态思想的继承和发展。

第二，中国化马克思主义生态理论将生态文明纳入整个人类文明建设体系，是对马克思主义生态理论的进一步发展。

马克思主义生态思想是对全人类文明发展的思考，在其主要论述中能够挖掘出关于人类文明和自然文明之间关系的相关表述。虽然马克思、恩格斯在理论上探讨了实现"人与自然统一"的问题，但是由于受到历史条件限制，却并没有对生态问题进行专门的、系统的研究，也没有给出直接可供借鉴的现成方案。中国共产党将马克思、恩格斯的生态理论思想付诸实践，把生态文明列入中国特色社会主义"五位一体"总体布局之中，为物质文明、精神文明、政治文明和社会文明都提供了新的内容和要求。作为物质文明的生态基础、精神文明的必要内容、政治文明的应有之义，生态文明还是社会文明的最终归宿，即实现人与自然的和谐共处，让人们在适合的环境中追求自我价值的实现，推动社会进步和文明发展。"所谓生态文明就是指人与自然、人与人、人与社会的和谐共生，良性循环，持续发展、循环发展、低碳发展、共同繁荣的美好的文明形态。"①可见，生态文明思想与马克思、恩格斯生态理论在本质上是一脉相承的。同时，党的十八大报告将"树立尊重自然、顺应自然、保护自然的生态文明理念"，建设生态文明放在突出地位，这意味着，生态文明建设战略是在新的历史时期、新的历史阶段对马克思主义生态思想的继承和发展。

除此之外，中国共产党提出了努力建设"美丽中国"、实现中华民族永续发

---

① 穆艳杰，郭杰. 以生态文明建设为基础，努力建设美丽中国[J]. 社会科学战线，2013(2).

展这一伟大目标，以及努力"走向社会主义生态文明新时代"这一未来中国经济社会发展的新方向，并在实践中采取了切实可行的生态文明建设措施，积累了生态文明建设的丰富经验。以上种种观点和实践经验既是中国化马克思主义生态理论的重要内容，也是对马克思主义生态思想的进一步发展。

第三，中国化马克思主义生态理论是对马克思主义生态理论的创新应用。

作为中国特色社会主义理论体系的重要组成部分，中国化马克思主义生态理论结合自身国情，创造性地走出了一条富有中国特色的社会主义生态文明建设道路，这是对马克思主义生态理论的创造性应用。马克思提出了人类未来发展的社会模式即共产主义社会，认为在共产主义社会中人类将与自然和谐相处，实现"人类与自然的和解以及人类本身的和解"，无论是人类社会生产还是自然生产力都能在这个最佳状态中实现发展。我国社会发展的现实状况要求我们辩证地看待人与自然、人与人以及人与社会的关系，并要求通过人的劳动实践使人、自然、社会三者达到和谐统一。中国共产党提出的中国化马克思主义生态理论以马克思主义生态理论为指导，充分结合我国现阶段经济社会的实际情况，站在国家层面提出了生态文明建设思想。在全社会鼓励、推行绿色发展观，促进形成科学的消费观念，努力让每一个人都有相关的生态观念意识；努力保护好生态环境，加大对违反环境保护的处罚力度，让整个社会在良好的生态文明建设氛围中发展。

要实现马克思主义中国化，必须自觉运用马克思主义基本原理，结合我国实际情况，在改革创新过程中，做出适合我国社会发展阶段的选择。目前，我国社会发展仍处在社会主义初级阶段，仅仅看到经济增长是不够的，还应该从中总结经验、吸取教训。我国从社会主义革命到初步探索社会主义建设，再到中国特色社会主义建设，这中间不仅是对我国自身国情认识不断加深，更是对社会主义中国的发展目标、发展道路作出科学论断的过程。在长期的实践中，我国积极吸收马克思的制度批判思想，在全球化进程中对资本主义社会的各方面进行积极的扬弃，参考国外发展的经验教训，不断吸收先进经验，丰富自身发展，走出了一条中国特色社会主义道路，提出了建设社会主义生态文明的新目标。

概括起来，中国化马克思主义生态理论将马克思主义生态理论、中国传统生态思想精华和当代西方资本主义生态理论作为思想来源，在中国社会主义生态文明建设过程中，将"人与自然和谐相处"作为生态文明建设的基础，提出了构建"两型社会""经济发展与生态协调""绿水青山就是金山银山"等观点，着力推进低碳发展、循环发展和绿色发展，这些观点和思想无疑将马克思主义人与自然关系思想推到了一个新的高度。同时，这也让世界看到了中国绿色发展的信心和决心。人类发展模式已经发生改变，逐渐向绿色发展道路迈进，人类文明将迎来生态文明新时代，马克思主义生态理论在中国得到了创新性的应用。

（二）构建了社会主义和谐社会的理论基础

马克思主义自然观指出，人类是大自然长期发展的产物，是自然界不可分割的有机组成部分，人类依赖大自然而生存和发展，不能离开大自然而独立存在。同时，也强调人类通过主观能动性改造大自然的同时，必须充分尊重自然规律，善待自然，与大自然和谐共处，把人类自身纳入整个自然生态系统。人类要理性地看待自己在自然界的地位和作用，而不是凌驾于自然之上，肆无忌惮地破坏生态环境，掠夺自然资源，否则将导致环境污染、生态失衡、资源枯竭，最终使人类自食苦果。

在加速推进现代化进程中，我国一度采取粗放型经济增长方式，导致人与自然关系紧张。我国仍处于并将长期处于社会主义初级阶段，我国仍然是世界最大发展中国家，要正确处理人与自然的关系，就必须立足于基本国情，以中国化马克思主义生态理论为指导，促进社会的和谐、稳定与发展。

和谐，是中华民族传统文化的思想核心与理论精髓。在传统文化中，无论是儒家所提倡的"仁义"思想，还是道家所主张的"天人合一"思想，无一不以"和谐"为旨归。追溯古代"天人合一"思想中的人与自然关系思想，对于我们科学认识和正确处理当今的生态环境危机有着重要的意义和深刻的启示。探索中国古代人与自然关系中蕴含的生态智慧，有助于我们对当今的生态环境危机作出全面、合理的认识，并且找出正确的处理方式。"和谐社会"思想的提出，正是古代"天人合一"思想给我们今天的有益启示，有利于中国实现以人为本的科学发展，统筹人与自然的和谐发展，建成和谐社会，实现人与自然的双重自由。

人类来自自然又依赖自然，是大自然系统中的一员，与自然和谐共处、协调发展是构建和谐社会的必然要求。我国用几十年时间走完了西方 200 多年的发展路，在环保方面，我们也只用了几十年时间就走完了西方 100 多年的污染路。中国要在短期内解决如此严峻的难题，其困难和压力是不言而喻的。构建社会主义和谐社会是科学发展观的具体体现和客观要求，两者的本质都是实现人与自然和谐发展。2005 年 2 月，胡锦涛在省部级主要领导干部提高构建社会主义和谐社会能力专题研讨班上的讲话中指出，科学发展观是以人为本，全面、协调、可持续的发展观，它和我国的政治、经济、文化事业紧密相连，将实现人的全面发展作为目标；为最广大人民群众谋利益，必须满足人民群众日益增长的物质文化需要，不断提高人民的生活水平以及质量，为人民群众的各种权益提供保障，让人民群众都能够享受到发展的成果与利益。

环境污染对人类健康造成的危害已日益显现，环境问题突出表现为大气污染、水污染、土壤重金属污染等对人们身心健康造成的损害。城市空气污染和严重的雾霾对呼吸系统、心血管系统造成极大的危害；水污染导致肠道传染病和肿瘤发生；土壤重金属污染导致农作物产品重金属残留等。环境污染不控制，将使癌症发病率和肺癌死亡率不断呈上升态势。人口剧增、土地荒漠化、水资源污染和枯竭等如果超出环境承载能力，生态危机将直接影响到社会的和谐稳定。"大量事实表明，人与自然的关系不和谐，往往会影响人与人的关系、人与社会的关系。如果生态环境受到严重破坏、人们的生产生活环境恶化，如果资源能源供应高度紧张、经济发展与资源能源矛盾尖锐，人与人的和谐、人与社会的和谐是难以实现的。"①

①　中共中央文献研究室. 十六大以来重要文献选编(中)[M]. 北京：中央文献出版社，2006：715.

统筹人与自然和谐发展，为国民创造一个优美的生活环境，充分体现了以人为本的思想。社会主义和谐社会是科学发展观统领下的和谐社会，达到人与自然和谐发展是和谐社会的本质要求，以人与自然的和谐发展，促进人与人、人与社会的和谐是和谐社会的最终诉求。科学发展观是以人为本，全面、协调、可持续的发展观，它与中国经济、政治、文化和社会建设密切联系。要建设社会主义和谐社会，就必须坚持以人为本的科学发展观，以实现人的全面发展为目标，从最广大人民群众的根本利益出发谋划发展、促进发展，不断满足人民群众日益增长的物质文化生活需要，提高人民的生活水平和生活质量，充分保障人民群众的各种权益，使发展的成果惠及全体人民和子孙后代。这就需要我们在发展经济、提高人民生活水平和生活质量的同时，保护环境、节约资源、善待自然，合理地开发和利用大自然，达到自然环境和资源的可持续发展，从而实现人类社会的和谐和可持续发展，而不是"杀鸡取卵""涸泽而渔"。可见，实现人与自然和谐发展，是创造民主法治、公平正义、诚信友爱、充满活力、安定有序的和谐社会的基础和根本保证。

(三) 丰富和完善了中国特色社会主义理论体系

作为中国共产党领导人民探索人类生活与自然环境、经济建设与生态保护问题的理论成果，中国化马克思主义生态理论日益丰富，成为中国特色社会主义理论体系的重要组成部分。

经过长期的摸索，我国的社会主义文明体系经由最初的物质文明、精神文明已经发展成如今以物质文明、精神文明、政治文明、社会文明和生态文明五大文明建设合力构成的更加全面、丰富、科学的文明体系。五大文明之间相互依赖，彼此促进。第一，作为经济基础，物质文明建设是社会发展的中心任务，是其他四大文明的物质基础和保障。经济基础决定上层建筑，没有资金和技术的支撑，精神文明建设难以持续发展，教育事业、宣传活动、媒体舆论发展都将受到阻碍，人们对精神文明的关注将大大降低，造成人口素质整体下降。经济不发展，生态环境问题也会由于物力和技术的欠缺而难以解决，我国的社会建设事业也无法健康发展。第二，作为文化支撑，精神文明建设为其他几个文明建设朝向顺利、良好、优质的方向发展提供了强大的智力支持。高素质的人才是我国生态文明建设的重要力量源泉，为我国发展注入了强大的智慧力量。倘若精神文明失调，带来的不仅仅是人类素质的急剧下降，而且将使社会陷入道德滑坡、价值观偏离等思想漩涡，人与自然关系异化，生态问题频发。第三，作为制度保障，政治文明建设为其他文明建设提供制度规范，使其能够遵守约定的规则，实现有序发展。制度落后不仅会阻碍国家发展，而且不利于其综合国力和竞争力发展，生态文明建设也会将因为顶层设计和法制保障问题而难以开展。第四，社会文明的不断发展和持续繁荣是其他文明得以实现的社会条件，也是中国特色社会主义生态文明建设的最终归宿。第五，生态文明作为新赋予的文明建设内容，为其他文明建设提供了最重要的资源和环境支持。只有拥有良好的环境，人们才能更好地享受物质文明带来的生活水平的提高、精神文明带来的素质发展、政治文明带来的公平公正以及社会文明持续繁荣带来的和谐发展。五大文明建设作为中国特色社会主义理论体系的实践来源，缺一不可，必须实现共同发展、共同繁荣，才能使中国特色社会主义建设事业顺利进行，中国特色社会主义理论体系也才会日益完善。因此，中国共产党一直探索的生态文明建设和中国化马克思主义生态理论日益显示其重要性和必要性。

中国共产党历代领导人在马克思、恩格斯生态理论的基础上，萃取中国传统生态思想精华，扬弃西方资本主义生态理论，领导中国人民艰苦探索实践，总结经验教训，创立了中国化马克思主义生态理论。

中国化马克思主义生态理论是中国共产党领导人民将马克思主义生态思想与中国的具体实际相结合的产物。毛泽东时代面对的是百废待兴的中国，百废待兴包括战争对生态环境的破坏。因此，毛泽东提出通过植树造林使"旧貌换新颜"。改革开放后，经济取得了突飞猛进的发展，以粗放型方式发展起来的经济带来了诸多棘手的环境问题。当邓小平面对"人与自然关系"时，他开始审慎地思考如何解决经济发展与环境保护之间的矛盾问题。作为第一生产力的科学技术，成为邓小平解决"经济发展与环境保护"问题的主要手段。邓小平还强调环境保护的法制化建设，这一时期中国的环保立法事业开始蓬勃发展。江泽民继续走邓小平开辟的协调人与自然、人与人、人与社会关系之路，他在党的十六大报告中指出全面建设小康社会的目标是"可持续发展能力不断增强，生态环境得到改善，资源利用效率显著提高，促进人与自然的和谐，推动整个社会走上生产发展、生活富裕、生态良好的文明发展道路"①。胡锦涛提出"坚持以人为本，树立全面、协调、可持续的发展观，促进经济社会和人的全面发展"②，"城统筹乡发展、统筹区域发展、统筹经济社会发展、统筹人与自然和谐发展、统筹国内发展和对外开放"③。科学发展观第一要义是发展，核心是以人为本，基本要求是全面协调可持续，根本方法是统筹兼顾，这无疑是新时期新阶段解决人与自然之间关系新的原则、手段和目标。党的十八大报告指出，"我们一定要更加自觉地珍爱自然，更加积极地保护生态，努力走向社会主义生态文明新时代"。④ 习近平总书记站在谋求中华民族长远发展、实现人民福祉的战略高度，围绕建设美丽中国、推动社会主义生态文明建设，提出了一系列新思想、新论断、新举措，大力促进实现经济社会发展与生态环境保护相协调，开辟了人与自然和谐发展的新境界。中国共产党历代领导人对推动环境保护、促进人与自然和谐发展进行的不懈努力，为社会主义生态文明建设奠定了坚实基础，发展了中国化马克思主义生态理论，推进了中国特色社会主义理论体系的发展。

不难看出，中国社会主义文明体系由起初的物质文明和精神文明"两手抓、两手都要硬"，到现在的"五位一体"总体布局，特别是将生态文明建设纳入"五位一体"总体布局中，说明中国化马克思主义生态理论不仅融入中国特色社会主义建设，而且推进着中国特色社会主义理论体系的发展。

---

① 江泽民文选(第3卷)[M]. 北京：人民出版社，2006：544.
② 中共中央文献研究室. 十六大以来重要文献选编(上)[M]. 北京：中央文献出版社，2005：465.
③ 中共中央文献研究室. 十六大以来重要文献选编(下)[M]. 北京：中央文献出版社，2008：1055.
④ 中共中央文献研究室. 十八大以来重要文献选编(上)[M]. 北京：中央文献出版社，2014：32.

(四) 创新和发展了全球生态思想

从人类的进化历史来看，不同历史时期的"人与自然关系"对应着不同的文明形态。生态文明是人类进化史的一个重要节点，是原始文明、农业文明以及工业文明三大社会形态之后的一个全新的文明形态。从当代全球各国社会经济发展的现状来看，伴随着世界经济疲软、生态环境恶化等情况的发生，中国倡导以可持续、环保、低碳为未来的发展方向，坚定走绿色发展道路，这是历史大势所趋，这已经成为全世界人民共同关心的话题。

党的十七大报告曾指出，在全面建设小康社会目标实现之时，不仅要使得中国综合国力显著增强、人民生活质量明显改善、生态环境良好发展，而且要成为对外更加开放，更加具有亲和力的社会，为全人类文明作出更大贡献。① 当今，生态环境与绿色发展已经成为世界共同关注的主题，并愿为此共同努力。中国作为发展中大国，正在努力为应对全球性生态危机作出新贡献。

人类文明发展必然要和自然环境发生关系，自然为人类生活提供资源而有时又带来一定的负面作用，如自然灾害。人类生产必然要对大自然进行开发利用，将自然生产力转化为社会生产力。同时，自然还有其自我运行和发展的规律。人类历史发展进程中，各种自然灾害都表明人类的活动已经受到了大自然的报复，虽然自然灾害的发生并不完全是人类影响的结果，但是人们越来越频繁、越来越深入的生产实践活动已经对自然形成了深度的破坏。为了解决全球生态危机，作为全球生态思想的重要部分，中国化马克思主义生态理论中关于人与自然关系的哲学思考、社会生产和生态环境的协同促进、科学发展观、绿色发展等思想都是中国共产党人探索生态文明建设得出的重要理论成果，充实和完善了全球生态思想内涵，具有重要的理论意义。

总而言之，在当前和今后一段时期，我们需要持续不断把中国化马克思主义

---

① 中共中央文献研究室. 十七大以来重要文献选编(上)[M]. 北京：中央文献出版社，2009：16.

生态理论推向前进，认真贯彻落实科学发展观，统筹人与自然和谐发展，建设生态文明，提高社会生态文明水平。在中国化马克思主义生态理论的引导下，不断提高中国的可持续发展、绿色发展的能力，为构建和谐社会打下坚实的环境和资源基础，推动整个社会走上生产发展、生活富裕、生态良好的文明发展道路，对建设富强、民主、文明、和谐、美丽的现代化强国有着重要的现实意义和长远意义。

二、中国化马克思主义生态理论的实践价值

当前，全球正面临着生态危机的严峻挑战，生态危机的有效解决尤其重要。在社会主义生态文明新时代，我们正在为人类面临的生态问题寻求有效的解决之道。同时，中国正踏上全面建设社会主义现代化国家新征程，良好的生态自然环境是取得全面胜利的基础保障。这就要求我们自觉坚持和运用中国化马克思主义生态理论，发挥其重要的现实指导意义。

(一) 指导中国生态文明建设实践

1. 作为中国进行生态文明建设的实践指南

中国化马克思主义生态理论对中国生态文明建设实践具有不可替代的指导意义。生态环境面临的诸多挑战，有些是我们从未遇到的新情况、新危机，也在制约着我们前进的脚步和发展的质量。如何完成经济社会发展与生态环境保护的双重任务，如何实现社会发展与人类进步的双重目标，都是摆在我们面前的时代课题。解决这项历史性难题，世界上没有多少成功的先例可供借鉴，更多地要从各国发展失败的经验中吸取教训。

中国发展的成就和经验无数次地证明，必须坚持把马克思主义基本原理与中

国具体实际相结合，实现马克思主义中国化，用中国化马克思主义指导我们的具体实践，这是取得巨大发展成就的奥秘。建设社会主义生态文明，同样必须坚持把马克思主义生态思想与中国生态文明建设的具体实际相结合，实现马克思主义生态思想中国化，用中国化马克思主义生态理论指导我们的具体实践，这也是中国生态文明建设取得巨大成就的奥秘。

马克思主义的思想宝库中，从来"不乏追求人与人、人与自然以及人自身各因素之间相互和谐的思想"①。历史唯物主义和辩证唯物主义中都有着深刻的生态意蕴，马克思主义生态思想之所以会长时期被遮蔽，是有其客观的历史原因的。无论是苏联，还是中国，早期传播、运用马克思主义理论并且取得成果，都是以满足阶级斗争需要为主。在苏联是十月革命，在我国则是抗日战争和解放战争。俄国十月革命胜利之后，又经历了内战、德国法西斯入侵、美苏争霸等一系列战事；中国在抗日战争、解放战争之后，经历了抗美援朝、对越自卫反击战、"文化大革命"等动荡。这些历史变动导致苏联和中国都在很长的一段历史时期内着重强调阶级斗争的重要性，尚未着力对马克思主义生态思想、和谐理论进行探索。被遮蔽并不等于不存在，斗争哲学是当初的需要，而今天面临新的时代难题，需要重新重视、挖掘、自觉运用马克思主义生态思想。因此，当我们面临建设社会主义生态文明这一历史重任时，应该把关注点和着力点转向马克思主义生态思想，凸显马克思主义生态学理论的真正内涵和重要价值，并努力结合我国生态现状、社会发展的实际来推进中国化马克思主义生态理论的发展。

从"保护环境"的基本国策，到"科学发展观"，再从"五位一体"总体布局的战略任务，到"绿色发展理念"，它们本身都是中国化马克思主义生态理论的重大成果和实践战略。"科学发展观"和"构建社会主义和谐社会"，其目标都是为了实现"人与自然""人与社会"的和平共处、和谐发展，这也正是马克思主义生态思想的内在要求。马克思、恩格斯在其理论著作中多次强调"人与自然"和谐

---

① 于桂芝. 和谐社会与马克思主义哲学中国化[M]. 杭州：浙江大学出版社，2008：128.

相处的重要性，并且反复警告人类不要一味地掠夺大自然、不要盲目地为追求一己私利而破坏生态环境，否则终将受到自然界的惩罚，给全人类带来毁灭性的灾难。从这个角度看，"科学发展观""构建社会主义和谐社会""绿色发展理念""走向社会主义生态文明新时代"，正是顺应了马克思主义生态思想的内在要求。中国化马克思主义生态理论与时俱进地发展了马克思主义生态思想，是中国进行生态文明建设的实践指南。

2. 指导中国生态文明建设实践不断前行

中国化马克思主义生态理论是在我国长期的历史实践中形成的科学的思想，是我国进行生态文明建设的重要指导思想。其严谨的内在逻辑、丰富的思想内容，都为我国当前生态文明建设提供了丰富的历史经验和思想源泉，指导我们的建设取得了一系列成就。中国化马克思主义生态理论的科学性、合理性已经接受过并经受住了历史的检验，在当下和未来还将继续指引中国的生态文明建设。

中华人民共和国成立初期，毛泽东坚持"统筹兼顾、适当安排"的方针，在正确处理人与自然关系的前提下提出了节约并合理利用资源、开发可再生能源、植树造林、全民卫生运动等，改善了我国社会主义建设的环境基础和资源条件，大大促进了国民经济的发展。改革开放以来，邓小平对生态问题高度重视，制定了计划生育和环境保护两项基本国策，并提出"教育要从娃娃抓起"，全面提高人口素质，为改善生态环境提供精神支持。邓小平还意识到生态法制建设对于保护环境的重要性，提出"应该集中力量制定刑法、民法、诉讼法和其他各种必要的法律，例如……森林法、草原法、环境保护法……做到有法可依，有法必依，执法必严，违法必究"①。江泽民提出的可持续发展战略、生态环境保护工作国际化都具有很高的创新价值，引导我国生态文明建设走上了持续健康发展的道路。胡锦涛明确提出坚持科学发展观，构建和谐社会、和谐世界，并首次提出建

---

① 邓小平文选(第2卷)[M]. 北京：人民出版社，1994：146.

设生态文明，还提出了改善生态环境、建设和谐社会的一系列措施，如转变经济增长方式，发展绿色经济、低碳经济，走绿色道路等。党的十八大以来，以习近平同志为核心的党中央提出建设美丽中国，号召全社会牢固树立生态文明观念，继续以更高的标准和要求推进社会主义生态文明建设，实现中华民族永续发展。

第一，经济建设方面，改变不合理的经济社会发展模式，逐步向绿色发展模式转变。

要根据我国目前产业结构存在的问题做出适当调整。过去，我国经济发展主要依靠工业带动，发展重心都在工业方面，现在应该向三大产业协同并进转变。其重中之重在于，要在工业发展过程中坚定不移地走低碳、清洁、高效、循环、绿色发展的道路。一方面，要改变粗放的生产形式，适应现代发展模式，同时落实清洁生产、高效生产、循环利用、低碳生产、绿色生产，从根本上提升资源利用效率。另一方面，构建高能耗产业的资源约束机制，大力开发新能源，发展清洁能源，创新减排治污技术，推进节能减排工程。国家要不断改进资源分配的公平性、正义性，不能忽视环境对发展的反向制约，加大环保方面的国家资金投入，特别是高科技领域的研发资金投入。加强知识产权保护，创新发展集产、学、研于一体的综合体系，加速科技成果转化，实现资金投入—环保技术—资金再投入—更新环保技术的良性循环。

第二，政治建设方面，要加强制度建设、完善法律法规体系，提高生态环境治理能力。

在依法治国的背景下，切实做好生态文明建设的法制工作，建立、健全生态文明法律法规，政府对人民负责，依照法律开展生态环境治理。首先，对生态保护加快立法进程，增加必要的配套性规则、细则或具体的实施措施。其次，构建更加完善的生态补偿机制，坚定以预防作为治理的前提，对于污染要将预防放在第一位，实现预防和治理相统一，对环境的保护和建设相结合。再次，针对环保部门执法主体性不突出、不明确，执法过程受各类有关部门牵制，不能及时、有效发布执法结果，权力不集中、执法不及时、执法不严格、信息不透明等情况，以及"不出问题不追究""民众不反映不调查"等现象，做到突出执法主体，严格执法力度，用法律来保障生态文明建设。最后，面对层出不穷的生态保护"懒政不作为"现象，要在干部领导工作中建立科学的环保政绩考核机制，结合当地实际情况制定与人口、资源、经济、社会发展相适应的环境保护考核办法，把该类项目加入相关政府部门年终综合目标评定项目中，作为干部提拔、奖惩的重要评价因素。建立和加强环保工作问责制度，对环保目标任务未完成者要追究其相关责任，确保环保实绩考核取得实效，作用得到有效发挥。

第三，文化建设方面，必须在全社会形成良好的生态文化氛围，切实加强生态文明教育，全面提升公民生态文明意识。

社会教育是重点，对公民的生态教育要注意分层次、分对象、讲方法，尤其对文化程度偏低的普通劳动者，更要积极教育、引导。其一，学校教育是生态文明教育的重点场合，要在学校教育中强调树立科学的生态保护意识，培育学生掌握科学的自然知识、生态保护知识，形成知识，累积成观念，内化为主体行为。在义务教育和中等教育阶段，尤其要重视课堂教学中的基础环境知识教育和环境保护教育，培育和提高青少年的生态道德观念；在高等教育阶段，除了加强环境意识和提高环境知识水平以外，还要注意环境价值观和环境伦理观的教育，培养学生的全面素质和责任感。其二，在干部队伍中充分重视和加强对"绿色政绩观"的贯彻，宣传绿色为民、绿色执政、绿色治理的理论思想。其三，在全社会培育绿色文化风尚。要通过教育和文化宣传来培育、推广绿色生活价值体系，为"绿色生活方式"的形成涵养"柔性的"文化内生动力。教育的作用不仅仅在于传授生活知识，传导生活观念，更在于培育生活方式的文化基础。只有确立了这一基础，人们才能享受到全面的文化生活乃至需要利用知识、技术才能享受的物质生活。

要让"绿色生活方式"进课堂，开展全民绿色教育，在中小学基础教育中推广绿色生活知识，引导公民形成对"绿色生活方式"的认同感。通过基础教育培育全民族的绿色道德意识和绿色价值取向，在全社会形成一种健康、文明和发展的绿色文化风尚，从而促使人们对"绿色生活方式"的认识转化为自觉行动。社会还要注重通过舆论增强公众关于"绿色生活方式"的价值认同意识和参与的积极性，提高人们对"绿色生活方式"的认识，坚定绿色发展理念。通过教育、文化宣传将"绿色生活方式"的方方面面渗透到社会各个领域，形成认同绿色发展理念并践行"绿色生活方式"的良好社会环境和文化氛围。

第四，社会建设方面，要加大环保宣传力度，畅通和拓宽公众参与渠道，为公民参与公共环保事业提供条件，努力营造全社会共同参与生态文明建设的新格局。

每个公民既要遵守绿色发展的法律法规，又要自觉参与到"绿色生活方式"的大众构建队伍中，为"绿色生活方式"的共建、共享贡献力量。"绿色生活方式"与每个公民的生活息息相关，体现着我们对绿色发展理念的认同度、对绿色发展的践行力，对于全面建成小康社会和中国梦的最终实现具有关键性的基础意义。绿色发展，人人应为；绿色生活，人人可为。推动形成"绿色生活方式"，需要坚持节约优先，强化集约意识，在生产、交换、分配、消费等环节形成节约集约的自觉行为；在衣、食、住、行等方面抵制和反对各种形式的奢侈浪费、不合理消费，促进生活方式绿色化。我们每个人应该时时、处处来切实践行"绿色生活方式"。保护环境、尊重自然、热爱生活、发展完善自身素质、与人和谐相处等，都是在践行"绿色生活"；购买节能环保产品，使用环保袋及随手关灯等，都是在为实现绿色发展添砖加瓦。此外，还可以推动生态环保工作走进社区、走进群众生活，通过开展创建"绿色社区"、评比"文明社区"等活动，开展社区环境文化建设。

3. 为正确处理人与自然关系指明方向

随着中国改革开放不断深入，社会快速向前发展，人民的物质生活水平不断提高，对环境质量的要求也越来越高，特别是环境污染所造成的危害促使人们更加重视生态环境保护。正确处理人与自然的关系，爱护大自然，保护环境，提高资源利用率，维护自然生态系统的平衡，建设一个良好的生产、生活环境，不断满足人民群众对生活质量和健康水平的要求，进而达到人与人、人与社会、人与自然的和谐，来保障人类社会健康、持续、稳定地向前发展，是当前极其重要的一项战略任务。

健康的自然环境是人类赖以生存和发展的基础，它为人类提供新鲜的空气、洁净的水分和无污染的食物，为人类社会提供良好的空间和场所。反之，生态环境遭到破坏，必将导致人类生存和生活环境不断恶化。这样不仅不能实现社会发展目标，还将严重威胁人类的生存和发展，人与人、人与社会的和谐就失去了保障，全面建成小康社会的目标更无从谈起。只有合理地开发和利用自然资源，以科学的生产、生活方式化解人类社会的发展与资源环境之间的矛盾与冲突，合理地调节我国人与自然之间的物质变换，把人们的生产活动控制在我国自然承载能力范围之内，才能做到真正的以人为本，把生产的力量变成建设的力量。正如马克思所指出的："社会化的人，联合起来的生产者，将合理地调节他们和自然之间的物质变换，把它置于他们的共同控制之下，而不让它作为盲目的力量来统治自己；靠消耗最小的力量，在最无愧于和最适合于他们的人类本性的条件下来进行这种物质变换。"①要统筹人与自然和谐发展，实现中国经济社会绿色、永续发展，真正做到发展以人为本的根本要求，就要求中国在当前和今后的发展中，继续以中国化马克思主义生态理论为指导思想，正确处理人与自然的关系，实现人与自然和谐相处。

第一，实施可持续发展战略，实现我国经济增长方式的绿色转变。

必须先立足于当前历史时期的实践，对人在生态系统中的地位及其推进这一系统协调运转的责任作出全新的认识。按照中国化马克思主义生态理论思想，我们一定要意识到自己作为对象性存在和生态生成物的一面。要在合理范畴之内理性地进行改变自然的实践活动，有效调节并且控制人与自然之间的物质变换，保

---

① 马克思恩格斯文集(第7卷)[M]. 北京：人民出版社，2009：928-929.

证人类的经济活动和社会发展在自然资源和环境的承载能力之内，必须在对生态规律全面掌握和深刻认识的基础上建立人类的自由意志。具体来说，首先，优化产业结构，由高投入、高消耗、高污染、低产出的粗放型经济增长方式转向低投入、低耗能、低污染、高产出的集约型经济增长方式。其次，要积极发展绿色经济、循环经济，大力推广清洁生产，形成以高新技术产业为先导、基础产业和制造业为支撑、服务业全面发展的新型产业体系，逐步建立健全社会资源的循环利用体系，发挥科学技术是第一生产力的重要作用，依靠科技进步和提高劳动者素质来有效改善经济增长的质量和效益。走出一条科技含量高、经济效益好、资源消耗低、环境污染少、人力资源优势得到充分发挥的新型工业化道路，从而实现经济效益、环境效益和社会效益的有机统一。最后，政府继续加大环境保护力度，坚持预防为主、综合治理。同时实行绿色 GDP 核算，实现生态环境保护与经济社会发展的良性互动，改变以往单纯地把 GDP 增长当作社会进步的片面看法。

第二，健全相关政策及法律法规，加大环境保护力度。

回顾取得的成就，中国化马克思主义生态理论揭示出成功的法则，就是需要持之以恒地加强国家制度设计和监督管理。政府要制定相应的法律、法规和制度，以此来为"绿色生活方式"形成提供"刚性的"法制保障。加强顶层设计，在政策、法律的制定过程中，突出有关"绿色生活方式"倡导、绿色补偿机制、"反绿色"行径的惩处规定，使得"绿色生活方式"的养成有法可依，建立相应的绿色发展目标体系和考核体系，推进生态文明制度体系建设，将推进绿色发展纳入管理制度框架。同时，要监管签订"绿色生活目标责任书"，建立绿色考核制度，监督管理工作人员和人民大众的绿色生活行径，及时传达国家的绿色政策、法律法规，通过法律、制度来约束和规范人们形成"绿色生活方式"。

具体来说，首先，以健全的顶层设计及法律法规，控制和约束破坏环境、浪费资源的企业和个人；其次，建立领导干部任期环境问责制，使各级政府真正做到经济发展与环境发展协调统一；再次，控制人口数量，提升人口素质，同时提高人口质量，实现人口数量与经济发展相一致的适度人口；最后，要建立健全社会监督机制和提倡环保公众参与制度，真正打造政府、企业、个人自觉保护环境，共同建设美好家园的局面。

第三，转变思维方式和价值观念。为了保证人与自然、社会和谐相处以及可持续发展，必须自觉改变生存目标及生存方式。

作为一种有意识的存在物，人类具备对自我生成目标以及生存方式适当进行调整的能力和自觉性，从而能更好地适应自身所面临的生态环境，而且能够在自我生存目标的不断调整中实现与生态的和谐共存。人需要恰当地处理人与人之间的关系，以理性的观点来改变社会存在。中国化马克思主义生态理论深刻指出，人与自然之间的物质变换过程中存在着不可持续发展的严重性，因此，继续坚持科学的、绿色的发展观念和价值选择是非常有必要的。

首先，要确立人与自然和谐共处、协调发展的价值观念。改变以往的人类中心主义——只顾眼前、不顾长远，忽略自然环境对人类的制约性因素。其次，要提倡"绿色消费""适度消费"。不要让消费主义侵蚀了人们的心灵，使每一代人对后代人的生存和发展负责。注重人们的精神诉求，使我国在发展经济的同时引导人们从无止境的物质追求向高尚、优雅、充实的精神追求转变。最后，借鉴和吸收国内外先进经验，加强生态环保宣传，推广"绿色教育"，提高全民的环境保护意识，从而实现人与自然的和谐共荣。

在中国化马克思主义生态理论的指导下，中国生态文明建设正在使中国的发展以人与自然的和谐为核心，促进人与人、人与社会的和谐，进而增强可持续发展能力，推动整个社会走上生产发展、生活富裕、生态良好三者高度统一的绿色发展道路。

(二)有利于人民群众转变思维方式和发展理念

资本主义工业化进程在创造了历史上从未有过的物质繁荣的同时，也造成了前所未有的全球生态破坏，而生态危机在很大程度上与人们的一些错误的、狭隘的传统思维方式和发展理念紧密相关。我们要克服生态危机，就必须超越主客二分的自然观和思维方式，实现哲学范式的转向，即由人与自然的分离、对抗走向人与自然的统一、和解。正确处理人与自然的关系迫切需要进行思维转变，克服过去错误的思维方式和价值理念的不利影响，把世界当作一个有机统一的整体来进行分析和研究。对中国而言，在纷繁复杂的"社会思潮"中，既要在国家顶层设计中树立科学、正确的发展理念，更要在广大人民群众中建构起一种有利于中国生态文明建设的新的思维方式和价值取向。历史实践表明，科学发展观、绿色发展理念等中国化马克思主义生态理论在规范、引导人们的思维方式和价值观念方面也有重要的现实指导意义。

第一，中国化马克思主义生态理论有助于我们从思想观念深处改变传统的自然观、发展观、消费观，从而树立正确的生态价值观念、环境保护意识和绿色消费观。

在国家发展观层面，长期以来人们习惯于把国内生产总值视为社会发展的评价标准，片面认为经济发展就等于社会发展、社会进步。随之带来诸多负面效应，主要体现在自然资源过度开采和浪费以及生态环境严重破坏，需要尽快采取切实有效的措施去解决这些问题。对此，习近平总书记强调："我们一定要彻底转变观念，就是再也不能以国内生产总值增长率来论英雄了，一定要把环境放在经济社会发展评价体系的突出位置。"①从日常的思维方式和价值取向方面思考，虽然人类大多数情况下并没有故意破坏生态环境、肆意浪费自然资源的主观动机，但不得不承认的是，我们对由自身活动引发的生态后果尚缺乏全面和清醒的认识，所以导致许多人在不知不觉中就破坏了自然、浪费了资源。比如，在拜金主义和物质享受主义价值观的影响下，过度追求动物所制成的美食、动物皮毛所制成的皮草，实质上会导致自然界的生物链的破坏，导致自然界的生态平衡发生严重的失衡；过分依赖私家车、过度使用家用电器等做法，实质上会使大气污染加剧；而一次性餐具和纸巾等大量消费竹木制品的行为，就是在间接地砍伐、浪

---

① 中共中央文献研究室. 习近平关于社会主义生态文明建设论述摘编[M]. 北京：中央文献出版社，2017：99.

费有限的森林资源；过度消费高端化妆品、奢侈品的行为，也是在浪费地球上有限的资源，并使人"异化"，使人与物的关系"异化"。

马克思指出，"社会化的人，联合起来的生产者，将合理调节他们和自然之间的物质交换，把它置于他们共同的控制之下，而不让它作为一种盲目的力量来统治自己；靠消耗最小的力量，在最无愧于和最适合于他们的人类本性的条件下来进行这种物质变换"[①]。以马克思主义生态思想为基础的中国化马克思主义生态理论可以帮助我们重新定位"人与自然"的关系，重新认识自然在人类进化和发展过程中所发挥的重要作用，重新解读人的本质属性及其发生异化的原因所在，从而让我们能够正确地、积极地、自觉地改变我们的生态价值观念和消费生活方式，让我们能够更加合理、科学地处理好人与自然的关系。

中国化马克思主义生态理论中，科学发展观对于引导我们转变发展方式、树立科学的生态观和价值观具有重大现实意义。科学发展观是党的发展理论的一次重大创新，是对可持续发展观的继承和完善。科学发展观，第一要义是发展，核心是以人为本，基本要求是全面协调可持续，根本方法是统筹兼顾。科学发展观就是要以经济建设为中心，全面推进社会主义经济建设、政治建设、文化建设、社会建设以及生态文明建设，实现经济发展和社会全面进步。科学发展观把实现经济社会全面进步和人的全面发展分别作为现实和长远目标，同时，又强调"以人为本"的发展核心，指出党的一切奋斗和工作都是为了造福人民，始终把实现好、维护好、发展好最广大人民的根本利益作为党和国家一切工作的出发点和落脚点，做到发展为了人民、发展依靠人民、发展成果由人民共享。科学发展观强调全面、协调、可持续发展，这既是发展所要达到的目标，又是发展目标的实现途径，是目标性和手段性的统一。科学发展观统筹人与自然和谐发展，强调人与自然、人与人关系的相互制约性，在人与自然的关系中看待人与人的社会关系，在人与人的社会关系中反思人与自然的关系，要求实现人与自然的和谐发展，是

[①]　马克思恩格斯文集(第7卷)[M].北京：人民出版社，2009：928-929.

对传统发展观的根本超越。

从一定程度上来说，环境危机是由人们的一些错误传统观念所致。因此，转变思维方式，树立正确的自然观，明确人在"人与自然"关系中的地位和角色以及应负的责任，便成了正确处理人与自然关系的迫切需要。要摆脱发展的困境，就必须转变发展观念，建构一种有利于人类社会的健康、永续发展的新的生存方式和发展模式。中国化马克思主义生态理论中，除了科学发展观，绿色发展理念的诞生堪称人类现代发展史上的一次飞跃，"绿色是永续发展的必要条件和人民对美好生活追求的重要体现。必须坚持节约资源和保护环境的基本国策，坚持可持续发展，坚定走生产发展、生活富裕、生态良好的文明发展道路，加快建设资源节约型、环境友好型社会，形成人与自然和谐发展现代化建设新格局，推进美丽中国建设，为全球生态安全作出新贡献"①。绿色发展，不仅在国际社会上获得了极大的关注和认同，而且已经成为当下中国经济社会发展的基本战略和理论指南，指导中国在经济发展中正确处理人口、资源、环境之间的关系，改变传统的经济生产模式和生活方式，建立人与自然和平共处、协调发展的新发展模式，使中国的发展观从经济增长等同于社会发展，转向兼顾经济效益、社会效益和生态效益的全面系统的发展观，为中国提高可持续发展能力提供了理论支撑。

绿色发展理念要求我们，在今后的发展道路中，必须贯彻落实绿色生产、绿色消费、绿色发展的价值取向，选择符合我国国情的可持续发展模式与绿色健康的生活方式。在新的历史时期，作为中国经济社会发展的基本战略和发展理念，绿色发展观在改变传统的生活方式和经济生产模式，恰当处理自然环境、人口、社会、经济之间的关系，建立人与自然和谐发展的现代化观念等方面已经发挥了重大作用。

第二，中国化马克思主义生态理论有助于我们从人与自然的对立性思维转向和谐统一。

---

① 中共中央文献研究室. 十八大以来重要文献选编(中)[M]. 北京：中央文献出版社，2016：792.

中国化马克思主义生态理论认为，我们必须改变人类凌驾于自然之上的对立性思维，摒弃传统对立、片面思维所造成的不良影响，将自然界与人放在一个有机的统一体之中进行认识和理解，树立人与自然和谐统一的新型生态观，即从人与自然的对立性思维转向和谐统一。

传统的思维方式往往把主客体对立起来。这种对立性思维过分夸大了主体对于客体的能动性，不能看到主体与客体之间原初的关系。这种思维方式把人与自然对立起来，片面强调人对自然的征服和改造的主观能动性——主体借助一系列的方式方法征服自然、改造自然，过度地开发利用自然，无止境地向自然索取，使人类面临资源枯竭、环境污染的危机，从而危及人类自身的生存和发展。主客二分法的思维方式没有从整体上去看待主客体之间的关系，客观上强化了主体的征服欲望，并把人类与自然的对立推向极端。

和谐统一的整体性思维则不同。整体性思维要求人们在合理处理人与自然关系的同时，还要正确协调人与人、人与自然之间的整体性关系。整体性思维认为，人与人之间、人与自然之间是相互依存、相互制约的关系，我们必须树立"自然、人类、社会"的和谐统一思维。在现代化建设进程中，不能单独强调社会发展的经济效益，而是要以全局性思维促进经济效益、社会效益、生态效益，从而促进人的发展的全面协调。

整体性思维不仅强调人与自然之间的关系，而且强调人与自然、人与人之间的整体关系。因为，人与自然之间的关系与人与人之间的关系是相互影响、相互制约的存在，要从自然、社会、人的整体性视角去看待，不仅关注社会发展的经济效益，还要关注社会效益、生态效益、人的发展，实现四者之间的和谐统一。以往人们的思维方式往往忽视人与自然的内在联系，只注重外在关系，从而在对待自然方面只是按照人类的需要加以改造和利用，无视自然界的内在价值性和规律性。作为对象性的、感性的存在物，人只有在对象性活动中才具有存在价值。① 马克思

---

① 马克思恩格斯全集(第3卷)[M]. 北京：人民出版社，2002：326.

将人的对象性活动划分为两个方面，一个方面是依据人与自然的关系，另一个方面就是依据人与人的关系。人类的生存必须依赖于自然界，自然界中进行的物质和能量交换为人类生存和生活提供最基本的物质资料；同时，人的全面发展还必须依赖于他人以及整个社会，因为人类的生存必须要进行频繁的物质和信息交流，而这种交流必须在大量其他人同时参与的社会中才能够实现。也就是说，自然环境与人类社会都是一个完整的系统，它们之间的交流融合则构成了另外一个庞大的有机整体。"我们所接触到的整个自然界构成一个体系，即各种物体相联系的总体，而我们在这里所理解的物体，是指所有的物质存在。……只要认识到宇宙是一个体系，是各种物体相联系的总体，就不能不得出这个结论。"①

(三) 对解决世界生态问题具有现实意义

当今世界生态危机日益加剧，由人口、资源、生态环境所引发的各种国际问题层出不穷。在生态问题上，国与国之间已经成为一荣俱荣、一损俱损的命运共同体。维护生态安全、促进生态发展业已变成了全球性问题。因此，化解目前全球性的生态危机必须充分利用各个国家、地区在治理环境时取得的相应成果。中国化马克思主义生态理论作为我国在探索解决生态问题上的一个重大理论成果，它关于人与自然关系的正确认识，以及在指导中国社会主义生态文明建设时的诸多生态治理思想、实践经验，对于全球环境治理、解决全球生态环境问题、维护全人类的共同利益，具有重要的现实意义。

1. 有益于促进全球生态环境有效改善

中国化马克思主义生态理论及其指导下的生态文明建设实践，有益于促进全球生态环境有效改善。随着人类生产、生活方式的改变，自然环境、资源受到了极大破坏，解决生态危机问题的呼声也随之越来越强烈。我国就曾经面临中国生

---

① 马克思恩格斯选集(第3卷)[M]. 北京：人民出版社，2012：952.

态环境威胁论，但我国积极参与国际合作，在相对较短时间内使国内生态环境得到了改善。当前，我们提倡的科学发展观、和谐社会、"美丽中国"以及循环经济、低碳经济、绿色发展等新理念也为各国提供了正确的价值导向，促进了全球生态环境改善的进程。

生态危机是全球性问题。第二次世界大战后，世界经济发展进入黄金时期，同时随之出现了人口大爆炸、工业化迅猛发展，人类生产、生活方式也发生了极大改变，使得生态环境受到了极大破坏。越来越频繁的生态公害事件激发了人们生态意识的觉醒，解决生态危机的呼声越来越强烈。曾几何时，由于我国人口数量大，在发展中面临着比其他国家更多的资源需求，加之科技水平有待提高，对资源的利用率相较低于其他国家，所以，我国的发展和生态问题一度遭到国际社会的质疑，曾经出现了"中国生态环境威胁论"。面对这些质疑和来自国际社会的舆论压力，一方面，我国以高度负责的态度，多次积极参加国际生态环境会议、签署国际环境公约；另一方面，在国内积极开展生态文明建设，取得了一系列有目共睹的成就，与全球各国一起，为全人类创造美好的生态环境不懈努力奋斗。

2. 为广大发展中国家提供了有益参考

中国化马克思主义生态理论及其指导下的生态文明建设实践，为广大发展中国家提供了有益参考。当前，许多发达国家走的都是"先污染、后治理"的道路，虽然经济发展得到了很大程度的提高，但环境问题却也成了阻碍其发展的因素。此外，发达国家把高污染、高排放产业转移到发展中国家，这虽然为发展中国家带来了发展机遇，但使得全球生态环境受到严重的破坏。我国在反思这条"走不通的老路"后，提出一系列富有创造性的新理念、新思想、新战略，树立生态文明观念、建立生态量化机制、实施资源补偿制度等，很大程度上改善了我国整体生态环境。

同中国一样，许多发展中国家也面临着既要实现经济快速发展，又必须保护生态环境的矛盾。近些年来，生态危机在广大发展中国家出现的势头有增无减。综合来看，生态危机在发展中国家出现并加剧，主要有三个方面的原因：

其一，发展中国家实际国情的影响和限制。因为发展中国家经济不发达、科学技术落后，所以对日益严重的生态危机难以给予有力和有效的治理，而技术落后更加重了其在生产和生活上过多资源的浪费。

其二，发展中国家由于经济落后，人民整体素质相对较低，尚未能形成正确的生态观、自然观，生态意识也尚未成为个人价值观的主要构成部分，因此，对待生态环境保护的态度并不积极。

其三，全球化进程中国际贸易合作的影响。长期以来，发达国家在国际贸易中向发展中国家转嫁高污染、高排放的生产，充分利用当地资源及劳动力优势，从而实现节约成本、获取更多剩余价值的目的。这个过程虽然在短期内为发展中国家缓解经济欠发达、科技落后、劳动力过剩等问题带来了新的机会，但从长远来看，发展中国家自身能源资源质量和环境体系都遭受到了严重破坏。

同样作为发展中国家的中国，经过努力，在发展经济、改善民生、保护生态、改善环境等方面进步飞快，取得了巨大成就。2010 年，中国不仅在经济总量上已位居世界第二，而且在生态文明建设上也取得了巨大成效。在生态问题上所取得的显著成效日益被国际社会所公认，在国际社会上拥有了更多的话语权和更大的影响力。这不仅仅是历代领导人的智慧结晶带来的成果，更是广大中国人民共同努力的结果。所以，我国以中国化马克思主义生态理论为指导而取得经济、社会和生态等方面的成就，不仅是中国的进步，也是其他发展中国家的福音。中国在处理生态问题和经济社会发展问题上所形成的丰富的理论和实践经验，可以为广大发展中国家提供科学的、系统的指导和借鉴，帮助其寻找适合自身发展的生态环境建设方式，全面改善生态问题，发展社会经济。

3. 为发达国家提供了科学借鉴

中国化马克思主义生态理论及其指导下的生态文明建设实践，为发达国家提供了科学借鉴。从工业文明伊始，许多发达国家就面临着严重的生态问题。由于长期以来坚持"先污染、后治理"的发展思路，不断加快城市化进程，人与自然的关系被极大破坏，虽然经济发展取得了巨大的成就，但是人们的生活质量却降低了，如空气质量差、饮用水质量下降、人均城市绿地占有量减少等。所以，相比发展中国家面临的经济发展问题，发达国家此时也试图将发展节奏"慢下来"，而将发展的质量"提上去"。

中国在发展过程中及时摒弃了"先污染、后治理"的道路，结合自身国情，借鉴传统文化和西方生态思想中的有益成分，提出了可持续发展战略、科学发展观、绿色发展理念等一系列中国化马克思主义生态理论，及时为我国的发展指明了科学的方向，用中国人自己的智慧有效避免了掉进"零增长"甚至"负增长"的陷阱。讲求"人与自然"的和谐共生、"以人为本"的科学发展、生命共同体的"绿色发展"等中国化马克思主义生态理论，应当能为发达国家反思自身的生态治理困境提供有益借鉴。此外，生态量化、资源补偿制度、用绿色发展理念指导社会发展、将生态效益纳入 GDP 进行综合考量、将生态文明建设作为国家发展战略等，都是我国在长期实践中形成的独特的理论与实践成果，也为发达国家寻找改善生态环境的新途径、新方法提供了借鉴方向。

(四) 有利于解决经济发展与生态平衡之间的矛盾

作为马克思主义自然观和我国具体国情相结合的理论化成果，中国化马克思主义生态理论是指导处理经济发展与生态平衡之间矛盾的最为全面、系统和科学的理论总结。

在现代化建设的过程中，我国坚持以经济建设为中心，丰富的自然资源与良好的自然环境是经济建设和社会发展的基础。"环境成本的不断攀升"与"经济的高速发展"局面的出现，意味着"自然环境的恶化"与"自然资源的短缺"，如果治理不好就会成为制约我国社会可持续发展的瓶颈。生态环境保护问题丝毫不能松懈，生态环境与人民群众的生存和发展息息相关，生态环境问题必须高度重视，有效解决。如果不倾全国上下之力，不凭借制度、法律等手段节约资源、保护环境，资源将难以为继，环境将不堪重负，后果将不堪设想。早在 2014 年 12 月 11 日，中国经济工作会议就曾对我国环境承载能力作出了较为中肯的判断："从资源环境约束看，我国过去能源资源和生态环境空间相对较大，现在环境承载能力已经达到或接近上限。"经济社会的持续发展以良好的自然资源环境为基础，需要我们处理好人与自然、人与人、经济发展与环境保护的关系。"人类面临的挑战，不只是减轻贫困，还要在此过程中建立起与地球自然相融洽的经济：一种生态经济，能够持续发展的经济。"①所以，我们在发展过程中要做到经济发展与环境保护相协调、相统一，实现经济的可持续发展。

正确处理中国经济发展与资源环境的关系，唯一有效的途径就是在发展中解决前进中遇到的问题。中国化马克思主义生态理论中的可持续发展观、科学发展观、新发展理念等，无疑为中国正确解决"人与自然的关系"问题提供了科学认知和行动指南。可持续发展观、科学发展观、五大新发展理念等，顺应时代发展要求应运而生，它为我国正确处理经济发展与生态平衡的关系提供了理论基础和方向性指导。科学发展观的第一要义是发展，我国目前社会生产力水平仍然与一些发达国家存在较大差距，所以必须要一如既往地坚持"以经济发展为中心"。在强调经济发展的同时，更不能忽略对生态环境的保护，避免重走"边污染边治理"的老路和弯路。平衡社会经济发展速度与质量之间的关系，要坚决摒弃"先污染，后治理"的错误发展模式，消除资源开发利用过程中的浪费现象，促进我国经济结构和发展模式尽快转变。通过这一系列的努力，达到速度与质量相统一，经济与人口、资源、环境相协调的目标，进而实现建设资源节约型、环境友好型社会的伟大构想。

实践证明，良好的生态自然环境是我国社会主义现代化建设事业稳步前进的坚实保证。我国在改革开放 40 余年的实践中，虽然已经取得了战胜温饱、减轻

---

① ［美］莱斯特·R. 布朗. B 模式：拯救地球延续文明［M］. 林自新，等，译. 北京：东方出版社，2003：205-206.

贫穷、实现初步富强的伟大胜利，但仍然面临着生态破坏和环境污染的严峻形势。为了妥善解决好经济发展与生态平衡之间的矛盾，进行生态文明建设战略是我们党面对严酷的现实，走出生态困境的必然选择。正如习近平总书记指出的那样，"我们既要绿水青山，也要金山银山。宁要绿水青山，不要金山银山，而且绿水青山就是金山银山"[1]。而"我们在生态环境方面欠账太多了，如果不从现在起就把这项工作紧紧抓起来，将来会付出更大的代价"[2]。因此，立足我国具体国情，探索出一条人类与自然环境相融洽的生态经济发展模式，成为我国今后现代化建设事业的重要内容。

要实现人类与自然环境相融洽的生态经济发展模式，必须转变经济发展方式，大力发展绿色经济、低碳经济和循环经济，同时顺应人民群众的期待，大力推进生态文明建设。要坚决摒弃以牺牲环境为代价而换取一时经济繁荣的发展方式，加快经济发展方式的转变，"坚持生产发展、生活富裕、生态良好的文明发展道路，建设资源节约型、环境友好型社会，实现速度和结构质量效益相统一、经济发展与人口资源环境相协调，使人民在良好生态中生产生活，实现经济社会永续发展"[3]。

为了达到这一目标，妥善处理节能、减排、降耗与经济增长之间的关系，实现经济发展速度与环境保护程度的同步协调发展，我们必须积极推动经济增长模式的转变，大力发展第三产业，从而实现产业结构的优化升级；加快转变经济增长方式，优化产业结构，大力发展循环经济、清洁生产，建设生态经济，实施绿色 GDP，处理好节能、减排、降耗与经济增长和环境保护之间的关系，不断提升经济增长的质量和速度，促进经济又好又快发展；制定和贯彻切实可行的措施以及科学合理的宣传引导方案，大力推动我国生态经济和循环经济的建设步伐，从而全面提升我国经济增长的速度和质量，最大限度地促进我国社会主义现代化

---

[1] 中共中央宣传部. 习近平总书记系列重要讲话读本[M]. 北京：人民出版社，2014：120.
[2] 中共中央宣传部. 习近平总书记系列重要讲话读本[M]. 北京：人民出版社，2014：124.
[3] 中共中央文献研究室. 十七大以来重要文献选编(上)[M]. 北京：中央文献出版社，2009：12.

建设事业又好又快发展，实现经济发展和生态效益之间的平衡，不断提升我国在国际上的经济竞争实力，最大限度地满足人民的健康和生存需要，提高人民的生活质量，促进人的自由而全面的发展。

结束语

马克思主义生态理论的中国化是一个永无止境、不断创新的过程。在领导中国人民进行社会主义革命、改革和建设的过程中，面对生态领域不断出现的新情况、新问题，中国共产党主动将马克思主义生态理论与中国具体生态实践结合起来，逐渐形成了中国化马克思主义生态理论，指导中国生态文明建设事业。在持续推进"五位一体"总体布局，奋力实现美丽中国建设目标的要求之下，研究如何实现马克思主义生态理论的中国化，运用中国化马克思主义生态理论指导中国社会主义生态文明建设，具有重要的意义。

首先，对中国化马克思主义生态理论的思想来源进行分析。

中国化马克思主义生态理论并不是无源之水，它的形成离不开马克思主义生态理论的科学指导。马克思、恩格斯虽未提出"生态文明"的概念，但其著作中蕴含着丰富的生态思想，对人与自然的辩证统一关系进行了系统的梳理。马克思、恩格斯并不是抽象、孤立地论证人与自然的关系，而是将其放在具体的社会关系之中，对资本主义社会生态危机的社会根源进行分析，指出资本主义制度的反生态性。马克思、恩格斯对资本主义生态危机提出了现实的解决路径，那就是要变革资本主义制度，进入共产主义社会，只有共产主义社会才能实现人与自然关系的和谐和人自由而全面的发展。中国化马克思主义生态理论的形成是在中国这一具体情境之中进行的，必然受中国传统文化的影响和制约。中国传统文化中蕴含着丰富的生态思想，概括而言主要包括自然的价值取向、整体的思维方式、知足的辩证观念。儒、释、道三家对于自然价值的认识虽有差异，但总体而言对自然价值持积极的态度，肯定人与自然的和谐统一，尊重自然运行的规律，这直接影响着中国人对于人与自然的认识，影响中国人利用自然、改造自然的实践。不同于西方主客二分的思维方式，整体主义是古代中国主流的思维方式，肯定自然环境保护与人的文明发展的统一性。中国经历了长期的农业文明时期，社会利用自然、改造自然的能力有限，因而还形成了丰富的知足观念，表现为节约自然资源和一种清心寡欲的心态，反对铺张浪费、享用无度。从中国传统文化中汲取思想，有利于扭转世人近现代以来受西方"人类中心主义"思维影响而形成的"人类征服者"心态。此外，近代西方可持续发展理论的发展以及西方马克思主义生态学理论的发展，也为中国化马克思主义生态理论提供了理论借鉴。这些理论成果大多是西方学者反思西方国家长期以来不可持续的发展方式而各自提出的主张。他们认识到资本主义生产方式导致严重的生态危机并提出了一些正确的主张，但是都不够系统成熟，因而也不能从根本上解决生态危机问题。中国化马克思主义生态理论的形成，是一个丰富生动的过程，它以马克思主义生态思想为指导，对中国传统文化中的生态思想和西方资本主义社会的生态理论并不排斥，而是积极吸收其有益成分，不断丰富其理论体系。

其次，在马克思主义中国化的思想谱系之中，中国化马克思主义生态理论有着自己独特的发生逻辑和发展轨迹。

中国化马克思主义生态理论的形成贯穿了中国革命、建设和改革三大历史时期，是一个理论中国化和实践中国化相互融合生长的历史过程。在这一过程中，历代中国共产党领导人作出了卓越的理论贡献和实践探索。

具体而言，以毛泽东同志为核心的党的第一代中央领导集体的生态实践是绿化祖国、美化家园，水利建设，人口控制，环境法治建设。以邓小平同志为核心的党的第二代中央领导集体的生态实践是植树造林、绿化祖国，建立法律和机制体制保障生态环境建设，科学技术为生态环境建设服务，控制人口数量、提高人口素质，树立节约意识。以江泽民同志为核心的党的第三代中央领导集体的生态实践是推进可持续发展战略，推进西部大开发战略，综合治理人口问题，污染防治。以胡锦涛同志为总书记的党中央领导集体的生态实践是生态法制建设，建设"两型社会"，建设和谐社会与建设生态文明。进入新时代，以习近平同志为核心的党中央领导集体对马克思主义生态理论的中国化实践进行了新的探索，主要有完善生态环境治理体系、推进绿色发展和打赢污染防治攻坚战等，形成了中国化马克思主义生态理论最新成果——习近平生态文明思想。70多年的艰辛探索中，中国共产党人始终坚持马克思主义生态思想的科学指导，在正确认识历史发展任务和生态国情的基础上，从不同历史时期中国经济发展与环境保护的矛盾关系出发，领导人民进行了 20 世纪以来中国生态文明建设的伟大实践，使马克思主义生态理论在中国革命、建设和改革实践中不断萌发新的活力。历史地看，马克思主义生态理论的中国化进程并不是一帆风顺的，既有思想认知上的不足，也有实践上的挫折。所以，我们在肯定中国化马克思主义生态理论所取得的历史性成就时，也要看到问题，尤其是对人与自然的关系、经济发展与环境保护的关系的认识方面。党的十八大以来，习近平总书记创造性地提出要人与自然和谐共生的现代化，为我们正确处理人与自然的关系、经济发展与环境保护的关系提供了科学指导，是马克思主义生态思想中国化的新时代篇章。

经历 70 多年的发展，马克思主义生态思想的中国化结出了丰硕的成果——那就是中国化马克思主义生态理论。根据对中国化马克思主义生态理论发展历程的分析，其主要经历了萌芽、起步、发展和全面发展四个阶段，在这一发展过程中完成了从被动解决生态问题到主动解决生态问题的转变，完成了从就生态论生态的问题解决方式到系统解决生态问题的转变，也完成了从依靠马克思主义生态思想到形成、依靠新时代中国化马克思主义生态理论的转变。中国化马克思主义生态理论的形成和发展是多种动力因素相互作用的结果，这其中主要包括马克思主义与时俱进的理论品质、中国生态实践的现实需要以及中国共产党"以人民为中心"的宗旨。中国化马克思主义生态理论随时代发展而不断丰富，在长期发展过程中形成了一系列基本的特征：科学性与创新性，体系性与开放性，应用性与共享性。把握中国化马克思主义生态理论的基本特征，对于我们更深刻地理解中国化马克思主义生态理论的内涵，牢固树立生态文明理念具有重要意义。

再次，中国化马克思主义生态理论是一个科学完整的理论体系。

本书对中国化马克思主义生态理论进行了系统分析，将其主要内容概括为生态和谐理论、生态发展理论、生态民生理论、生态系统理论、生态制度理论、生态效益理论和全球生态治理理论。这七种理论，是对生态文明建设的核心要义、基本要求、最终归宿、有效方法、制度保障、现实价值和大国担当的系统理论概括。

其一，与人类中心主义和生态中心主义不同，中国化马克思主义生态理论从不把人类发展与生态保护割裂和对立起来，而是追求人与自然和谐共生。

这一思想在中国化马克思主义生态理论中被集中概括为生态和谐理论，它深刻回答了在生态文明建设中人与人、人与社会、人与自然的关系问题。

其二，与西方发达国家"先污染、后治理"的工业化道路不同，中国化马克思主义生态理论追求可持续发展、科学发展、绿色发展。

这一思想被集中概括为生态发展理论。生态发展理论不仅为中国，也为其他发展中国家指明了现代化发展方向和道路，创造性地回答了如何统筹好经济、政治、文化、社会、生态各个领域，实现又好又快发展的问题。

其三，随着中国特色社会主义进入新时代，我国社会主要矛盾已经转变为人民日益增长的美好生活需要和不平衡不充分的发展之间的矛盾，人民的需求早已从基本生活需求上升到更高层次和质量的需求。生态文明建设已经成为一项极其重要的民生事业，良好的生态环境是最普惠的民生福祉，这既是社会发展的必然要求，也是由我们党的根本性质和宗旨决定的。生态文明建设始终以人民为中心，人民性是中国化马克思主义生态理论最鲜明的底色。

这一系列关系生态民生的论述被集中概括为生态民生理论，生态民生理论旗帜鲜明地回答了中国生态文明建设为了谁、依靠谁的问题。

其四，生态文明建设是整个社会主义建设系统中的重要一环。"不谋全局者，不足以谋一域"，中国化马克思主义生态理论不仅重视生态文明建设的作用，更是把生态文明建设放在中国特色社会主义"五位一体"总体布局中，始终坚持把生态文明建设贯穿到经济建设、政治建设、文化建设、社会建设的各方面和全过程。我们不要"一手拎着钱袋子，一手提着药罐子"的发展，在发展过程中要注重统筹兼顾，使各个领域交融贯通，实现全面发展。同时，生态文明建设本身也是一项系统工程，它不仅包含对各种各样的生态问题的解决，更包含对过去生态问题的补救、对当下生态问题的处理和对将来生态问题的防范。

关于系统治理这一有效方法的论述，在中国化马克思主义生态理论中被集中概括为生态系统理论，生态系统理论科学地回答了在中国特色社会主义建设过程中，如何遵循社会发展规律和生态文明建设规律实现可持续发展的问题。

其五，生态问题从某种程度上来说，是一个社会性问题、政治性问题，其产生有其体制性、制度性原因。要将生态文明建设落到实处，就要有坚实可靠的制度基础和政治保障。生态文明建设过程中落实的各项制度性安排，为落实生态文明理念、处理好生态文明建设中的各种复杂关系、规范和约束生态文明建设各主体的行为提供了严谨、科学、有效的行为准则和规范标准。

关于生态制度这一重要保障的论述，在中国化马克思主义生态理论中被集中概括为生态制度理论，生态制度理论明确回答了在中国特色社会主义生态文明建设中应该遵循什么样的原则、划定什么样的底线、确立什么样的目标、承担什么样的后果的实际问题。

其六，生态效益首先是作为一种与人民生存发展密切相关的环境效益而存在的，但它与经济效益、政治效益、文化效益、社会效益在根本上是一致的，是有机统一的整体，并且在一定条件下可以转化为后者，从而造福人民。党的十八大以来，习近平总书记更是用著名的"两山论"强调生态效益的经济优势："我们既要绿水青山，也要金山银山，宁要绿水青山，不要金山银山，而且绿水青山就是金山银山。"此后，一些地区特别是贫困山区通过发挥地区生态优势，实现大规模减贫、脱贫。

关于生态文明建设效益的思想，在中国化马克思主义生态理论中被集中概括为生态效益理论，生态效益理论具体回答了中国生态文明建设的现实指向，为发挥生态文明建设综合效益指明了发展方向。

其七，中国是全球生态治理的重要参与者、贡献者、引领者，中国的生态文明建设道路为全球生态治理提供了中国智慧和中国方案。同时，中国勇担责任，强调"共同但有区别的责任"，强调世界各国是人类命运共同体，全球生态治理需要世界各国共同的理解、支持和自觉的践行。

这一全球生态治理思想，在中国化马克思主义生态理论中被集中概括为全球生态治理理论，它既有力回击了在全球生态治理过程中，以"西方中心主义"为价值立场的各类生态思潮，又正确回答了各国应当秉持怎样的价值立场这一关系重大的是非问题。

最后，中国化马克思主义生态理论具有重要的理论价值和现实意义。

从理论价值上看，中国化马克思主义生态理论丰富和发展了马克思主义生态思想；中国化马克思主义生态理论指导"人与自然和谐相处"，是构建社会主义和谐社会和生命共同体的重要理论指导；中国化马克思主义生态理论是中国共产党对生态文明思想的一次次理论深化和推进，丰富和完善了中国特色社会主义理论体系；中国化马克思主义生态理论是对"人与自然"和谐发展的有益理论探索，是现代人类生态思想的重要组成部分。从现实意义上看，中国化马克思主义生态理论对我国走出生态困境、解决经济发展与生态环境之间的矛盾，进行社会主义生态文明建设，有重要的指导意义；中国化马克思主义生态理论是适应人民群众过上幸福生活、全面实现小康社会的现实需要的；中国化马克思主义生态理论对解决全球生态问题具有可资参考借鉴的意义。

参考文献

一、著作类

［1］马克思恩格斯全集(第2卷)［M］. 北京：人民出版社，1957.

［2］马克思恩格斯全集(第3卷)［M］. 北京：人民出版社，2002.

［3］马克思恩格斯全集(第20卷)［M］. 北京：人民出版社，1971.

［4］马克思恩格斯全集(第26卷)［M］. 北京：人民出版社，2014.

［5］马克思恩格斯全集(第46卷)［M］. 北京：人民出版社，2003.

［6］马克思恩格斯文集(第1卷)［M］. 北京：人民出版社，2009.

［7］马克思恩格斯文集(第7卷)［M］. 北京：人民出版社，2009.

［8］马克思恩格斯文集(第8卷)［M］. 北京：人民出版社，2009.

［9］马克思恩格斯选集(第1卷)［M］. 北京：人民出版社，2012.

［10］马克思恩格斯选集(第2卷)［M］. 北京：人民出版社，2012.

［11］马克思恩格斯选集(第3卷)［M］. 北京：人民出版社，2012.

［12］马克思恩格斯选集(第4卷)［M］. 北京：人民出版社，2012.

［13］毛泽东文集(第3卷)［M］. 北京：人民出版社，1996.

［14］毛泽东文集(第6卷)［M］. 北京：人民出版社，1999.

［15］毛泽东文集(第7卷)［M］. 北京：人民出版社，1999.

［16］毛泽东文集(第8卷)［M］. 北京：人民出版社，1999.

［17］邓小平文选(第3卷)［M］. 北京：人民出版社，1993.

［18］邓小平文选(第2卷)［M］. 北京：人民出版社，1994.

［19］邓小平文集：一九四九——一九七四年(上卷)［M］. 北京：人民出版社，2014.

［20］江泽民文选(第1卷)［M］. 北京：人民出版社，2006.

［21］江泽民文选(第2卷)［M］. 北京：人民出版社，2006.

[22]江泽民文选(第 3 卷)[M]. 北京：人民出版社，2006.

[23]江泽民. 论科学技术[M]. 北京：中央文献出版社，2001.

[24]习近平. 习近平谈治国理政[M]. 北京：外文出版社，2014.

[25]中共中央文献研究室. 毛泽东论林业[M]. 北京：中央文献出版社，2003.

[26]中共中央文献研究室. 建国以来周恩来文稿(第 2 册)[M]. 北京：中央文献出版社，2008.

[27]中共中央文献研究室. 朱德年谱：一八八六——一九七六[M]. 北京：中央文献出版社，2006.

[28]中共中央文献研究室. 毛泽东著作专题摘编(上)[M]. 北京：中央文献出版社，2003.

[29]中共中央文献研究室. 建国以来重要文献选编(第 5 册)[M]. 北京：中央文献出版社，1993.

[30]中共中央文献研究室. 邓小平思想年谱：一九七五——一九九七(上)[M]. 北京：中央文献出版社，2004.

[31]中共中央文献研究室. 邓小平年谱：一九七五——一九九七(下)[M]. 北京：中央文献出版社，2004.

[32]中共中央文献研究室. 新时期党和国家领导人论林业与生态建设[M]. 北京：中央文献出版社，2001.

[33]中共中央文献研究室. 改革开放三十年重要文献选编(下)[M]. 北京：中央文献出版社，2008.

[34]中共中央文献研究室. 陈云传[M]. 北京：中央文献出版社，2005.

[35]中共中央文献研究室. 江泽民论有中国特色社会主义(专题摘编)[M]. 北京：中央文献出版社，2002.

[36]中共中央文献研究室. 十二大以来重要文献选编(中)[M]. 北京：人民出版社，1986.

［37］中共中央文献研究室. 十三大以来重要文献选编（中）［M］. 北京：人民出版社，1991.

［38］中共中央文献研究室. 十四大以来重要文献选编（中）［M］. 北京：人民出版社，1997.

［39］中共中央文献研究室. 十五大以来重要文献选编（上、中、下）［M］. 北京：人民出版社，2000—2003.

［40］中共中央文献研究室. 十六大以来重要文献选编（上）［M］. 北京：中央文献出版社，2005.

［41］中共中央文献研究室. 十六大以来重要文献选编（中）［M］. 北京：中央文献出版社，2006.

［42］中共中央文献研究室. 十七大以来重要文献选编（上）［M］. 北京：中央文献出版社，2009.

［43］中共中央文献研究室. 十八大以来重要文献选编（上）［M］. 北京：中央文献出版社，2014.

［44］中共中央文献研究室. 十八大以来重要文献选编（中）［M］. 北京：中央文献出版社，2016.

［45］中共中央文献研究室. 习近平关于社会主义生态文明建设论述摘编［M］. 北京：中央文献出版社，2017.

［46］中共中央文献研究室. 习近平关于全面深化改革论述摘编［M］. 北京：中央文献出版社，2014.

［47］中共中央政治局. 1956 年到 1967 年全国农业发展纲要（草案）［M］. 北京：人民出版社，1956.

［48］中共中央宣传部. 习近平新时代中国特色社会主义思想三十讲［M］. 北京：学习出版社，2018.

［49］中共中央宣传部. 习近平总书记系列重要讲话读本［M］. 北京：人民出版社，2014.

[50]环境保护部政策法规司. 新编环境保护法规全书[M]. 北京：法律出版社，2015.

[51]中国环境科学研究院环境法研究所，武汉大学环境法研究所. 中华人民共和国环境保护研究文献选编[M]. 北京：法律出版社，1983.

[52]国家环境保护总局，中共中央文献研究室. 新时期环境保护重要文献选编[M]. 北京：中央文献出版社，中国环境科学出版社，2001.

[53]中共中央文献研究室. 陈云年谱（中卷）[M]. 北京：中央文献出版社，2000.

[54]顾龙生. 毛泽东经济年谱[M]. 北京：中共中央党校出版社，1993.

[55]周生贤. 环保惠民优化发展：党的十六大以来环境保护工作发展回顾（2002—2012）[M]. 北京：人民出版社，2012.

[56]徐祥民. 中国环境法全书[M]. 北京：人民出版社，2014.

[57]肖剑鸣. 比较环境法[M]. 北京：中国检察出版社，2001.

[58]老子. 道德经[M]. 北京：华文出版社，2010.

[59]孔子. 论语[M]. 北京：中国纺织出版社，2015.

[60]骆继光. 佛教十三经（上卷）[M]. 石家庄：河北人民出版社，1994.

[61]（宋）张载. 张载集[M]. 北京：中华书局，1978.

[62]（魏）王弼，（晋）韩康伯，（唐）孔颖达，（唐）陆德明. 周易注疏[M]. 上海：上海古籍出版社，1989.

[63]陈墀成，蔡虎堂. 马克思恩格斯生态哲学思想及其当代价值[M]. 北京：中国社会科学出版社，2014.

[64]方世南. 马克思恩格斯的生态文明思想——基于《马克思恩格斯文集》的研究[M]. 北京：人民出版社，2017.

[65]贾治邦. 论生态文明[M]. 北京：中国林业出版社，2015.

[66]刘希刚，徐民华. 马克思主义生态文明思想及其历史发展研究[M]. 北京：人民出版社，2017.

［67］赵成. 生态文明的兴起与观念变革——对生态文明观的马克思主义分析［M］. 长春：吉林大学出版社，2007.

［68］杜秀娟. 马克思主义生态哲学思想历史发展研究［M］. 北京：北京师范大学出版社，2011.

［69］张敏. 论生态文明及其当代价值［M］. 北京：中国致公出版社，2011.

［70］刘增惠. 马克思主义生态思想及实践研究［M］. 北京：北京师范大学出版社，2010.

［71］周鑫. 西方生态现代化理论与当代中国生态文明建设：马克思主义与当代社会思潮［M］. 北京：光明日报出版社，2012.

［72］全国干部培训教材编审指导委员会. 生态文明建设与可持续发展［M］. 北京：人民出版社，党建出版社，2011.

［73］赵卯生. 生态学马克思主义主旨研究［M］. 北京：中国政法大学出版社，2011.

［74］刘仁胜. 生态马克思主义概论［M］. 北京：中央编译出版社，2007.

［75］陈学明. 生态文明论［M］. 重庆：重庆出版社，2008.

［76］刘湘溶. 生态伦理学［M］. 长沙：湖南师范大学出版社，1994.

［77］郇庆治. 重建现代文明的根基——生态社会主义研究［M］. 北京：北京大学出版社，2010.

［78］董强. 马克思主义生态观研究［M］. 北京：人民出版社，2015.

［79］曾建平. 环境公正：中国视角［M］. 北京：社会科学文献出版社，2013.

［80］龙睿赟. 中国特色社会主义生态文明思想研究［M］. 北京：中国社会科学出版社，2017.

［81］雍文涛，刘广运. 留给后人的绿色丰碑［M］. 北京：中央文献出版社，1992.

［82］任玲，张云飞. 改革开放40年的中国生态文明建设［M］. 北京：中共党史出版社，2018.

［83］胡建. 马克思生态文明思想及其当代价值［M］. 北京：人民出版社，2016.

［84］曲格平，彭近新. 环境觉醒［M］. 北京：中国环境科学出版社，2010.

［85］曲格平. 我们需要一场变革［M］. 长春：吉林人民出版社，1997.

［86］万以诚，万岍. 新文明的路标——人类绿色运动史上的经典文献［M］. 长春：吉林人民出版社，2000.

［87］吴凤章. 生态文明构建：理论与实践［M］. 北京：中央编译出版社，2008.

［88］诸大建. 生态文明与绿色发展［M］. 上海：上海人民出版社，2008.

［89］余谋昌. 生态哲学［M］. 西安：陕西人民教育出版社，2000.

［90］解保军. 马克思自然观的生态哲学意蕴："红"与"绿"结合的理论先声［M］. 哈尔滨：黑龙江人民出版社，2002.

［91］王正萍，罗子桂. 生产力标准研究［M］. 北京：中共中央党校出版社，1989.

［92］潘家华. 生态文明建设的理论构建与实践探索［M］. 北京：中国社会科学出版社，2019.

［93］傅华. 生态伦理学探究［M］. 北京：华夏出版社，2002.

［94］于海量. 环境哲学与科学发展观［M］. 南京：南京大学出版社，2007.

［95］于桂芝. 和谐社会与马克思主义哲学中国化［M］. 杭州：浙江大学出版社，2008.

［96］九溪翁，王龙泉. 再崛起：中国乡村农业发展道路与方向［M］. 北京：企业管理出版社，2015.

［97］李宏伟. 马克思主义生态观与当代中国实践［M］. 北京：人民出版社，2015.

［98］刘宗超. 生态文明观与中国可持续发展走向［M］. 北京：中国科学技术出版社，1997.

[99]黄娟. 生态文明与中国特色社会主义现代化[M]. 武汉：中国地质大学出版社，2014.

[100][美]赫伯特·马尔库塞. 单向度的人[M]. 张峰，吕世平，译. 重庆：重庆出版社，1988.

[101][英]戴维·佩珀. 生态社会主义：从深生态学到社会正义[M]. 刘颖，译. 济南：山东大学出版社，2005.

[102][德]约阿希姆·拉德卡. 自然与权力——世界环境史[M]. 王国豫，付天海，译. 石家庄：河北大学出版社，2004.

[103][美]比尔·麦克基本. 自然的终结[M]. 孙晓春、马树林，译. 长春：吉林人民出版社，2000.

[104][英]马歇尔. 经济学原理(上卷)[M]. 朱志泰，译. 北京：商务印书馆，2014.

[105][美]赫尔曼·E. 戴利，[美]肯尼思·N. 汤森. 珍惜地球：经济学、生态学、伦理学[M]. 北京：商务印书馆，2001.

[106][美]弗·卡普拉，[美]查·斯普雷纳克. 绿色政治——全球的希望[M]. 石音，译. 北京：东方出版社，1988.

[107][英]安德鲁·多布森. 绿色政治思想[M]. 郇庆治，译. 济南：山东大学出版社，2005.

[108][英]特德·本顿. 生态马克思主义[M]. 曹荣湘，李继龙，译. 北京：社会科学文献出版社，2013.

[109][英]齐格蒙特·鲍曼. 工作、消费、新穷人[M]. 仇子明，李兰，译. 长春：吉林出版集团有限责任公司，2010.

[110][意]奥雷利奥·佩西. 未来的一百页——罗马俱乐部总裁的报告[M]. 汪帼君，译. 北京：中国展望出版社，1984.

[111][美]丹尼斯·米都斯，等. 增长的极限：罗马俱乐部关于人类困境的报告[M]. 李宝恒，译. 长春：吉林人民出版社，1997.

[112][美]蕾切尔·卡森. 寂静的春天[M]. 吕瑞兰，李长生，译. 上海：上海译文出版社，2011.

[113][美]约翰·贝拉米·福斯特. 马克思的生态学：唯物主义与自然[M]. 刘仁胜，肖峰，译. 北京：高等教育出版社，2006.

[114][美]约翰·贝拉米·福斯特. 生态危机与资本主义[M]. 耿建新，宋兴无，译. 上海：上海译文出版社，2006.

[115][美]莱斯特·R. 布朗. B 模式：拯救地球 延续文明[M]. 林自新，等，译. 北京：东方出版社，2003.

二、期刊类

[1]黄英娜，叶平. 20 世纪末西方生态现代化思想述评[J]. 国外社会科学，2001(4).

[2][美]赫曼·戴利.“满的世界”：非经济增长和全球化[J]. 马季芳，译. 国外社会科学，2003(5).

[3]孙若梅. 生态经济学研究中理论和前沿进展的几点评述[J]. 生态经济，2018(5).

[4]王波，禹湘. 西方生态伦理理论：辨析及启示[J]. 教学与研究，2019(9).

[5]张首先，张俊. 继承、批判与超越：马克思恩格斯生态文明思想的理论基础[J]. 理论导刊，2011(8).

[6]邵光学，王锡森. 马克思恩格斯生态思想形成的理论渊源及当代价值[J]. 经济学家，2018(2).

[7]蒋明伟. 马克思的生态辩证法思想的理论渊源探究[J]. 前沿，2012(5).

[8]黄志斌，任雪萍. 马克思恩格斯生态思想及当代价值[J]. 马克思主义研究，2008(7).

[9]王学俭，宫长瑞. 马克思恩格斯生态思想及其中国化实践路径[J]. 上海行政学院学报，2010(5).

[10]项久雨，徐春艳. 马克思主义生态思想的逻辑性及其当代价值[J]. 学习与实践，2013(7).

[11]张存刚，陈增贤. 马克思主义生态思想及其当代价值——基于马克思主义经典文本的解读[J]. 当代经济研究，2010(10).

[12]余维祥. 马克思主义生态思想的当代价值[J]. 学术论坛，2015(6).

[13]陈金清. 马克思关于人与自然关系生态思想的当代价值[J]. 马克思主义研究，2015(11).

[14]方熹，汤书波. 马克思生态思想的伦理精义及现代价值[J]. 伦理学研究，2018(6).

[15]欧健. 马克思恩格斯生态思想中国化的文本解读及其当代价值[J]. 中共福建省委党校学报，2015(3).

[16]陶廷昌，王浩斌. 论新时代马克思恩格斯生态思想中国化的实践逻辑[J]. 中共福建省委党校学报，2019(5).

[17]张云霞. 新时期中国化马克思主义的生态论趋向[J]. 河南师范大学学报(哲学社会科学版)，2009(6).

[18]张明. 论马克思主义生态思想中国化的发展意蕴[J]. 长春市委党校学报，2012(3).

[19]王连芳. 绿色发展——与时俱进的中国特色社会主义发展路径[J]. 东莞理工学院学报，2016(6).

[20]王秀春，张本效. 建国后毛泽东生态思想的实践探索与当代价值[J]. 理论导刊，2013(12).

[21]方浩范. 中国共产党领导人对生态文明建设理论的贡献[J]. 延边大学学报(社会科学版)，2013(5).

[22]黄小梅. 邓小平生态思想探析[J]. 党史研究与教学，2013(3).

[23]周彦霞,秦书生.江泽民生态思想探析[J].学术论坛,2012(9).

[24]汪晓莺.胡锦涛环境保护思想论要[J].扬州大学学报(人文社会科学版),2009(6).

[25]秦书生.论胡锦涛生态文明建设思想[J].求实,2013(9).

[26]宋献中,胡珺.理论创新与实践引领:习近平生态文明思想研究[J].暨南学报(哲学社会科版),2018(1).

[27]王磊.特性提炼:习近平生态文明建设思想的理论特色论略[J].理论导刊,2017(11).

[28]李全喜.习近平生态文明建设思想的内涵体系、理论创新与现实践履[J].河海大学学报(哲学社会科学版),2015(3).

[29]魏德东.佛教的生态观[J].中国社会科学,1999(5).

[30]荣婧.佛教生态哲学与经济绿色发展初探[J].五台山研究,2019(3).

[31]方福前.可持续发展理论在西方经济学中的演进[J].当代经济研究,2000(10).

[32]段娟.毛泽东生态经济思想及其对中国特色社会主义生态文明建设的启示[J].毛泽东思想研究,2014(4).

[33]林震,冯天.邓小平生态治理思想探析[J].中国行政管理,2014(8).

[34]丰子义.发展实践呼唤新的发展理念[J].学术研究,2003(11).

[35]杨朝飞.绿色发展与环境保护[J].理论视野,2015(12).

[36]肖鸣政.正确的政绩观与系统的考评观[J].中国行政关系,2004(7).

[37]赵建军.建设生态文明的重要性和紧迫性[J].理论视野,2007(7).

[38]余永跃,王世明.论增强生态文明建设的政治保障[J].中州学刊,2013(12).

[39]杨静,周钊宇.马克思恩格斯民生思想及其在当代中国的运用发展[J]马克思主义研究,2019(2).

[40]俞可平.科学发展观与生态文明[J].马克思主义与现实,2005(4).

[41]穆艳杰,郭杰.以生态文明建设为基础,努力建设美丽中国[J].社会科学战线,2013(2).